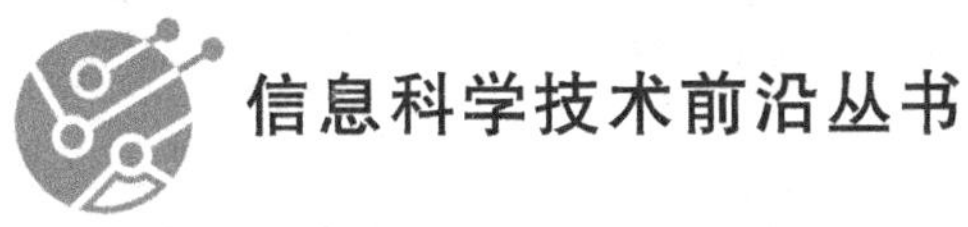

供水管网水质建模与优化控制

王　申　著

北京邮电大学出版社
www. buptpress. com

内 容 简 介

饮水安全是人类健康和生命安全的基本保障，但在理论和技术实践中，供水安全仍面临不少挑战。本书立足于供水系统的现状和发展需求，提出一种全新的、面向控制理论的水质模型，从而达到对供水水质进行建模、分析和优化控制的目的。

本书共8章：第1章阐述研究背景，概述供水系统；第2章给出供水管网建模的相关理论基础；第3章着重介绍控制理论基础知识；第4章采用控制理论对供水水质进行建模；第5章将模型预测控制算法应用于实时水质调控；第6章探讨了水质传感器部署问题；第7章探讨了水质动力学模型降阶；第8章探讨了数据驱动的供水管网水质模型辨识。

本书适合环境科学和工程、控制理论和工程等专业的学生、研究人员及科技工作者阅读使用。

图书在版编目(CIP)数据

供水管网水质建模与优化控制 / 王申著. -- 北京：北京邮电大学出版社，2024.4
ISBN 978-7-5635-7177-2

Ⅰ.①供… Ⅱ.①王… Ⅲ.①给水管道—管网—水质模型—研究 Ⅳ.①TU991.21

中国国家版本馆 CIP 数据核字(2024)第 045115 号

策划编辑：马晓仟 **责任编辑**：刘 颖 **责任校对**：张会良 **封面设计**：七星博纳

出版发行：北京邮电大学出版社
社 址：北京市海淀区西土城路 10 号
邮政编码：100876
发 行 部：电话：010-62282185 传真：010-62283578
E-mail：publish@bupt.edu.cn
经 销：各地新华书店
印 刷：河北虎彩印刷有限公司
开 本：787 mm×1 092 mm 1/16
印 张：13.25
字 数：333 千字
版 次：2024 年 4 月第 1 版
印 次：2024 年 4 月第 1 次印刷

ISBN 978-7-5635-7177-2 定 价：58.00 元

序　　言

很高兴为这本备受期待的书写序言。我是本书作者王申博士在得克萨斯大学圣安东尼奥分校攻读博士学位期间(2017 年至 2021 年)的博士生导师兼朋友。在 2017 年，由于我的研究团队中有一个研究助理职位空缺，系主任建议我聘请王申作为我的博士生。对于王申的加入，我既感到兴奋，又有些担忧，因为那时我对他的了解还不够深刻。

王申于 2017 年秋季加入我的研究团队，从那时起，我们一直是紧密的合作伙伴和朋友。在他博士生涯初期，他致力于电力系统相关问题的研究，虽然他对电力系统研究较为熟悉，但我个人更感兴趣的是供水(饮用水)系统控制、优化理论基础以及应用研究。当时，将控制理论应用于供水领域的研究尚不明朗，我决定花时间深入研究这个领域。

我本人在土木工程领域有一些合作伙伴，他们在这个过程中提供了许多帮助，而王申也对学习新知识表现出极大的热情。当时，王申的学术背景主要集中在电气和计算机工程领域，但他对学习新知识的渴望是异常强烈的。从那时起，他开始学习饮用水系统的水力学等相关知识，而我在每周例会中也从他那里学到了许多基础理论，受益匪浅。

几周后，当王申开始探索时，我们发现控制工程、系统理论、优化科学和供配水网络的交叉学科存在巨大的研究空白。与其他关键基础设施(如电力、能源和交通)相比，供水系统控制工程仍然缺乏研究、发展和实施。这个空白不仅存在于研究领域，还存在于本科生和研究生教育中。更为糟糕的是，我们甚至找不到能激起我们研究兴趣且符合特定主题的学术论文，更别提进行研究复现。我们意识到在这个领域有很多工作要做，从那时起，我将三分之一的研究时间专注于研究供水系统问题。

本书填补了采用控制理论和系统理论建模供水系统这一主题在教育和研究领域中的空白。本书是该学科领域内第一部做出认真而彻底努力的著作，也是第一部技术精湛的著作(至少从我的认知而言)。本书的参数定义准确、解释翔实，在技术上非常全面，涵盖了众多及时的研究和教育主题，并提供了有助于读者学习的代码和示例。

本书适用于三类读者：研究人员、学生和教育工作者。

第一，对于土木工程师或研究人员来说，他们可以了解供水系统中两个最基本的物理现象：水质(即水的饮用和健康程度)和水量(即液压和水流建模)。大多数土木工程师会学习基本的水力定律或理论，但很多人只学习了单一管道或节点处的物理定律，没有从系统和网络的角度看待水力模型，缺乏对城市供水系统中物理现象和规律整体理解的能力。本书将帮助土木工程师提升对水力和水流等局部知识的认知，使其具备对城市供水系统中物理现象和规律整体理解的能力，从而实现从合格到优秀的转变。

第二，对于学习动力系统理论的学生来说，本书可被视为动态系统理论的速成教材。书中介绍了状态空间模型、稳定性、可控性、可观测性、反馈控制和状态估计等控制理论方面的基础知识。即使对于没有接触过动态系统的人来说，本书也能使读者快速学习该领域的基础理论，并获得足够深入的理解，为解决供水系统问题奠定基础。

第三，本书同样适用于对控制理论和供水系统交叉学科感兴趣的教育工作者。具体而言，本书适用于对供水系统和控制理论等研究主题感兴趣、希望推动供水系统研究的博士生，同时也适用于希望教授本书某些研究主题的教育工作者。

最后，我想对本书的读者们说："希望你们能像我和王申博士一起工作和学习时那样，享受阅读和学习的乐趣。"

Ahmad F. Taha
范德堡大学
2024 年 3 月

前　言

饮水安全是人类健康和生命安全的基本保障。2015 年 9 月 25 日，联合国可持续发展峰会上，193 个成员国正式通过 17 个可持续发展目标，其中第六项提到："人人享有清洁饮水及用水是我们所希望生活的世界的一个重要组成部分。地球上有足够的淡水让我们实现这个梦想。但由于经济低迷或基础设施陈旧，每年数以百万计的人口——其中大多数是儿童——死于与供水不足、环境卫生和个人卫生相关的疾病"。

此外，根据联合国儿童基金会和世界卫生组织的数据，截至 2017 年年底，全球农村实现管道供水(自来水)的用户比例达 40%，低于城市水平(64%)。其中，发达国家农村地区管道供水比例超过 95%，欠发达国家和发达国家的差距很大。作为世界上最大的发展中国家，我国城市饮水安全状况已得到极大提升，但仍有改善和提升空间。经过数十载的不懈努力，整体而言，我国城市的饮水安全状况较新中国成立以来已得到极大提升，但是城市饮用水水质合格率不高，城市供水重点转向改善和提高供水水质。

与此同时，供水系统也被包括中国和美国在内的诸多国家界定为国家关键信息基础设施，其重要性不言而喻。供水系统正逐渐从单机、封闭、自动化的系统走向互联、开放、智能的系统。在此过程中，物理空间和网络空间逐渐融为一体，这也促使系统朝着业务数据化、知识模型化、决策智能化的方向发展，进而形成供水信息物理系统(Cyber-Physical Water Distribution System，CP-WDS)。然而，随着系统从物理空间扩展到网络空间，自身的高封闭性、高可靠性正面临巨大威胁，CP-WDS 中的安全问题或供水安全也逐渐成为国内外的研究热点。

因此，国家层面也不断强调要加速构建关键信息基础设施安全保障体系，抓紧制定和完善相关法律法规。为此，2021 年 7 月 30 日，中华人民共和国国务院令(第 745 号)公布了《关键信息基础设施安全保护条例》，《关键信息基础设施安全保护条例》的颁布实施是落实《网络安全法》要求、构建国家关键信息基础设施安全保护体系的顶层设计和重要举措，更是保障国家安全、社会稳定和经济发展的现实需要。

改善和提高饮用水水质，保障关键信息基础设施安全以实现供水安全，都需建立在供水系统能够正常运行的基础之上。为充分保证居民对生活、工业、消防等用水的需求，供水系统需时刻提供水压、流量、水质均适当的水，这就要求供水系统在各种运行工况下做到安全可控、稳定可靠和经济合理。因此，对供水系统或者供水管网的水质变化规律进行建模，并对其进行优化控制变得尤为重要。

鉴于在理论和技术实践中，供水安全仍面临不少挑战，本书立足于供水系统的现状和发展需求，提出一种全新的、面向控制理论的水质模型，即一种可无缝对接高效控制算法的状态空间模型，从而达到对供水管网的水质进行建模、分析和优化控制的目的。基于所提出的状态空间模型，本书首先力图解决两个基础研究难题，即最优水质控制和最优传感器部署问题。之后，为了降低状态空间模型的维度以减少计算量，本书还探讨了获取紧凑水质模型的其他潜在方法，包括对所提状态空间模型进行模型降阶以及通过纯数据驱动的方法对管网水质模型进行辨识。

本书共 8 章：第 1 章阐述研究背景，介绍水质标准与消毒技术的发展，并对供水系统和供水管网进行概述；第 2 章给出供水管网建模相关理论基础，并从水力建模和水质建模两个方面进行详细说明；由于本书主要从控制理论视角对供水管网水质进行建模、分析与优化控制，因此第 3 章着重介绍控制论基础知识和最优控制理论；第 4 章采用控制理论对供水水质进行建模，得出供水管网水质的状态空间模型；第 5 章将模型预测控制算法应用于实时水质调控中，并采用仿真实验的方式，展示其有效性；第 6 章探讨水质传感器部署问题，以优化供水管网水质模型可观性和状态估计指标；为了降低水质状态空间模型的维度以减少计算量，第 7 章和第 8 章分别探索水质动力学模型降阶和数据驱动的水质模型辨识。

本研究获得了国家青年科学基金项目“面向工业信息物理系统综合安全的模型分析及最优执行器部署研究”(62203062)和中央高校基本科研业务费专项资金的资助。在本书的编写过程中，作者参考了大量相关书籍和资料，特向文献、资料的作者表示衷心的感谢。由于作者水平所限，书中难免有不当之处，恳请读者批评指正。

作　者

目　　录

第1章

绪　论

1.1 引　言

饮水安全是人类健康和生命安全的基本保障，也是当今世界各国发展的需要。2015年9月25日，联合国可持续发展峰会在纽约总部召开，联合国193个成员国在峰会上正式通过了17个可持续发展目标（Sustainable Development Goals，SDGs），SDGs第六项提到："人人享有清洁饮水及用水是我们所希望生活的世界的一个重要组成部分。地球上有足够的淡水让我们实现这个梦想。但由于经济低迷或基础设施陈旧，每年数以百万计的人口——其中大多数是儿童——死于与供水不足、环境卫生和个人卫生相关的疾病"[1]。《2030年可持续发展议程》提出，到2030年，人人都能公平获得安全和可负担的饮用水。

根据联合国儿童基金会和世界卫生组织数据，截至2017年年底，全球农村实现管道供水（自来水）的用户比例达40%，低于城市水平64%。其中，发达国家农村地区管道供水比例超过95%，欠发达国家和发达国家的差距很大。目前，发达国家农村自来水普及率达到90%，其中27个发达国家农村自来水普及率达到100%[2]。

作为世界上最大的发展中国家之一，我国城市饮水安全状况已得到极大提升，但仍有改善和提升空间。经过数十载的不懈努力，县级以上大部分城市的供水问题已基本解决。根据中华人民共和国住房和城乡建设部发布的《2021年中国城市建设状况公报》，截至2021年，全国城市供水总量为673.34亿立方米，城市供水管道长度为105.99万千米，人均生活用水量185.03升/日，供水普及率高达99.38%[3]。整体而言，我国城市的饮水安全状况较建国初期已得到极大提升，但是城市饮用水水质合格率不高，城市供水重点转向改善和提高水质。

自2005年国家实施农村饮水安全工程建设以来，我国农村饮水安全保障能力得到快速提高，农村居民饮水条件得到显著改善。到2015年年底，适应我国当前农村经济社会发展要求和农民需求的农村饮水安全阶段性任务全面完成。总体来看，我国农村自来水普及率已经超过世界平均水平，在发展中国家里属于领先水平。截至2020年，农村供水管网的铺设里程已突破40万千米大关；从我国水利部公布的数据来看，截至2022年年底，我国农村自来水普及率达到87%，比2015年提升了11%。但与发达国家相比，我国的农村自来水普及率还比较低，且仍存在城乡标准不统一、规模化较低以及运行管理维护薄弱等问题。简而言之，农村地区的供水能力和水质问题仍然较为突出。经济欠发达地区和自然条件受限制地区，农村改水进展较慢，部分已建水厂的净化和消毒不规范。至今，我国农村尚有数亿人饮用水水质不合格。

综上所述，我国城乡供水正朝着一体化方向发展，逐渐形成城乡供水协调发展的局面。目前，城市供水率已达到发达国家水平，城市供水重点逐渐转向改善和提高水质；而我国农村自来水普及率仍有较大提升空间。根据我国水利部发布的《全国“十四五”农村供水保障规划》，到 2025 年，全国农村自来水普及率要达到 88%。在水质方面，最新发布的《生活饮用水卫生标准》(GB 5749—2022)规定，小型集中式供水和分散式供水只有四项指标在条件受限时可以放宽。相较于 GB 5749—2006 版标准，城乡供水的水质标准差距缩小，有所统一。

毫无疑问，水安全是涉及国家长治久安的大事，而饮用水则是关乎人民群众身心健康、生活安危、维护国家安定的最重要的民生问题。无论在城市还是在农村地区，供水管网都是保证清洁水供应的途径。具体而言，饮水安全由向用户输水和配水的管道系统即供水管网来承担。供水管网主要由供水管道、配件以及相应的附属设施组成，其中，附属设施包括调节构筑物(水池、水塔或水柱)和给水泵站等。

无论城乡供水发展方向如何调整，我国供水目标始终是保障城乡供水安全，即在出厂水合格并具有足够水量和压力的前提下，满足用户在水质、水量及水压三个方面的要求。因为影响供水管网水质安全的因素较多，如出厂水水质、管材管龄、管网的运行和维护、二次供水污染等，所以本书内容更加侧重于供水管网的水质安全。为确保和量化水质，《生活饮用水卫生标准》规定了浊度、余氯、菌落总数等水质指标必须在一定的范围内。例如，国家《生活饮用水卫生标准》要求余氯水平要大于或等于 0.30 mg/L。

2015 年 2 月，中央政治局常务委员会会议审议通过《水污染防治行动计划》(“水十条”)，自 2015 年 4 月 16 日发布起实施。“水十条”要求保障饮用水水源安全，从水源到水龙头全过程监管饮用水安全。地方各级人民政府及供水单位应定期监测、检测和评估本行政区域内饮用水水源、供水厂出水和用户水龙头水质等饮水安全状况，地级及以上城市自 2016 年起每季度向社会公开。自 2018 年起，所有县级及以上城市饮水安全状况信息都要向社会公开。

尽管我国已经从立法、制度、规范、标准、数据公开等方面对城乡供水(水质)安全做了全方位的保障，但是鉴于水质安全保障技术的缓慢发展，传统的水质安全保障策略，如饮用水水源选择与保护、饮用水水厂净化与水质保障、饮用水安全输配、二次供水设施和末端水质保障等方法尚未完全成熟，以致于实际供水管网水质相较《生活饮用水卫生标准》的规定仍有一定的距离。

近年来，供水管网的数字化管理为管网水质的提升带来新曙光[4]。数字水质以计算机技术为基础、以宽带网络为纽带，综合运用在线监测系统、地理信息系统(GIS)、水质模型和自动控制理论等技术，对供水管网水质从源头至龙头进行全过程自动采集、动态监测管理和辅助决策，从而使水质时刻处于受控状态，最终达到符合《生活饮用水卫生标准》规定的水质标准的目的。

实现数字水质需依靠水质模型。目前，国外对水质建模已有一定的研究，比较有代表性的是美国环境保护署开发的开源软件 EPANET。由于不同时间段内的需水量以及阀门、水泵的状态是动态变化的，所以供水管网的水力、水质一般采用动态模拟计算，其中EPANET中采用的基于拉格朗日时间驱动的动态水质模拟方法在业内获得了较高的认可度。

需要注意的是，供水管网水力、水质模型参数具有不确定性，即进行水力和水质建模时采用的模型参数和实际管网参数具有一定的误差，因此实际建立水质模型时，需要通过在线监测数据进行水质模型校核，从而使得采用的水质模型在一定的精度范围内能和实际供水管网吻合。目前，国内外大多采用将管道属性进行分组并利用优化算法进行校核的方法。

为实现供水管网水质安全，目前的数字化调控方法结合在线水质监测系统、管网水质动态模拟方法，选择供水管网中的重要节点(如水库、水塔)作为消毒的控制点，系统化地控制分布在供水管网各处的加氯站，对水质进行实时调控。

为解决供水管网水质优化控制问题，本书首先提出一种全新的、面向控制理论的水质模型，即一种可无缝对接先进控制算法的状态空间模型，从而达到对供水管网的水质进行建模、状态估计和优化控制的目的；然后基于所提出的状态空间模型，力图解决最优水质控制和最优传感器部署两个基础研究难题；最后，为了降低状态空间模型的维度以减少计算量，探讨了包括推导紧凑水质模型在内的其他潜在方法，例如对所提状态空间模型进行模型降阶以及通过纯数据驱动(Data-Driven)的方法对管网水质模型进行辨识。

1.2 水质标准与消毒技术

1.2.1 饮用水水质标准的发展

水质标准是居民用户和工业用户等用水对象所要求的各项水质参数应达到的指标，是控制水质的重要依据和目标。居民生活饮用水水质与人民健康和生活水平直接相关，故世界各国对饮用水水质都极为关注，并且由于各种水质检测技术和医疗水平不断发展、进步，饮用水水质标准也在不断迭代、更新。

目前国际上较为权威的饮用水水质标准主要有三个[4-7]，即世界卫生组织(World Health Organization，WHO)发布的《饮用水水质准则》、欧共体(European Community，EC)发布的《饮用水水质指令》、美国环保署(U. S. EPA)发布的《美国饮用水水质标准》。

1. WHO发布的《饮用水水质准则》

1983—1984年，WHO发布了《饮用水水质准则》第1版，目前(2023年)已经到第4版。《饮用水水质准则》促进了安全饮用水框架的推出，该框架建议制定以健康为基础的目标，由供水商制订和实施水安全计划，从而能够最有效地识别和管理从集水处到消费者的风险，并开展独立监督，以确保水安全计划切实有效，并能实现以健康为基础的目标。WHO还通过编制实用指导资料以及提供“直接国家支持”，促进各国落实饮用水质量准则。

WHO发布的《饮用水水质准则》具有以下特点[4-7]。

(1) 指出微生物是威胁饮水安全的首要问题，其配发的文件同时描述了如何满足微生物安全性的要求，并就如何确保安全性提供了指导意见。

(2) 制定化学物质指导值时，既考虑到了饮用部分，又考虑到了通过呼吸摄入的部分。

(3) 提供了确定优先控制污染物的方法和内容，即配发文件中对如何管理可造成大规模公共卫生危害的化学物质提出了指导意见[7]。

WHO 发布的《饮用水水质准则》是制定饮用水水质标准的重要基础，许多国家在结合国内经济技术力量、社会因素、环境资源条件后制定了本国的标准，如东南亚的越南、泰国、马来西亚、印度尼西亚、菲律宾，南美的巴西、阿根延等，有的国家则直接引用该标准，如新加坡[8]。

2. EC 发布的《饮用水水质指令》

EC 发布的《饮用水水质指令》是 1980 年由欧共体(欧盟前身)理事会提出的，并于 1991 年、1995 年、1998 年进行了多次修订，现行标准为 98/83/EC 版。该指令强调指标值的科学性和适应性，与 WHO 制定的水质准则保持了较好的一致性，目前已成为欧洲各国制定本国水质标准的主要框架[8]。

EC 发布的《饮用水水质指令》具有以下特点[4-7]：

(1) 对水质超标时要采取的行动做出了原则性规定。

(2) 要求所有欧盟国家对水处理过程使用化学品等建立审批制度。

(3) 对水质检测指标和频率提出指导意见。新指令认为，并非每一个指标都需要频繁地检测。

(4) 对采样和检测方法的灵敏度提出要求。

(5) 要求向社会公布检测数据和结果，并说明水质达标和安全与否，要求每个欧盟国家发布水质年报。

EC 发布的《饮用水水质指令》是欧盟对各成员国提出的，如英国、法国、德国等。

3. U. S. EPA 发布的《美国饮用水水质标准》

U. S. EPA 发布的《美国饮用水水质标准》的前身为《美国公共卫生署饮用水水质标准》，该标准最早颁布于 1914 年，是人类历史上第一部具有现代意义、以保障人类健康为目标的水质标准。后来分别于 1925 年、1942 年、1946 年和 1962 年被修订和重新颁布[8]。严格来说，美国早期的水质标准对自来水厂等供水企业并不具有法律约束力，该标准强制实施与否取决于各州当地的法律规定[7]。在大量调查研究的基础上，美国国会于 1974 年通过了《安全饮用水法》(SDWA)。《安全饮用水法》建立了地方、州、联邦的合作框架，要求所有饮用水标准、法规的建立必须以保证用户的饮用水安全为目标。美国现行的《美国饮用水水质标准》在《安全饮用水法》的体系下制定、完善和执行的国家标准，即对美国全国的公共供水系统制定了可强制执行的污染物控制标准。

《美国饮用水水质标准》具有以下特点[4-7]：

(1) 具有立法的约束性，并针对某些参数制定了相关条例。

(2) 严格的动态修订。《安全饮用水法》要求环保署每隔三年要从最新的《重点污染物目录》中选 25 种进行规则制定，并且要对以前发布的标准进行审查，以便于水质标准能及时吸收最新的科技成果。

(3) 在科学、严谨的基础上更加重视标准的可操作性和实用性，注重风险、技术和经济分析。

(4) 十分重视饮水消毒副产物对人体健康的影响。

其他国家和地区多以这三个标准为基础或重要参考制定本国和本地区饮用水标准[4]。例如，澳大利亚、加拿大、俄罗斯、日本等国同时参照这三个标准来制定本国的饮用水标准。而我国采用的是自行制定的水质标准。

自 1883 年，李鸿章亲手开启中国第一座采用地表水源的自来水厂以来，已有 140 多年。随着自来水事业的不断发展，我国的生活饮用水水质标准也在不断地更新和修订。例如，在 20 世纪初期，标准主要包括水的外观和预防水致传染病方面的项目，后来开始重视重金属离子的危害；80 年代开始侧重防止有机污染；90 年代以来，则更加重视工业废水排放及农药使用的有机污染，以及消毒副产物和某些致病微生物等方面的危害。

《生活饮用水卫生标准》(GB 5749)是我国开展饮用水水质监督管理的重要依据。《生活饮用水卫生标准》(GB 5749—2006，以下简称“原标准”)自 2007 年 7 月 1 日实施以来，已有 16 年，该标准对提升我国饮用水水质、保障饮用水水质安全发挥了重要作用[9]。面对我国发展形势的新变化，有关部门适时对其进行了修订，并于 2022 年 3 月 15 日发布了《生活饮用水卫生标准》(GB 5749—2022)[10](以下简称“新标准”)，并于 2023 年 4 月 1 日正式实施。

新标准将原标准中的“非常规指标”调整为“扩展指标”，以反映地区生活饮用水水质特征及在一定时间内或特殊情况下的水质特征。指标数量由原标准的 106 项调整为 97 项，包括常规指标 43 项和扩展指标 54 项[9]。与原标准相比，新标准的变化主要有以下几个方面[11]。

首先，新标准更加关注感官指标，这是因为色度、浑浊度、臭和味等指标与饮用时的口感、舒适度密切相关。

其次，新标准更加关注消毒副产物。水中的部分有机物在与氯及氯制剂、臭氧等消毒剂反应时，会生成具有致癌、致畸、致突变风险的消毒副产物。为有效控制消毒副产物，世界卫生组织和各国相继出台有关法律或标准[9]。新标准进一步将检出率较高的一氯二溴甲烷、二氯一溴甲烷、三溴甲烷、三卤甲烷、二氯乙酸、三氯乙酸 6 项消毒副产物指标从非常规指标调整到常规指标，以加强对上述指标的管控[11]。

再次，新标准更加关注风险变化。新标准根据水源风险变化和近年来的工作实践对指标做了调整[9]。

最后，新标准提高了部分指标限值。新标准调整了标准正文中 8 项指标的限值，包括硝酸盐、浑浊度、高锰酸盐指数、游离氯、硼、氯乙烯、三氯乙烯、乐果[9]。例如，出厂水中游离氯余量的上限值从 4 mg/L 调整为 2 mg/L，氯乙烯的限值由 0.005 mg/L 调整为 0.001 mg/L，三氯乙烯的限值由 0.07 mg/L 调整为 0.02 mg/L，乐果的限值由 0.08 mg/L 调整为 0.006 mg/L[11]。

1.2.2 饮用水消毒技术的发展

消毒是保障水质生物安全性的控制性技术方法，是饮用水处理不可缺少的关键环节。人类对饮用水杀菌消毒方法是从化学法开始的。1820 年，漂白粉问世后，将其应用到饮用水消毒效果良好，开辟了化学消毒的历程[4]。氯消毒自 20 世纪初引入饮用水处理以来，因水媒疾病传播导致的人口死亡率大幅度下降。因此，饮用水氯消毒也被美国疾控中心(CDC)评选为 20 世纪“十大公共健康成就”之一[12]。

氯是一种非常活泼的氧化物，出厂水经过加氯(胺)消毒后，消毒剂在管网中会发生转化，引发潜在的各类水质问题。事实上，氯消毒剂在管网中并非以单一形态存在，而是以多种形态共存，包括自由氯、一氯胺、二氯胺和有机氯胺，在某些极端条件下也会产生一定量的三氯胺。并且，氯消毒剂在供水管网中可与多种有机物反应，进而产生不同种类的氯化烃化合物，也就是说饮用水消毒过程在灭活致病微生物的同时，消毒剂不断发生反应和转化，不可避免地会产生一些新的水质问题。例如，消毒副产物、有机氯胺、衍生嗅味等，这些问题同样对水质安全构成潜在的威胁[12]。

为解决上述问题，多方面的研究工作一直在进行中。在不断提高对水中病原微生物灭活效果的同时，还要保证饮用水的微生物学安全。此外，减少消毒过程中产生消毒副产物对人体健康的潜在危害也势在必行。目前，使用氯的替代消毒剂是一种潜在、可行的解决方案，而研究较多的替代消毒剂有臭氧、二氧化氯、电化学消毒、紫外线消毒等[12]，这些替代消毒剂的简介如下[13]。

(1) 臭氧是一种强氧化剂，比氯的氧化能力更强。用臭氧进行饮用水消毒历史悠久，欧洲已经拥有 1 000 多座用臭氧消毒的水厂。臭氧能杀灭细菌和病毒，反应快，投量少，适应性强[13]。但臭氧是极不稳定的气体，容易分解，消毒成本较高，而且近年来发现臭氧消毒过程中也能产生溴酸根、甲醛、乙醛、乙二醛等有害物质。

(2) 二氧化氯也是氧化性较强的消毒剂，氧化能力是氯的 2.5 倍。二氧化氯与水中有机物反应几乎不生成三卤甲烷，可有效控制三卤甲烷生成量。但二氧化氯的还原产物亚氯酸盐有一定的毒性。

(3) 电化学消毒是利用化学电解原理在现场制造次氯酸钠或氯气等消毒剂，并且将消毒剂加入水中完成消毒过程或利用专门的电化学消毒装置完成消毒。其消毒原理是次氯酸杀菌、电场造成细菌细胞死亡及各种强氧化剂(如游离自由基、过氧化物)杀菌综合作用的结果[13]。

(4) 近年来，由于对氯消毒副产物毒性的认识，紫外线消毒技术得到很快发展和推广应用。20 世纪 60 年代，随着高效率、长寿命紫外灯管的出现，紫外线消毒取得了飞快的发展。近 20 年来，西方国家积极开展饮用水紫外线消毒方面的研究，我国在 20 世纪 60 年代初就有紫外线用于饮用水消毒的报道，但是直到 80 年代才得到实际应用，特别是近年来在防止高位水箱二次污染及小型供水系统的应用较多[13]。由于紫外线消毒法在环保及用水、人身安全方面的优点尤为突出，美国和加拿大已将紫外线消毒列为用水终端和用户进水端及小型给水系统中的首选方法[13]。

1.3 供水系统与供水管网

1.3.1 供水系统概述

供(给)水系统(Water Supply System)由相互联系的一系列构筑物和输配水管网组成，

如图 1.1 所示，其主要任务是从水源处取水，按照用户对水量、水质、水压的要求进行处理，然后将水输送到给水区，并向用户进行供配水[14]。为完成上述任务，供水系统常由以下设施构成[4]。

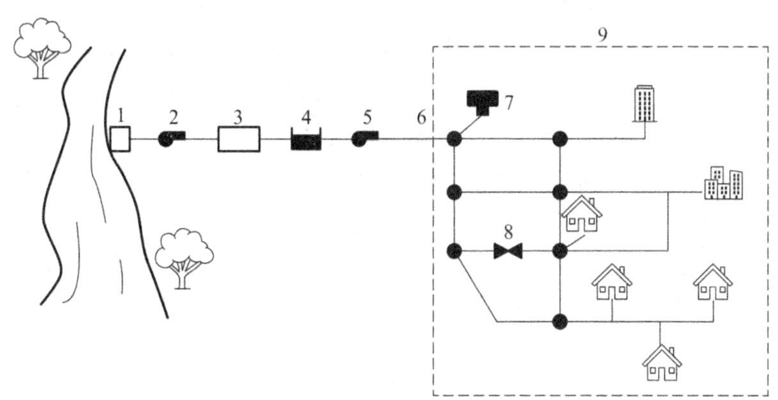

1—取水构筑物；2—一级水泵站；3—水处理构筑物；4—水库（清水池）；
5—二级水泵站；6—输水管；7—水塔（调节构筑物）；8—阀门；9—供水管网[4]

图 1.1 供水系统示意图

(1) 取水构筑物。取水构筑物负责从天然或人工水源中取原水，然后将原水送至水厂进一步处理。由于水源存在的形式与状况不同，又可细分为地表水取水构筑物与地下水取水构筑物。

(2) 水处理构筑物。水处理构筑物负责对所取的原水进行水质处理、污泥处置，以达到用户对水质的要求。此类型构筑物通常集中设置在水厂范围内[14]。

(3) 泵站。按泵站在供水系统中的作用泵站分为如下几类。

① 一级水泵站。一级水泵站即取水泵站，负责将原水从水源输送到处理厂，当原水无须处理时直接送入供水管网、水库或水塔，一级泵站可和取水构筑物合建或分建。泵站的输水能力等于处理厂供水能力加水厂用水量。

② 二级水泵站。二级水泵站即输送泵站，负责将处理厂清水池中的水输送到供水管网，以供用户使用。二级泵站的供水能力必须满足最高用水需求，同时也要适应用水量降低时的情况，为使水泵在高效条件下运行，一般设多台水泵，由泵间的不同组合，以及设置水塔或水库，来适应供水量的变化，有的采用调速水泵机组，以适应供水量和水压的变化。

③ 增压泵站。增压泵站设置在供水管网中，负责提高供水管网中水压不足地带水压的泵站。特别是在地形狭长或高差较大的城市或对个别水压不足的建筑物，设置增压泵站一般较为经济合理。

④ 循环泵站。循环泵站负责将生产过程排除的废水处理后，再送回生产中使用的泵站，如冷却水的循环泵站。

(4) 输水管渠。输水管渠负责将原水送到水厂或者将水厂的水送到供水管网的管渠。

(5) 调节构筑物。调节构筑物负责储存和调节不均匀的用水量，包括各种类型的贮水构筑物，如水塔、清水池等。

(6) 供水管网(Water Distribution Network，WDN)。供水管网负责将处理后的水输送到用户的全部管道。

此外，值得注意的是，从水源地到水厂的输水管渠只起输水作用，故称输水管网；而自水厂出来的管道则属于供(配)水管网。具体而言,供水管网是给水工程中向用户输水和配水的管道系统,由管道、配件和附属设施组成,其中,附属设施包括调节构筑物如水池、水塔或增压泵站等[14]。

供水管网中主要起输水作用的管道称为干管,从干管分出的起供水作用的管道称为支管,进一步细分,从支管接通用户的称用户支管。为了保证供水管网的正常运行、消防需求以及维护管理等工作,供水管网上必须安装各种必要的附件,例如在适当的位置安装阀门、消火栓等,此外,还需在管道低处设置排水阀等。地表水源供水系统如图 1.1 所示[4],其中取水构筑物(1 号构筑物)从河流中取水,经过一级水泵站(2 号水泵站)输送到水处理构筑物(3 号构筑物),处理后储存在清水池或水库(4 号水库)中。然后经过二级水泵站(5 号水泵),经过输水管(6 号输水管)送至供水管网 9 以供用户使用。为了调节管网水量和保持管网水压,可以根据需求建调节构筑物,即 7 号水塔。此外,为保障管网正常运行,一般还需在管道上安装阀门(8 号阀门)对供水管网进行调节。

供水管网的拓扑结构有枝状和环状两种基本形式。其中,枝状拓扑中的干管和支管分明,形成树枝状;而环状拓扑中管道纵横,相互接通形成环状。图 1.1 所示的供水管网同时存在枝状拓扑和环状拓扑。需要说明的是,本书研究的侧重点并非整个供水系统,而是供水管网部分,接下来详细阐述供水管网及其基本元件。

1.3.2 供水管网及其基本元件

为了对供水管网进行合理的抽象和表示,本书采用 EPANET 软件中的规范,将供水管网建模为有向图,即一组相互关联的节点(Node)和管段(Link)的集合。其中,节点由连接节点(Junction)、水塔(Tank)和水库(Reservoir)构成,而管段由管道(Pipe)、水泵(Pump)和阀门(Valve)元件构成。若采用数学语言进行描述,则供水管网的有向图 $\mathcal{G}=(\mathcal{W},\mathcal{L})$,其中有向图 $\mathcal{G}$ 中节点集合 $\mathcal{W}=\mathcal{J}\cup\mathcal{T}\cup\mathcal{R}$,而符号 $\mathcal{J}$、$\mathcal{T}$、$\mathcal{R}$ 分别代表连接节点、水塔、水库。同理,有向图 $\mathcal{G}$ 中的管段用集合 $\mathcal{L}\subseteq\mathcal{W}\times\mathcal{W}=\mathcal{P}\cup\mathcal{M}\cup\mathcal{V}$,其中符号 $\mathcal{P}$、$\mathcal{M}$、$\mathcal{V}$ 分别代表管道、水泵、阀门。

图 1.2 给出三个供水管网的示例,本小节以图 1.2(a)所示的“十一节点管网”就管网拓扑和参数等进行详细说明。图 1.2(a)所示管网共包含十一个节点,其中有一个水库,见图中的 1 号水库;一个水塔,见图中的 8 号水塔,九个连接节点,见图中 2～7 号和 9～11 号连接节点。此外,该“十一节点管网”包含了十二条管段,其中一台水泵,安装在图中 1 号和 2 号连接节点之间;一个阀门,安装在 3 号连接节点和 9 号连接节点之间;十条管道,即图中连接节点的黑色粗线。

此外,图 1.2(b)和(c)分别是“Anytown 管网”和“C-town 管网”[15]。需要提醒读者,有的文献也将“C-town 管网”称为“D-town 管网”[16],在此,本书倾向使用“C-town 管网”这一名称。

综上所述,无论是“Anytown 管网”还是“C-town 管网”,较“十一节点管网”而言,仅仅是拓扑、元件、规模上变得更加复杂、多样,但本质上仍然可以抽象表示为有向图。例如,“Anytown 管网”中在一些连接节点处安装了水塔以动态调控特定区域的水量和水压;而“C-town 管网”则是在安装了二级水泵站的基础上,又在一些连接节点之间安装了增压泵站以提升水压不足地带的水压。

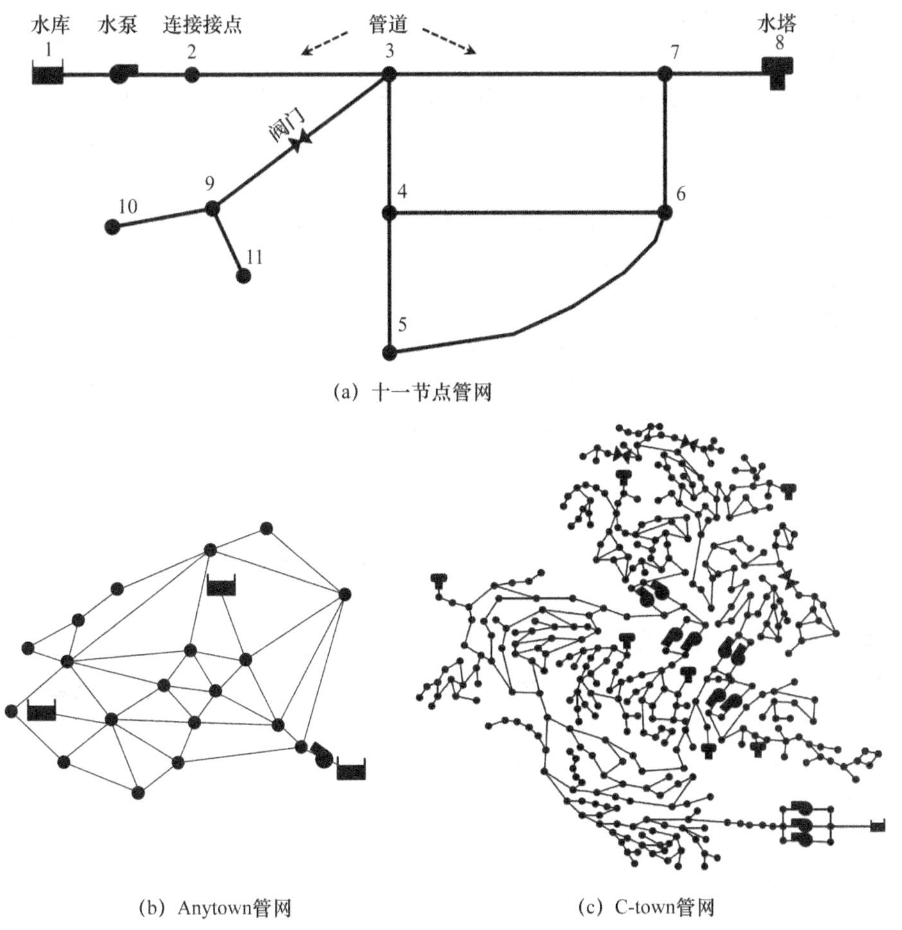

(a) 十一节点管网

(b) Anytown管网

(c) C-town管网

图 1.2 供水管网物理构成和拓扑示例

熟悉供水管网的拓扑结构后,本小节以下内容将对各元件的功能以及所具有的属性、参数进行详细说明。

1. 连接节点(Junction)

连接节点是供水管网中将管段相互连接的节点[17,18]。例如,图 1.2(a)中 2～7 和 9～11 标签处的黑点,水体则会从连接节点处流入或者流出管网。连接节点具有如下固有的属性或参数。

(1) 标高(Elevation)

平均海平面和连接节点之间的垂直距离。每个连接节点处的标高数值可以直观地显示出连接节点之间所处的地势高低。

(2) 总水头(Total Head)

单位质量水体具有的能量。值得注意的是,水头代表的是能量,且根据流体伯努利方程,总水头是位置水头、压力水头及流速水头之和。其中,位置水头表征的是单位质量水体的位置势能,在供水管网中体现为标高;压力水头,由压力差引起,代表单位质量水体的压力势能;流速水头是由于流动而具有的机械能,又称动能。相关内容会在水力模拟部分进行详细说明,详见本书第 2 章第 2.2.1 小节。此外,需要说明的是,在 EPANET 软件中的连接节点处，节点的总水头等于位置水头与压力水头之和，与流速水头无关。

(3) 需水量类型(Demand Type)

连接节点定义的用户分类，例如家庭用户和工业用户的需水量，不管从模式还是从大小来说，都存在较大差异。

(4) 基本需水量(Base Demand)

连接节点用户分类的平均或者常规用水量，以当前流量单位进行衡量。注意，基本需水量为负值表示有外部水源注入该连接节点。

(5) 需水量模式(Demand Pattern)

连接节点用户分类需水量随时间的变化模式。当以一定的时间间隔(小时)为单位进行统计时会形成对应的乘子，将这些乘子按时间顺序作图便形成需水量模式(日需水量)。例如，图 1.3 所示是图 1.2(a)中 4 号连接节点 24 小时内的需水量模式，其中第 4 小时的乘子为 4。

单个连接节点的用户分类确定时，其需水量模式虽然具有一定的稳定性，但是具体到每天的需水量模式仍有一定的浮动。所以图 1.3 中实际的需水量模式和预测的需水量模式会有一定的偏差。

(6) 需水量(Demand)

水从供水管网中某个连接节点处流出的速率。若连接节点处的需水量一直是零，则意味着此连接节点只起到连接管道的作用；若是正值，则表示该处存在用户消耗水；若是负值，则表示该处有水源注入。最终，一个连接节点的需水量等于其基本需水量(Base Demand)乘以相应需水量模式乘子。

(7) 水质(Water Quality)

节点处的水质浓度。

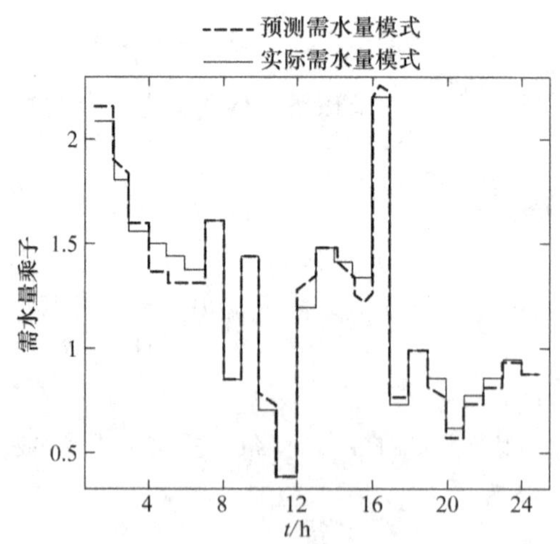

图 1.3　连接节点需水量模式[19]

值得注意的是，每一个连接节点都有自己的需水量(模式)，当同时考虑一个供水管网中的所有连接节点时，这些连接节点的需水量就可以构成需水量剖面(Demand Profile)。即，需水量剖面本质是所有连接节点需水量(模式)的集合。当需水量剖面发生改变时，水力参数也会发生相应的改变，即产生一个对应的水力剖面(Hydraulic Profile)。关于需水量剖面和水力剖面的详细介绍，见第6章。

2. 水库(Reservoir)

水库是一种为供水管网提供外部水源的节点[17,18]。例如，图1.2(a)中1号标签处的水库，它通常可以用于模拟河流、湖泊、地下水等，也可作为水质源点。水库具有以下基本属性。

(1) 标高(Elevation)

平均海平面和水库之间的垂直距离。

(2) 总水头(Total Head)

单位质量水体具有的能量。在EPANET软件中，总水头类似于连接节点，水库的总水头等于标高与压力水头之和。但是水库一般不考虑压力水头，即水库的总水头等于水库的水面标高。

(3) 水头模式(Head Pattern)

模拟水库总水头随时间变化模式。例如，图1.2(a)中1号水库中的水位随着供水时间的增加会不断减少，此时水库中的总水头也应该相应减小。此时，便可通过设置相应的水头模式来模拟此类现象。

(4) 初始水质

水库的水质浓度。

3. 水塔(Tank)

水塔是具有蓄水能力的节点，在供水管网中具有调配水量和满足供水压力的作用[17,18]。例如，图1.2(a)中8号水塔中的水会在用水高峰期会自动流出以补充管网中连接节点用户的需水量，在用水低谷期则会在水压的作用下自动流入以维持供水量平衡。

此外，水塔具有各式各样的形状，例如椭球形和圆柱形。以下说明其属性。

(1) 底部标高(Bottom Elevation)

平均海平面和水塔底部之间的垂直距离，如图1.4(a)所示。

(2) 水位(Water Level)

水塔中的水和水塔底部之间的垂直距离，如图1.4(a)所示。受水塔容量限制，一个水塔有最小水位和最大水位。

(3) 总水头(Total Head)

单位质量水体具有的能量。EPANET软件中，水塔的总水头等于底部标高与水位之和。

(4) 直径(Diameter)

对于圆柱形水塔，连接圆周上两点并通过圆心的距离；对于非圆柱形水塔，此属性则表现为形状(Shape)，图1.4(a)中的水塔即为椭球形水塔。

(5) 容积曲线(Volume Curve)

水塔容积(m^3 或者 ft^3 计)随其水位(m或者ft)增减而变化的曲线，如图1.4(b)显示的是椭球形水塔随其水位变化的情况。

(6) 初始水质

水塔的水质浓度。

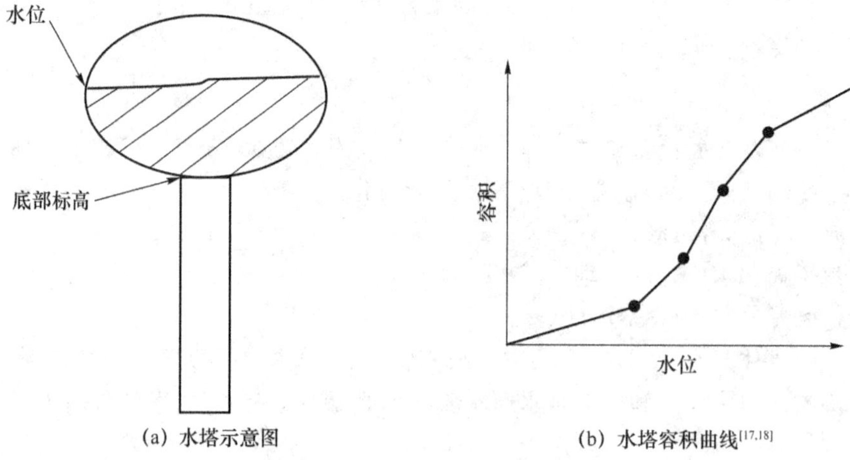

(a) 水塔示意图　　(b) 水塔容积曲线[17,18]

图 1.4　水塔相关属性

(7) 混合模型

水塔内溶质的混合方式主要包括如下几种。

① 完全混合模型(Complete Mixing)。该模型假设水塔的注水瞬间与塔内存水完全混合,示意图如图 1.5(a)所示。

② 双室混合模型(Two-Compartment Mixing)。该模型将水塔的蓄水容积分为两个具有完全混合模型的室,如图 1.5(b)所示。其中,水塔的进水/出水管道假设位于第一个室,即进水-出水反应区。新水与第一个室内的水完全混合,若该室被注满,则溢流至第二个室,即主反应区,再与室内存水完全混合。当水流出水塔时,过程相反,即先从第一个室流出,然后从第二个室接收等量的水,以弥补差异。

③ 先进先出柱塞流模型(First In First Out Plug Flow)。该模型假设水塔内水没有发生混合。水以互不混掺的方式通过水塔移动,其中先进入的水也最先离开,如图 1.5(c)所示。该模型适合于同时进流和出流运行的缓冲水塔。

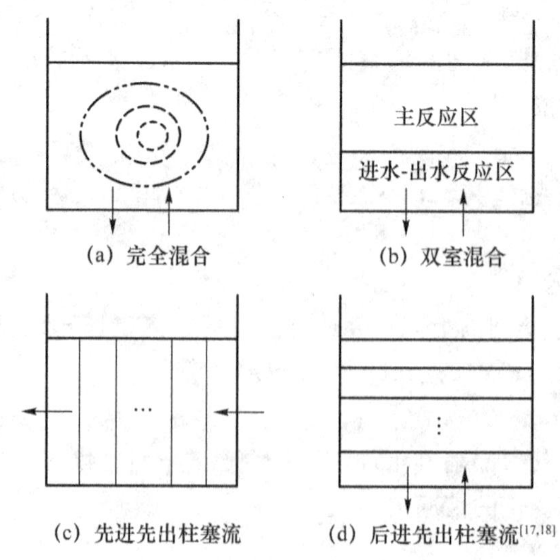

(a) 完全混合　　(b) 双室混合

(c) 先进先出柱塞流　　(d) 后进先出柱塞流[17,18]

图 1.5　水塔混合模型

④ 后进先出柱塞流模型(Last In First Out Plug Flow)。该模型也假设在进入水塔后，水体之间没有混合，而是具有层级结构。如图1.5(d)所示，进流和出流均在水塔底部，其中先进入的水最后离开。该模型与先进先出柱塞流模型相反，适用于高的、狭窄的竖筒形水塔，在底部具有进水或出水管道以及低动量的进流。

(8) 反应系数(Reaction Coefficient)

水塔中溶质的主流反应系数。

4. 管道(Pipe)

管道是从管网中一点向另一点输水的管段[17,18]。例如，图1.2(a)中共有10条管道，管道两端有的直接与连接节点相连接，有的则会连接水塔或者水池。值得注意的是，本书假设供水管网中的管道内都是满管流，且管道中的水流方向是从较高水头端流向较低水头端。下面介绍管道的属性。

(1) 起始和终止节点(Start and End Node)

起始和终止节点指的是管道两端的节点。图1.2(a)中管道标签指示的两个管道，它们的起始和终止节点分别是2号连接节点、3号连接节点和3号连接节点、7号连接节点。

(2) 直径(Diameter)

管道的直径直接影响着流速、流量等其他属性。

(3) 长度(Length)

一段管道的长度。

(4) 粗糙系数(Roughness Coefficient)

由于摩擦力的存在，管道的粗糙程度可以决定流经管道的水头损失。

(5) 局部损失系数(Local/Minor Loss Coefficient)

与弯头、配件等相关的无量纲局部水头损失系数，由增加的紊流造成。

(6) 主流系数(Bulk Reaction Coefficient)

主流水体中的溶质相互直接发生作用所体现出的反应系数。

(7) 管壁系数(Wall Reaction Coefficient)

水体溶质与管壁发生化学作用所体现出的反应系数。

5. 水泵(Pump)

水泵是抬高水体水头的管段，可以为水体提供能量，具体体现为扬程[17,18]。本书研究的水泵主要是指二级水泵站中的水泵，即负责将水库中的水输送到供水管网中，以满足用户在水压和水量方面的需求。例如，图1.2(a)所示的水泵位于起始和终止节点，即1号水库和2号连接节点之间。不仅如此，水泵也可以组合使用，例如图1.2(c)所示的水泵并联在一起为管网泵水。水泵的主要属性如下。

(1) 转速比(Relative Speed)

水泵的相对转速，即水泵的转速与其额定转速的比值，该属性是无量纲的。例如，转速比$s=1.5$，意味着水泵的转速高于额定转速50%。这种水泵也成为调速泵(Variable Speed Pump)。当水泵的转速无法调节时，转速比默认为$s=1.0$，此时水泵又称为定速泵(Fixed Speed Pump)。

(2) 流量(Flow)

单位时间内输送水体的量(重量)。

(3) 扬程(Pumping Head)

单位重量水体经水泵所获得的能量,即水头增量(Head Gain)。

(4) 水泵特性曲线(Pump Curve)

表示在额定转速下,水泵流量和扬程之间的关系,如图 1.6 所示。扬程是通过水泵传输给水的水头增量,绘制为曲线的竖向(Y)轴,以米(ft)计。流量绘制为水平(X)轴,以流量单位计。水泵曲线如图 1.6 所示,在转速比 $s=1.0$ 时,随流量 q 增加,扬程逐渐下降。此外,EPANET 软件不允许水泵运行在其特性曲线之外[20]。

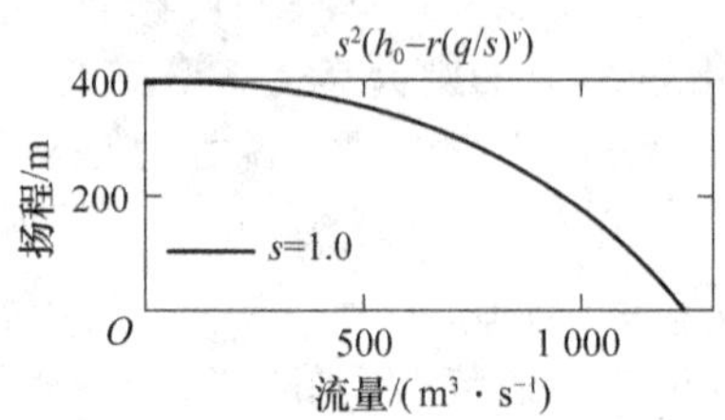

图 1.6　水泵特性曲线示例[21]

6. 阀门(Valve)

阀门是限制管网中特定部位压力或者流量的管段[17,18]。例如,图 1.2(a)所示的阀门位于 3 号和 9 号连接节点之间。阀门具有多种类型,主要包括减压阀(PRV)、稳压阀(PSV)、压力制动阀(PBV)、流量控制阀(FCV)、节流控制阀(TCV)、常规阀门(GPV)等类型,在此就不再一一介绍,请读者参考文献[17,18]的内容。对于阀门的主要属性,本章简介如下。

(1) 直径(Diameter)

(2) 设置值(Setting)

阀门的设置值。各种类型的阀门设置值各不相同,例如减压阀会根据此设置值以确定减压阀何时减压。

(3) 状态(State)

阀门所处的状态。各种类型的阀门状态也各部相同,主要有开启(Open)、关闭(Close)、部分开启(Active)等状态。

1.3.3　供水管网模拟软件

目前,世界范围内有不少供水管网模拟软件,但绝大多数供水管网模拟软件都是在美国环保局(U.S.EPA)推出的 EPANET 模拟软件[20]的基础上进行构建和拓展而来,如图 1.7 所示。常见的供水管网模拟软件如下。

(1) EPANET[20]

EPANET 是美国环保局(U.S.EPA)20 世纪 90 年代开发的对供水管网进行水力、水质模拟软件的软件。EPANET 2 的第一个正式版本是 2000 年 6 月 1 日的 2.0 版本,在随后的 20 年间不断进行更新,已成为全球范围内广泛使用和依赖的建模软件工具。目前最新的版本是 EPANET 2.2。

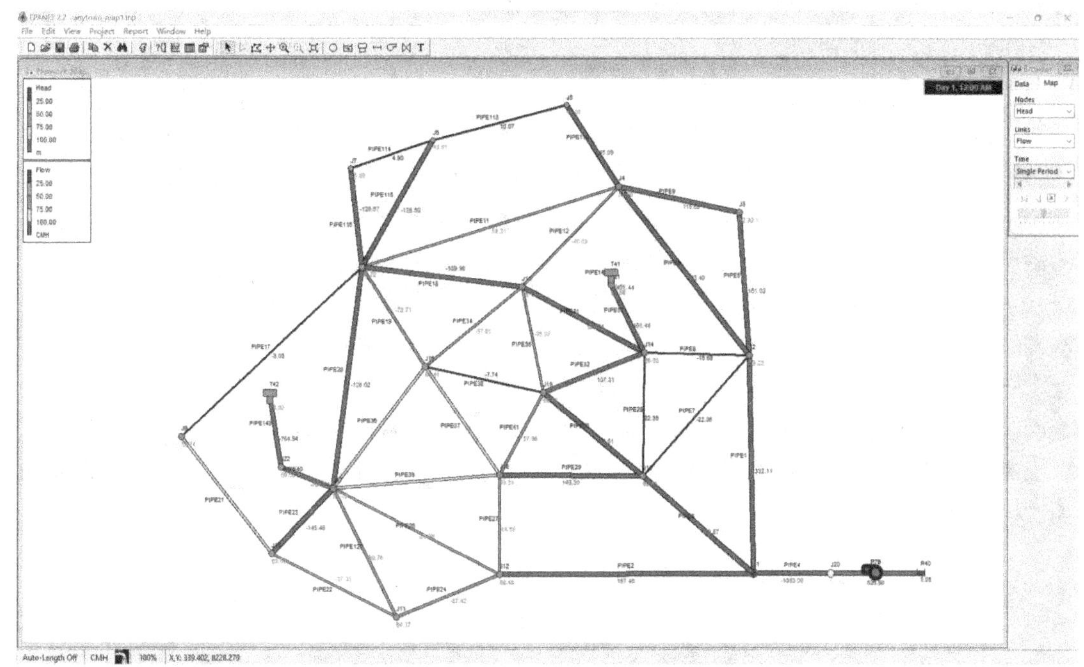

图 1.7 EPANET 软件

EPANET 2.0 版本是混合节点-环方法求解水力模型，并且求解过程中采用“梯度方法”[22]进行求解。而 EPANET 2.2 版本对 2.0 版本进行了许多实质性的改进，其中包括了对水力和水质模拟引擎的更新，与前代引擎相比，可提供更快、更准确和更可靠的结果。

此外，EPANET 还衍生出许多其他语言版本的软件，例如有的研究者采用 Python 语言实现或者部分实现水力、水质模拟的功能，在此就不一一赘述。

(2) EPANETH[18]

EPANETH 是 EPANET 的汉化版本，由同济大学环境科学与工程学院李树平副教授完成，主要目的是作为给水管网课程的教学辅助软件，提高课程教学效果。

(3) WaterGems[23]

WaterGems 是一款针对供水系统推出的水力和水质建模商业解决方案，其核心代码也是 EPANET 开源软件。相比于 EPANET，该软件具备先进的数据互用性功能、地理信息模型构建功能、优化工具和资产管理工具。WaterGems 将建模和地理信息系统集成的概念带到了一个新高度，也是目前唯一一个提供与地理信息系统应用完全无缝集成的供水建模软件。

(4) Simuwater [24,25]

城市水系统控制仿真模型(Simuwater)是由中国市政工程华北设计研究总院有限公司自主开发的分布式水文、水力、水质模型，旨在建立“辅助设计＋优化控制”两大核心功能，服务于规划设计阶段的建设方案、设施规模方案、运行策略优化比选，以及运行阶段的实时优化策略制定和执行。该软件可以通过多模型的耦合，实现计算速度和预测可靠性的平衡，同时具有控制仿真模拟、人工智能优化、动态辅助设计等功能。该软件创新构建了集机理和概化模型于一体的多原理混合架构模型以及“源-网-厂-河”水量和水质耦合模拟的多要素集成模型，可用于水系统辅助规划设计和实时智能控制。

(5) Synergi Liquid [26]

Synergi Liquid 由 SynerGEE Water 更名而来，该软件没有使用混合节点-环方法求解管网方程，而是采用了牛顿-拉夫森法节点法。此外，SynerGEE 具有求解大规模、复杂管网(超过 100 000 根管道)的能力，所以其主要用户是拥有大规模配水管网的企业或者单位。

SynerGEE 运行在 Windows 环境下，具有独立的图形界面。不仅如此，它还具有强大的图形功能，包括颜色区分、等压线绘制、抓图等，并允许各种各样的光栅图、矢量图(autocad、ESRI、Microstation 文件)作为背景图。但是，目前 SynerGEE 唯一接受的数据库格式是微软的 Access，所以 SynerGEE 需要微软的 Access 支持。

SynerGEE 有多种模块能增强基本的水力建模功能。这些模块包括：允许用户在大型管网模型或简化管网模型下工作的子系统管理模块，能自动转换成运行模式或从 SCADA 系统中引用数据的在线模块；使建模者能快速评价管网中切断某个干管产生的影响的区域隔离模块等。

本章小结

本章介绍了全球饮用水安全状况，数据显示发达国家和发展中国家差距较大，作为世界上最大的发展中国家，我国城市饮水安全状况已得到极大提升，但仍有改善和提升的空间。目前，城市饮用水水质合格率不高，城市供水重点转向改善和提高水质。农村自来水普及率已经超过世界平均水平，在发展中国家里属于领先水平，但是，我国农村尚有数亿人饮用水水质不合格。

水质标准是居民用户和工业用户等用水对象所要求的各项水质参数应达到的指标，是控制水质的重要依据和目标。本章对世界上最常用的 3 个水质标准进行了概括，并介绍了我国开展饮用水水质监督管理的重要依据——《生活饮用水卫生标准》(GB 5749—2022)。而消毒技术是践行水质标准的技术方法，是饮用水处理不可缺少的关键环节。因此，本章又对常见的消毒技术进行了简要阐述。

最后，从人们熟悉的供水系统出发，引入供水管网的概念，并对本书的研究对象(供水管网)展开介绍，阐述其基本的拓扑结构、基本元件及其关键属性，为后续章节的水力模型和水质模型等基础知识进行铺垫。此外，本节还梳理了目前常用的供水管网模拟软件，以备后续章节进行验证实验。

本章参考文献

[1] Goal 6 | Department of Economic and Social Affairs[EB/OL]. (2015-12-01)[2024-01-30]. https://sdgs. un. org/goals/goal6.

[2] 城乡供水一体化发展现状与趋势[EB/OL]. (2022-10-01)[2024-01-30]. http://sw. yj. gov. cn/art/2022/10/1/art_1229247883_58657574. html.

[3] 中华人民共和国住房和城乡建设部[EB/OL].(2000-09-26)[2024-01-30]. https://www.mohurd.gov.cn/gongkai/fdzdgknr/sjfb/tjxx/tjgb/index.html.

[4] 白晓慧,孟明群. 城市供水管网水质安全保障技术[M]. 上海:上海交通大学出版社,2012.

[5] 安伟,桑晨惠,陈文秀,等. 基于风险评估的饮用水水质标准制定方法探究[J]. 给水排水,2022,58:1-5. DOI:10.13789/j.cnki.wwe1964.2022.06.22.0008.

[6] 国际三大饮用水标准[EB/OL].(2017-01-09)[2024-01-30]. http://www.lonzewater.cn/news/filter/4-3-5.html.

[7] 张岚,王丽,鄂学礼. 国际饮用水水质标准现状及发展趋势[J]. 环境与健康杂志,2007,24:451-453. DOI:10.16241/j.cnki.1001-5914.2007.06.031.

[8] 曾光明,黄瑾辉. 三大饮用水水质标准指标体系及特点比较[J]. 中国给水排水,2003,19(7):30-32.

[9] 张志果. 实施生活饮用水卫生新标准 推动供水高质量发展——《生活饮用水卫生标准》(GB5749-2022)解读[J]. 工程建设标准化,2022,005:32-35. DOI:10.13924/j.cnki.cecs.2022.05.016.

[10] GB 5749-2022 生活饮用水卫生标准[EB/OL].(2023-03-28)[2024-01-30]. http://dghb.dg.gov.cn/zsjg/dzsjbyfkzzx/zxgk/jsfw/zlgl/content/post_3983117.html.

[11] 《生活饮用水卫生标准》(GB5749—2022)解读[EB/OL].(2022-04-12)[2024-01-30]. https://hnjs.henan.gov.cn/2022/04-12/2430180.html.

[12] 徐斌. 饮用水消毒衍生的新兴水质问题及控制策略[J]. 净水技术,2022,41:1-6,133). DOI:10.15890/j.cnki.jsjs.2022.06.001.

[13] 孙雯. 紫外线消毒对水中微生物灭活及生物稳定性研究[D]. 青岛:青岛理工大学,2009.

[14] 薄成文. 供水系统 SCADA 软件开发与研究[D]. 大连:大连理工大学,2009.

[15] ELIADES D, KYRIAKOU M, VRACHIMIS S, et al. EPANET-MATLAB toolkit: An opensource software for interfacing EPANET with MATLAB[C]// Proceedings of the 14th International Conference on Computing and Control for the Water Industry, CCWI. 2016.

[16] Centre for Water Systems[EB/OL]. University of Exeter.(2018-08-01)[2024-01-30]. https://www.exeter.ac.uk/research/centres/cws/resources/benchmarks/.

[17] ROSSMAN L A, et al. EPANET 2: users manual[EB/OL]. Cincinnati, OH: U.S. Environmental Protection Agency; US Environmental Protection Agency. Office of Research; Development, 2000.(2000-09-01)[2024-01-30]. https://nepis.epa.gov/Adobe/PDF/P1007WWU.pdf.

[18] EPANETH2-同济大学给水排水管网[EB/OL].(2012-9-13)[2024-01-30]. https://smartwater.tongji.edu.cn/yjcg/rjxz/EPANETH2.htm.

[19] WANG S, TAHA A F, GATSIS N, et al. Receding Horizon Control for Drinking Water Networks: The Case for Geometric Programming[J]. IEEE Transactions on Control of Network Systems, 2020, 7(3): 1151-1163. DOI: 10.1109/tcns.

2020.2964139.

[20] EPANET[EB/OL]. Environmental Protection Agency.(2023-12-28)[2024-01-30]. https://www.epa.gov/water-research/epanet.

[21] WANG S, TAHA A F, SELA L, et al. A New Derivative-Free Linear Approximation for Solving the Network Water Flow Problem With Convergence Guarantees[J]. Water Resources Research, 2020, 56(3): e2019WR025694. DOI: https://doi.org/10.1029/2019WR025694.

[22] TODINI E, PILATI S. A gradient method for the solution of looped pipe networks [J]. Computer Applications in Water Supply, 1988, 1: 1-20.

[23] CHINTANA. OpenFlows WaterGEMS: Hydraulics Modeling Software | Bentley Systems[EB/OL]. (2023-06)[2024-01-30]. https://www.bentley.com/software/openflows-watergems/.

[24] 城市水系统控制仿真模型 Simuwater[EB/OL]. (2021-09)[2024-01-30]. https://cuwa.org.cn/yuqingjiankong/10401.html.

[25] Simuwater [EB/OL]. (2022-04) [2024-01-30]. https://pypi.org/project/simuwater/.

[26] Synergi Liquid Solver[EB/OL]. (2021-03-01)[2024-01-30]. https://www.dnv.com/services/solver-synergi-liquid-69449.

第2章

供水管网建模基础

2.1 供水管网模型简介

供水管网模型一般会包含两个部分:供水管网水力模型和供水管网水质模型。供水管网水力模拟是在已知管网拓扑、各个管网元件参数和属性等条件下,根据用户需水量计算出供水管网节点的水压、水头和管段流量等物理量的过程,而相应的模型即为供水管网水力模型。供水管网水质模拟是在供水管网水力模拟结果的基础上,在已知管网中某种物质浓度的分布和必要反应参数的条件下,计算出该物质在供水管网中各节点、管段分布情况的过程,同理,相应的模型即为供水管网水质模型。

一般来说,为实际供水系统建立相应供水管网模型的过程十分烦琐,这是因为实际元件的参数一般较难获取或者具有一定的不确定性、动态性。因此,实际建模工作会有很大一部分需要对实际系统进行测量以便获取相应数据,然后需要对供水系统的理论模型进行校核,最终才能得到与实际工况相匹配的供水管网模型。而本书中的模型均为理论模型,实际的校核过程已经超过本书所讨论的范畴,感兴趣的读者可以自行阅读相关文献。

2.2 供水管网水力建模

2.2.1 水力模型

供水管网水力模型可以根据用户需水量计算出供水管网节点的水压、水头和管道中的流量、流速等物理量,即可以模拟供水管网运行的状态,发现管网运行中存在的问题。不仅如此,基于模拟结果数据,可以分析产生这些问题的原因,辅助供水管网运营单位对管网进行评估、优化,继而做出科学的决策以达到节能减排,检漏降漏,保证供水管网安全运行的目的。供水管网水力模拟是进行供水管网水质模拟的前提,因此,本小节首先对水力模型进行介绍。

1. 水力模型的类型

概括而言，供水管网水力模型是以稳定流理论为基础，可以根据模拟的颗粒度大致划分为宏观水力模型和微观水力模型。

Robert 和 Lawrence 于 1975 年首次提出供水管网的宏观水力模型理论[1]，该理论应用“黑箱理论”基本思想，根据历史数据，应用统计回归的分析方法建立回归曲线方程。总体而言，宏观水力模型的建模速度比接下来要介绍的微观水力模型快，但宏观水力模型具有准确度和效率不高、不能及时反映管网现状等缺点。这是因为宏观水力模型是以供水管网运行单位的水泵运行工况、供水流量、水库的水位、监测点数据等实测数据要素为基础，结合统计学理论建立经验数学模型，仅能反映出宏观变量间的关系[2]。

微观水力模型则是根据供水管网的实际情况，包括连接节点精确的需水量、水塔水位、管道的管径、管长、粗糙系数等基本信息，结合物理规律，建立更为复杂且精确的数学模型。与宏观水力模型不同，微观水力模型更为全面，可以清晰且准确地反映供水管网运行过程中的真实水力状况[2]。采用此微观水力数学模型，可以获取供水管网实时工况或者预测运行状态的数据。

当然，还有一种介于宏观模型和微观模型之间的模型，即简化模型。将一些不重要或者对系统影响较小的节点、管段进行省略或等效，在减小计算量的基础上，可以得到一个和微观模型大致等效的简化模型，关于此部分理论，感兴趣的读者可参考文献[3-6]。

微观水力模型根据仿真时间是否连续又可以进一步分为静态水力模型和动态水力模型。

静态水力模型假定用户需水量等参数不会随时间变化而改变，即处于稳态条件，然后采用某一固定时刻水力工况状态作为输入进行水力模拟[7]。一般的做法是选取最高日最高时的用户需水量作为输入进行计算，例如，选取图 1.3 中第 16 小时的需水量作为输入进行模拟。因此，静态模拟常常被称为单工况模拟。

动态水力模型则假定用户需水量等参数呈动态周期性变化，一般以 24 小时或 48 小时为一个时间周期进行水力模拟计算[7]。动态水力模型又可称延时水力模型（Extended Period Simulation，EPS）。延时水力模型以单工况模型为基础，考虑到用户需水量和水塔水位、水泵和阀门的开合等时变场景，可以计算出供水管网在一段时间内的水力工况趋势。例如，模拟完成图 1.3 中第 4 小时的水力工况后，以此为基础，将第 5 个小时的需水量当作输入参数，结合水塔水位、水泵状态等参数，便可计算出第 5 个小时的水力工况。依此类推，可以得出连续 24 小时的水力状况。这也是动态水力模型被称为延时水力模型的原因。

为便于研究供水管网的优化和决策措施，以保证供水管网的水质安全，本书采用供水管网的动态微观水力模型，实现供水管网水力工况的精确动态模拟。具体而言，供水管网水力模拟是在给定各连接节点需水量、水库标高、水塔水位、管道参数以及水泵曲线和阀门状态等参数情况下，根据质量和能量守恒定律，计算节点水头和管段流量的过程。水力模型主要包括确保质量守恒的线性方程组以及保证能量守恒的非线性方程组，也有文献将其称为水流问题（Water Flow Problem，WFP）[8]，而将线性方程组和非线性方程组组成的方程称为水流方程。

2. 水力模型的求解方法

供水管网水力模型的发展具有近一百年的历史，20 世纪 30 年代，开始使用 Hardy-

Cross 法[9]进行手工求解。20 世纪 60 至 70 年代，越来越多的分析方法被运用到管网模拟上，延时水力模型由此诞生[2]。80 年代，出现了具有用户界面、软件包以及拟稳定状态的模拟系统。整体而言，求解水力模型(水流方程)的方法非常丰富，本小节进行简要介绍。

求解水力模型的主要方法有基于 Hardy-Cross 法[9]、Newton-Raphson 法[10-14]、线性化方法[15-20]、优化法[21,22]、梯度法[14,23]、图分解法[3,24-26]，以及最近的不动点法[27,28]和几何规划法[29,30]。以上方法可归类为主要依赖迭代更新、分解方法或基于优化的公式，并在建模限制和复杂性、处理非线性以及收敛速度方面有所不同。

Hardy-Cross 方法[9]开发了一种基于环的方法(Loop-based Method)求解水力模型，是目前具有环状拓扑的供水管网解环最常用的一种方式，比较适用于小型网络和手工计算。具体的计算方法是先计算闭合差，再用闭合差计算修正流量，通过多次修正计算出最终的管段流量。

Martin 首先应用 Newton-Raphson 方法[10]，以节点水头对水流方程进行建模，并通过连续迭代得到解。收敛速度慢和迭代过程中振荡大是该方法的主要缺点。后来，Liu[11]通过将雅可比矩阵分解为对角阵和非对角阵，提出了一种简化的 Newton-Raphson 方法，简化了水流方程的求解。然而，如果不精心选择初始值，那么该方法存在收敛问题。

Wood 根据管段流量方程提出了一种线性化方法[15]，在每次迭代中对非线性能量方程进行线性化和更新。基于此，Wood 使用扩展的泰勒级数对管段流量方程进行了拓展[18]。Jeppson 用流量调节因子重新表述了每个环的非线性能量方程，提出了一种使用标准泰勒级数展开的线性化方法[16]，然后用 Newton-Raphson 方法迭代求解。Isaacs 提出了一种基于节点水头的线性化方法[17]，与 Wood 的方法相比，该方法提供了更简单的模型和系数矩阵的对称性。

值得注意的是，EPANET 软件[31]中实现的全局梯度算法[32]是 Todini 于 1988 年提出的，该全局梯度算法采用 Newton-Raphson 法来求解非线性方程组，是求解水力模型最广泛使用的方法[33]。Giustolisi 等人提出了一种改进的全局梯度法[34]，在保证解精度的同时，加快了大规模网络的收敛速度。文献[20]推导出一种可提高收敛速度的多线性方法，该方法根据管道中允许的最大和最小流量对非线性能量方程进行线性化，并在连续迭代中不断更新解。

为了进一步加速和改善收敛性，最近的一些工作利用计算过程中的结构提出了复杂算法，包括精心选择管网环路的方法[35-37]，对网络树和森林选择和分解[38,39]。并且，已经有研究[8]开始对水力模型解的唯一性进行讨论和论证。

求解水力模型的另一种思路是将水流问题描述为非线性但凸优化问题，即以线性质量守恒方程为约束的最小化网络内容问题或最小化共同内容函数的无约束对偶问题[22,40]。后来，一些研究工作[25,41,42]将此方法进行了扩展，进一步考虑了压力相关需水量(Pressure Dependent Demands)和流量调节设备。概括来说，基于优化方法的优点较为显著，即对于超大型网络，线性和凸模型可以使用现代求解器[43-45]有效地得到全局最优解。

3. 水力模型的符号系统

在对供水管网进行水力和水质模拟之前，本小节需进一步明确采用的符号系统。如第 1.3.2 小节所述，供水管网表示为有向图 $\mathcal{G}=(\mathcal{W},\mathcal{L})$，其中节点集合 $\mathcal{W}=\mathcal{J}\cup\mathcal{T}\cup\mathcal{R}$，管段用集合 $\mathcal{L}\subseteq\mathcal{W}\times\mathcal{W}$，其中 $\mathcal{P}$、$\mathcal{M}$、$\mathcal{V}$ 分别代表管道、水泵、阀门。在此基础上，对于第 i 个连

接节点，$\mathcal{N}_i$ 是其邻居连接节点的集合，并且可进一步划分为 $\mathcal{N}_i=\mathcal{N}_i^{\text{in}}\cup\mathcal{N}_i^{\text{out}}$，其中集合 $\mathcal{N}_i^{\text{in}}$ 和 $\mathcal{N}_i^{\text{out}}$ 表示流入连接节点子集和流出连接节点子集。

4. 水力模型

本小节从质量和能量守恒定律的原理出发，推导出描述水体在供水管网中流动的基本水力学方程[23]。质量守恒，对于诸如节点这样的元件来说，意味着流入和流出的流量总和等于零；对于水塔来说，意味着塔内水体体积的变化。能量守恒表明，存储在管道元件中水体的水头差等于水头增加量减去水头损失量[46]，如广泛存在的摩擦水头损失和局部损失。对供水管网中所有元件的应用质量和能量守恒定律后，可得到水力模型。

(1) 节点流量方程

应用质量守恒定律，针对供水管网中的某一个特定节点进行分析可知，流入节点的所有流量之和应等于流出节点的所有流量之和[2]。以下分别从连接节点、水库、水塔展开分析。

① 连接节点

对于图 2.1 中的连接节点 i 而言，节点流量方程可以写成：

$$\sum_{j\in\mathcal{N}_i^{\text{in}}} q_{ji}-\sum_{j\in\mathcal{N}_i^{\text{out}}} q_{ij}=d_i$$

其中，$q_{ji}, j\in\mathcal{N}_i^{\text{in}}$ 代表流入连接节点 i 的流量，而 $q_{ij}, j\in\mathcal{N}_i^{\text{out}}$ 则表示从连接节点 i 流出的流量。变量 d_i 代表连接节点 i 处用户的需水量，即从该连接节点流出的水量。值得注意的是，在微观水力模型中，所有用户的需水量 d_i 均假设已知。

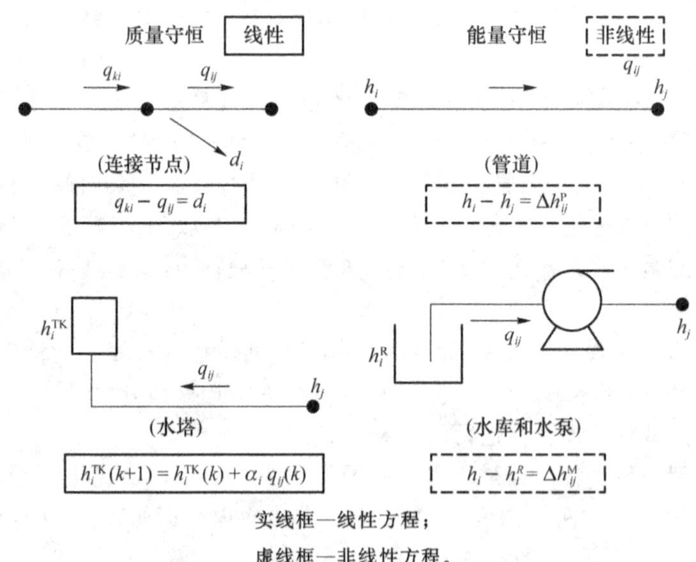

实线框—线性方程；

虚线框—非线性方程。

图 2.1　元件水力模型总结示意图

② 水库

假设水库有无限的水量供应，且水库的水头固定[47-49]，则对于图 2.1 中的第 i 个水库有：

$$h_i^R=h_i^{R_{\text{set}}}$$

其中，$h_i^{R_{\text{set}}}$ 是测量得到的水库标高。

③ 水塔

如图 2.1 所示,具有固定横截面积的圆柱形水塔形成的水头可描述为:

$$h_i^{\mathrm{TK}}=h_i^{\mathrm{TK}_{\mathrm{set}}}$$

其中,$h_i^{\mathrm{TK}_{\mathrm{set}}}=\dfrac{V_i}{A_i^{\mathrm{TK}}}+E_i^{\mathrm{TK}}$,且第 i 个水塔的标高 E_i^{TK}、体积 V_i 以及横截面积 A_i^{TK} 均可测量。

以上是单工况水力模拟水塔的水力模型,当考虑延时水力模拟时,水塔中的水位会发生改变,假设从 k 时刻到 $k+1$ 时刻,流入水塔的流量为 $\sum\limits_j q_{\mathrm{in}}^j(k)$,流出水塔的流量为 $\sum\limits_h q_{\mathrm{out}}^h(k)$,那么水塔在 $k+1$ 时刻的体积为:

$$V_i(k+1)=V_i(k)+\Delta t\Big(\sum_j q_{\mathrm{in}}^j(k)-\sum_h q_{\mathrm{out}}^h(k)\Big)$$

其中,Δt 是采样时间,即从 k 时刻到 $k+1$ 时刻的时间。

又因为 $h_i^{\mathrm{TK}}=\dfrac{V_i}{A_i^{\mathrm{TK}}}+E_i^{\mathrm{TK}}$,故有:

$$h_i^{\mathrm{TK}}(k+1)=h_i^{\mathrm{TK}}(k)+\alpha_i\Big(\sum_j q_{\mathrm{in}}^j(k)-\sum_h q_{\mathrm{out}}^h(k)\Big)$$

其中,$\alpha_i=\dfrac{\Delta t}{A_i^{\mathrm{TK}}}$。

综上,将各个节点得到的方程组进行联立则可得到整个供水管网的节点流量方程组。

(2) 管段能量方程

供水管网管段中的水体可视为不存在粘滞性、液体的内摩擦力为零且不可被压缩理想流体,而伯努利方程可以反映流体能量守恒定律。故,本小节首先介绍伯努利方程,然后再依次分析管道、水泵、阀门等管段的能量方程。

水流质点在管段流动过程中具有标高(位置高度)、压力和速度,即水流质点在流动的过程中具有位置势能、压能和动能,而这三种能量可用水头表示。当水流质点从管道断面 1 流向管道断面 2 时,这三种能量的变化关系可用伯努利方程表示:

$$h_1+\frac{p_1}{\rho g}+\frac{v_1^2}{2g}=h_2+\frac{p_2}{\rho g}+\frac{v_2^2}{2g}$$

或者

$$h+\frac{p}{\rho g}+\frac{v^2}{2g}=\mathrm{Constant}$$

其中:h 为位置水头,位置水头与选择的标高有关;$\dfrac{p}{\rho g}$ 为压力水头,$\dfrac{v^2}{2g}$ 为速度水头,速度为相对地面的速度,一般不变换参考系使用。总之,伯努利方程以位置水头、压力水头和流速水头,定量表述了液体在运动中的位置势能、压能和动能之间的能量转化关系和联系。

下面应用伯努利方程分别从管道、水泵、阀门等管段元件展开分析。

① 管道

由伯努利方程可知,有压管道中的能量可以表示为标高(位能)E、压力水头(势能)$\dfrac{P}{\rho g}$、速度水头(动能)$\dfrac{V^2}{2g}$ 之和,即 $E+\dfrac{P}{\rho g}+\dfrac{V^2}{2g}$。

假设一个连接第 i 个节点和第 j 个节点的管道 ij,根据能量守恒定律有:

$$E_i+\frac{P_i}{\rho g}+\frac{V_i^2}{2g}=E_j+\frac{P_j}{\rho g}+\frac{V_j^2}{2g}+h_f+\sum h_m$$

其中，水头损失（能量）由沿程水头损失 h_f（Frictional Head Loss）和局部水头损失 h_m（Minor Head Loss）构成。

沿程水头损失指的是单位重量的水体自连接节点 i 流动至连接节点 j 过程中所损失的能量，水头损失存在每个管道之中，并且随沿管道长度增加而增加。为了体现沿程水头损失是与管道的关系，以下管道的沿程水头损失采用专用符号 $\Delta h_{ij}^{\mathrm{P}}$ 表示。管道的沿程水头损失可由下式决定：

$$\Delta h_{ij}^{\mathrm{P}}=h_i-h_j=R_{ij}q_{ij}^{\mathrm{P}}\left|q_{ij}^{\mathrm{P}}\right|^{\mu-1}$$

其中：R_{ij} 是管道阻力系数，是管道长度、材料的函数；μ 是流量指数。请注意，不同的水头损失建模公式的 R_{ij} 和 μ 值也不相同。水头损失数学模型可采用 Hassen-Williams 公式、Darcy-Weisbach 公式和 Chezy-Manning 公式[50,31]。这三个公式来源于理论研究和实验得到的结果，较为常用。

Hassen-Williams 公式适于较光滑的圆管满管紊流计算，主要用于供水管道水力计算，其 $R_{ij}=10.667C^{-1.852}d^{-4.871}L$ 且 $\mu=1.852$。参数 C 是管道的 Hazen-Williams 粗糙系数，常见的 Hazen-Williams 粗糙系数如表 2.1 第 1 列所示；参数 d 和 L 分别是管道直径和管道长度。

Darcy-Weisbach 公式是均匀流沿程水头损失的普遍计算公式，对层流、紊流均适用，其 $R_{ij}=0.0828f(k_s,d,q)d^{-5}L$ 且 $\mu=2$。参数 k_s 是管道的 Darcy-Weisbach 粗糙系数，常见的 Darcy-Weisbach 粗糙系数如表 2.1 第 2 列所示；参数 d、L 和 q 分别是管道直径、长度和流量，而 f 是取决于 k_s、d 和 q 的摩擦因子。

Chezy-Manning 公式则适用于明渠或较粗糙的管道计算，其 $R_{ij}=10.29n^2d^{-5.33}L$ 且 $\mu=2$；参数 n 是管道的 Chezy-Manning 粗糙系数，常见的 Chezy-Manning 粗糙系数如表 2.1 第 3 列所示；参数 d 和 L 分别是管道直径和管道长度。

表 2.1　新管材的粗糙系数

材料	C(无量纲)	k_s/ft	n(无量纲)
铸铁管	130～140	0.850×10^{-3}	0.012～0.015
混凝土管或者混凝土衬里	120～140	1×10^{-13}	0.012～0.017
镀锌铁管	120	0.500×10^{-3}	0.015～0.017
塑料管	140～150	0.005×10^{-3}	0.011～0.015
钢管	140～150	0.150×10^{-3}	0.015～0.017
陶土管	110		0.013～0.015

局部水头损失是单位重量的水体遇到局部阻力所引起的水头损失，主要是增加的紊流造成。具体而言，当水体遇到阀门、弯头等管道附件时，由于管段形状急剧改变，水体会与固定边界分离出现旋涡，耗费大量能量；同时漩涡区不断被主流带向下游，会使旋涡造成的紊乱加剧，从而进一步加大能量损失；由于一系列的连锁反应，水体会自动调整流速分布情况，也将造成能量损失[2]。局部水头损失为局部损失系数与管道流速水头的乘积，即 $h_m=$

$\zeta\left(\frac{v^2}{2g}\right)$。其中：$\zeta$ 是局部损失系数，且常见的管道附件的局部损失系数如表 2.2 所示；v 是流速；g 是重力加速度。

表 2.2 管道附件的局部损失系数

附件	损失系数
球阀，全开	10.0
角阀，全开	5.0
翼型止回阀，全开	2.5
闸阀，全开	0.2
短径弯头	0.9
中径弯头	0.8
长径弯头	0.6
45°弯头	0.4
密闭回水弯头	2.2
标准三通，运行通过	0.6
标准三通，支管通过	1.8
四通交叉	0.5
出水口	1.0

② 水泵

供水管网中的水头增益可以通过在吸入节点 i 和输送节点 j 之间的水泵提供，如图 2.1 所示。水泵的特性曲线决定了流量与扬程之间的关系函数。一般来说，水泵的水头增益可以表示为：

$$\Delta h_{ij}^{M}=h_i-h_j=-s_{ij}^{2}(h_0-r\,(q_{ij}^{M}s_{ij}^{-1})^{\nu})$$

其中：h_0 是截止水头（Shutoff Head）；q_{ij}^{M} 是流经水泵的流量；$s_{ij}\in(0,s_{ij}^{\max}]$，$s_{ij}$ 是转速比；r 和 ν 是从特定数值范围中选择的曲线系数。值得注意的是，水头增益 h_{ij}^{M} 始终为负值，流经水泵的流量始终严格为正值。

③ 阀门

通用阀（GPV）、减压阀（PRV）和流量控制阀（FCV）是常用的阀门，它们通过阀门开度或设定值来控制减压或流量调节[31]。本节仅提供一种适用于 GPV 的水头损失模型，其他阀门的损失模型，详见文献[30]。

GPV 可用于涡轮机、井下压降或减流防回流阀的建模[31]。在此，假设 GPV 的模型类似于具有受控阻力系数的管道，其可以表示为：

$$\Delta h_{ij}^{W}=h_i-h_j=o_{ij}^{-1}R_{ij}q_{ij}^{W}\,|\,q_{ij}^{W}\,|^{\mu-1}$$

其中，$o_{ij}\in(0,1]$是描述阀门开度的已知参数，其余变量类似于管道的水头损失模型。当 $o_{ij}=1$ 时，阀门完全打开，此时，阀门的水头损失模型与阀门的水头损失模型完全等价。随着 o_{ij} 减少，阀门关闭，水头损失逐渐增加。当 GPV 完全闭合时，在 h_i 和 h_j 之间不存在变量约束关系，这表明此二节点完全解耦，可以认为连接节点 i 和连接节点 j 之间无连接关系。

综上，将各个管段元件得到的方程组进行联立则可得到整个管网的管段能量方程组。

注意，在供水管网的节点和管段中应用质量守恒和能量守恒定律得到的节点流量方程组和管段能量方程组分别是线性方程组和非线性方程组，由此可见水力模型本质上就是由一系列线性方程和非线性方程组成的方程组。在此，本小节将该结论采用图 2.1 所示的元件水力模型进行呈现、总结以便读者理解，图中实线框表示的是线性方程组，而虚线框则表示非线性方程组。

2.2.2 水力建模示例

由于第 2.2.1 小节介绍的水力模型较为理论，为了使读者对水力模型有更加深入的理解，本小节拟对两个简单的供水管网——“三节点管网”和“八节点管网”进行水力分析，以展示求解各节点水头和各管段流量等参数的详细细节。

需要说明的是，本小节求解水力方程的方法并没有采用第 2.2.1 小节介绍的 Hardy-Cross、Newton-Raphson、线性化等方法，而是单纯地采用(半)手工求解非线性方程组的方式。对于比较小型的网络，采取(半)手工计算的方式，可以帮助读者理解水力分析的机理。

1. 三节点管网

本小节以图 2.2 所示的“三节点管网”为例，进行单工况(0:00 时刻)和延时水力分析(0:01 和 1:00 时刻)。

所采用的“三节点管网”具有三个节点(水库、连接节点、水塔各一个)；管段两条(一台水泵和一条管道)。其中 1 号水库、2 号连接节点和 3 号水塔出的水头可用符号 h_1^{R}、h_2^{J} 和 h_3^{TK} 表示；12 号水泵和 23 号管道的流量可用符号 q_{12} 和 q_{23} 表示。图 2.3 中呈现的是 12 号水泵的特性曲线，即：

$$\Phi_{12}^{\mathrm{M}}(q_{12},s)=\Delta h_{12}^{\mathrm{M}}(q_{12},s)=s^2(h_0-r(q_{12}/s)^{\nu})$$

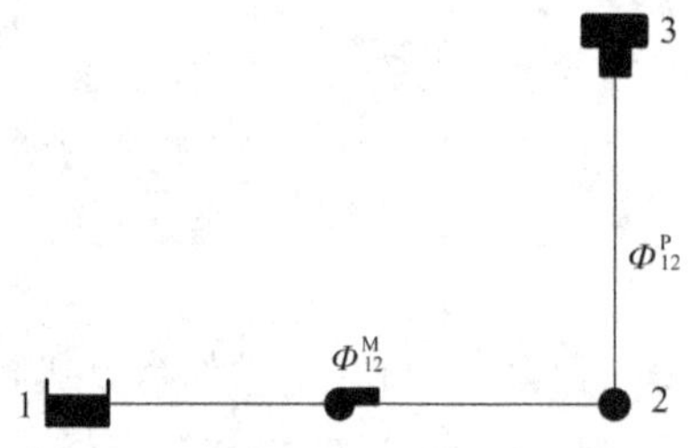

图 2.2 水力模拟示例(三节点管网)

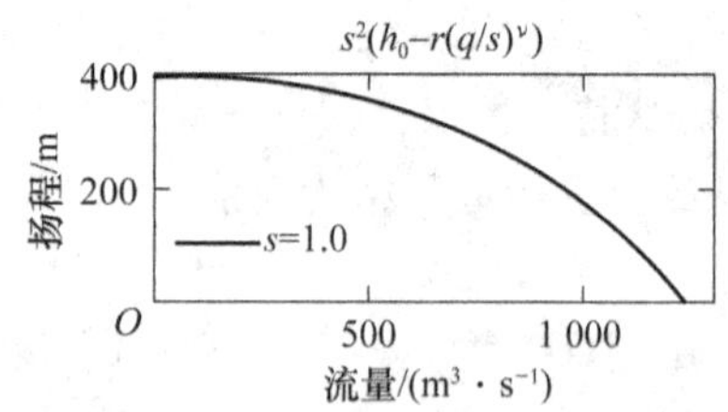

图 2.3 三节点管网中水泵的水泵特性曲线

而 23 号管道的水头损失采用 Hazen-Williams 公式描述，即：

$$\Phi_{23}^{\mathrm{P}}(q_{23})=Rq_{23}\,|q_{23}|^{\mu-1}$$

且，3 号水塔的动力学模型可表示为：

$$h_3^{\mathrm{TK}}(k+1)=h_3^{\mathrm{TK}}(k)+\alpha q_{23}$$

该供水管网的其他详细参数如下：

① 1 号水库具有固定水头，即 $h_1^{\mathrm{R}}(k)=700$ ft(1 ft≈0.304 8 m)，且 $k=1,2,\cdots$。

② 12 号水泵处于工作状态且转速比 $s=1$，并且水泵特性曲线方程的参数为 $h_0=393.7$ ft，

$r=3.746\times10^{-6}$，且 $\nu=2.59$。

③ 2 号连接节点的需水量为 240 gal/min(1 gal≈3.785 412 L)，即 $d_2(k)=240$ gal/min，且 $k=1,2,\cdots$。

④ 23 号管道的管道阻力系数 $R=0.035$，且流量指数 $\mu=1.852$。

⑤ 3 号水塔的初始水头是 908 ft，即 $h_3^{\mathrm{TK}}(0)=908$ ft，且水头变化率为 $\alpha=0.447\ 9$ ft·h/gal。

⑥ 水力模拟步长为 1 min。

根据以上条件，结合第 2.2.1 小节的理论知识，可以列出上述 5 种元件的水力模型，且可以表示为以下方程组的形式：

$$h_1^{\mathrm{R}}(k)=700$$

$$q_{12}(k)-q_{23}(k)=d_2(k)$$

$$h_3^{\mathrm{TK}}(k+1)=h_3^{\mathrm{TK}}(k)+\alpha q_{23}(k)$$

$$h_2^{\mathrm{J}}(k)-h_1^{\mathrm{R}}(k)=h_0-rq_{12}^{\nu}(k)$$

$$h_3^{\mathrm{TK}}(k)-h_2^{\mathrm{J}}(k)=Rq_{23}(k)\,|q_{23}(k)|^{\mu-1}$$

由此，经过必要替换和消元，可以计算出在 0:00 时刻，即当 $k=0$ 时，12 号水泵和 23 号管道中的流量为：

$$q_{12}(0)-q_{23}(0)=d_2$$

$$h_1^{\mathrm{R}}(0)+h_0-rq_{12}^{\nu}(0)-Rq_{23}(0)\,|q_{23}(0)|^{\mu-1}=h_3^{\mathrm{TK}}(0)$$

为计算方便，可以将下标 $k=0$ 省略，并且替换所有的参数后，可得方程组：

$$q_{23}-q_{12}=240$$

$$700+393.7-3.746\times10^{-6}q_{12}^{2.59}-0.035q_{23}\,|q_{23}|^{0.852}=908$$

该方程组可以直接采用非线性方程组软件进行求解，求解后可得：$q_{12}=338.56$ gal/min 且 $q_{23}=98.56$ gal/min。

类似地，可以对该“三节点管网”进行延时水力(EPS)分析。例如，可以求解出第 0:01 时刻($k=1$)或者第 1:00 时刻($k=60$)3 号水塔的水头，具体过程如下。

首先，水塔的动力学方程为：

$$h_3^{\mathrm{TK}}(k+1)=h_3^{\mathrm{TK}}(k)+\alpha q_{23}(k)$$

注意到，$\alpha=0.447\ 9$ 的单位为 ft·h/gal，但是对于一个长度为 1 min 的时间步，其真正的速率应该为$\frac{\alpha}{60}$。因此，可得

$$h_3^{\mathrm{TK}}(1)=h_3^{\mathrm{TK}}(0)+\frac{\alpha}{60}\times q_{23}(0)=908+0.447\ 9/60\times98.56=908.735\ 8\ \mathrm{ft}$$

使用相应求解软件进行迭代运算，同理可以算出 3 号水塔在 60 min 后的水头，即 $h_3^{\mathrm{TK}}(60)=949.25$ ft。

2. 八节点管网

本小节以 EPANET 用户手册[31,51]中的“八节点管网”为例，进行单工况(0:00 时刻)水力分析和延时水力分析。所采取的“八节点管网”拓扑如图 2.4 所示。其中，节点有 8 个，包括 1 个水库、6 个连接节点、1 个水塔；管段有 9 条，包括 1 台水泵和 8 条管道。图中的管道

上的箭头表示 0:00 时刻管道中水流的方向。

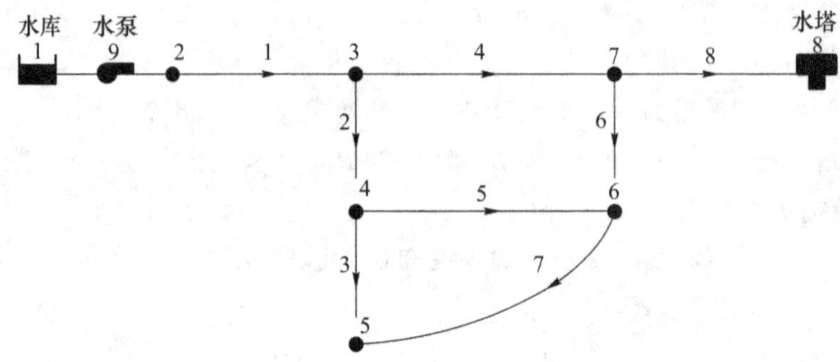

图 2.4 水力模拟示例(八节点管网)[31,51]

所有节点的标高和基本需水量如表 2.3 所示。可以看出,只有 3~6 号连接节点用户消耗水,而其他节点的不消耗水,并且,相应的需水量乘子为 0.5。此外,在 0:00 时刻,1 号水库和 8 号水塔的水头均为已知,即 $h_1=700$ 且 $h_8=830$。

表 2.3 节点的标高和基本需水量属性

节点	标高/ft	基础需水量/(gal·min^{-1})
1	700	0
2	700	0
3	710	150
4	700	150
5	650	200
6	700	150
7	700	0
8	830	0

根据质量守恒定律,可得如下节点流量方程:

$$
\begin{aligned}
-q_9 &= d_1 \\
q_9-q_1 &= d_2 \\
q_1-q_2-q_4 &= d_3 \\
q_2-q_3-q_5 &= d_4 \\
q_3-q_7 &= d_5 \\
q_5+q_6+q_7 &= d_6 \\
q_4-q_6-q_8 &= d_7 \\
q_8 &= d_8
\end{aligned}
$$

此外,所有管道的起始节点、终止节点、长度、直径等属性如表 2.4 所示。管道的沿程水头损失采用 Hassen-Williams 公式,并且不考虑局部水头损失。所有管道的 Hazen-Williams 粗糙系数均相同,且 $C=100$,故不在表中列出。此外,9 号水泵的特性曲线类似图 1.6 所示的曲线,且转速比 $s=1.0$,截止水头 $h_0=200$,曲线系数 $r=0.000\,138\,9$,$\nu=2$。水泵的具体参数，详见 EPANET 用户手册，在此不一一列举。

表 2.4 管道和相应的属性

管道	起始节点	结束节点	长度/ft	直径/in
1	2	3	3 000	14
2	3	4	5 000	8
3	4	5	5 000	6
4	3	7	5 000	12
5	4	6	5 000	8
6	7	6	5 000	8
7	5	6	7 000	6
8	7	8	7 000	10

根据能量守恒方程，可得如下管段能量方程组。

$$h_1 - h_2 = \Delta h_{12}^{\mathrm{M}}$$
$$h_2 - h_3 = \Delta h_{23}^{\mathrm{P}}(q_1)$$
$$h_3 - h_4 = \Delta h_{34}^{\mathrm{P}}(q_2)$$
$$h_4 - h_5 = \Delta h_{45}^{\mathrm{P}}(q_3)$$
$$h_3 - h_7 = \Delta h_{37}^{\mathrm{P}}(q_4)$$
$$h_4 - h_6 = \Delta h_{46}^{\mathrm{P}}(q_5)$$
$$h_7 - h_6 = \Delta h_{76}^{\mathrm{P}}(q_6)$$
$$h_5 - h_6 = \Delta h_{56}^{\mathrm{P}}(q_7)$$
$$h_7 - h_8 = \Delta h_{78}^{\mathrm{P}}(q_8)$$

联立节点流量方程和管段能量方程得到的最终方程组即为“八节点管网”的水力模型，可以采用 EPANET 软件或者相应的非线性软件求解工具箱对此单工况水力模型进行分析求解。求解后的节点水头和管道流量在 0:00 时刻的值分别为表 2.5 和表 2.6 所示。

表 2.5 0:00 时刻 EPANET 水力模拟结果(节点)

节点	需水量/(gal·min^{-1})	水头/in	压力/psi①
2	0.00	847.05	63.72
3	75.00	844.67	58.35
4	75.00	839.69	60.53
5	100.00	836.83	80.95
6	75.00	839.47	60.43
7	0.00	841.19	61.18
1	−617.42	700.00	0.00
8	292.42	834.00	1.73

① 1 psi≈0.006 89 MPa

表 2.6　0:00 时刻 EPANET 水力模拟结果(管段)

管段	流量/(gal·min⁻¹)	流速/(ft·s⁻¹)	单位水头损失/(in·kin⁻¹)
1	617.42	1.29	0.80
2	159.91	1.02	1.00
3	55.58	0.63	0.57
4	382.51	1.09	0.69
5	29.34	0.19	0.04
6	90.09	0.57	0.34
7	−44.42	0.50	0.38
8	292.42	1.19	1.03
9	617.42	0.00	−147.05

以上结果均为单工况水力分析结果(0:00 时刻),为了使"八节点管网"的运行更切合实际,可进行 24 小时延时水力分析,即分析 24 小时内节点水头和管道流量的动态变化情况。

为此,可以创建类似图 1.3 的需水量模式,使节点的需水量在一天的过程中呈周期性变化。需要注意的是图 1.3 所示的需水量模式单个连接节点的需水量模式,且步长为 1 小时。事实上,不同类型的节点(居民类、工业类、公建类)需水量模式大不相同,且周期也未必是整数。在进行延时水力分析时,可以给不同的连接节点用户赋予差异化的需水量模式以及时间步长。例如,可以使用 6 小时的模式时间步长,从而使需求在一天中的四个不同时间发生变化。

关于延时水力分析的结果,本小节不再呈现,感兴趣的读者可以参考 EPANET 用户手册)[31,51]。

2.3　供水管网水质建模

2.3.1　水质模型

当前世界范围内,对饮用水进行处理最常用的消毒剂是氯及其化合物,因为其价格低廉,且能有效控制引起疾病的若干水媒生物。正因如此,美国环境保护署(U. S. EPA)规定,管道中需保持最小的氯残留量,以抑制微生物对水的污染。此外,美国 1974 年的《安全饮用水法》及其 1986 年的修正案要求,在诸如用户终端等用水点必须存在能测量到的消毒剂残留,即 0.2 mg/L 的氯残留。目前来看,我国绝大多数的供水厂在常规水处理工艺中基本上也都是采用价格低廉、操作简单、消毒效果好的管网余氯消毒方式[2]。

因此,本书关注的供水管网水质模拟特指对供水管网中余氯的时空分布情况进行仿真模拟,这是因为管网水体中余氯的含量值一般作为评判水质好坏的最具有代表性的指标,一般通过水体中余氯含量的多少来推测该水体的水质特征,能大致判断出水质的好坏[2]。尤其是在常规污染事件中可以通过对管网水体中余氯浓度的简单测量去判断水体中微生物滋长情况。

如第 2.1 节所述，供水管网水质模拟是在供水管网水力模拟结果的基础上，在已知管网中某种物质浓度的分布和必要反应参数的条件下，计算出该物质在供水管网中各节点、管段分布情况的过程。图 2.5 直观地展示了水力模拟与水质模拟的关系。

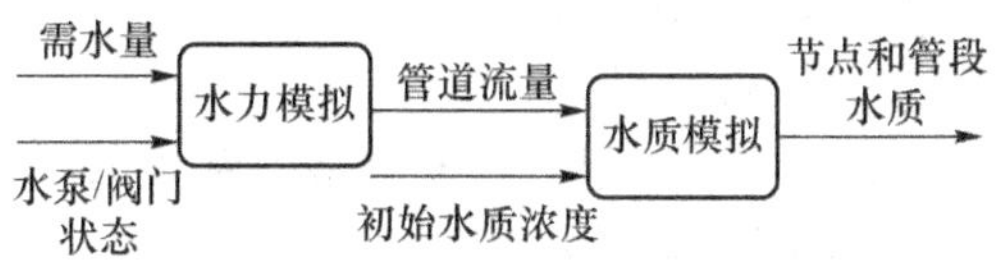

图 2.5 水力模拟与水质模拟的关系

1. 水质模拟模型的类型

供水管网水质模型按照不同的标准具有不同的类型[52]。根据第 2.2.1 小节介绍的水力模型的类型，再加上图 2.5 直观地展示了水力模拟与水质模拟的关系，因此，本书将水质模型也分为宏观模型和微观模型两种类型。这两种模型与第 2.2.1 小节的含义相同，本节不再赘述。

按照理论基础，水质模拟模型可以分为基于数据的统计模型、递归模型和基于反应动力学的机理模型。其中，统计模型属于宏观模型的一种，它是一种黑箱模型，即只考虑在输入和输出之间建立联系，而不考虑系统内部的细节和机理。目前，统计模型主要采用人工神经网络、回归模型等数学工具建立。从以上介绍可以看出，该模型具有建模快速、求解快速的优点，但存在着精度差、需重复构建等问题。与统计模型不同，递归模型采用一种递归回溯方法，从输出节点开始，一直回溯到输入节点，从而建立输入和输出之间的关系[53]。

机理模型是基于水体中物质的反应动力学原理构建，侧重于具体水质指标在供水管网传输过程中的变化规律，属于微观模型的一种，可以较好地揭示水质变化的根本原因，为深入认知供水管网水质变化的机理提供了重要的方法[52]。机理模型又可分为一维模型和二维模型，在不追求高精度的情况下，一维模型应为较为广泛。按照模拟参数的不同又分为消毒剂(余氯)衰减模型、三卤甲烷模型、细菌模型等。鉴于对供水管网进行水质模拟的最终目的是在采用氯作为消毒剂的前提下，确保饮用水安全，下面首先着重介绍余氯衰减模型，然后介绍水质模型求解发展史以及求解方法，最后给出水质模型求解的示例。

2. 供水管网中的余氯衰减原理

余氯衰减模型主要是在时间变化的条件下，动态地模拟供水管网中余氯的变化。因此，如何有效地计算供水管网中余氯的分布情况至关重要[2]，而最终余氯的分布情况与初始浓度分布、水体对氯的运输过程以及氯与水体的反应过程等因素息息相关。其中，初始浓度分布可以假设是已知的，水体对氯的运输过程可以通过动力学方程进行描述，而氯与水体的反应过程较为复杂。如图 2.6 所示，氯在管道内部和管壁材料上均可以发生反应。

(1) 余氯在主流水体中的反应

水中的余氯主要是以自由氯 HOCl 和 OCl^- 存在着，并且 HOCl 是水体中余氯消毒的主要组成部分[2]。当余氯在管道中向下游运动或者驻留在水塔中时，氯在管道内部或者水塔(主流区域)中与水体中的有机物或无机物反应。在如图 2.6 所示的管道中，HOCl 与水中自然有机物(NOM)发生反应，反应速率系数为 K_b，最终生成副产物。EPANET 软件会模拟具有 n 级反应动力学的主流区水体反应，这里假设管道 ij 中反应的瞬时速率 r_{ij}^{P} 依赖于

浓度 c^{P}，即：

$$r_{ij}^{\mathrm{P}}(c^{\mathrm{P}})=K_b\,(c^{\mathrm{P}})^n$$

其中，K_b 是反应速率系数，c^{P} 是反应剂浓度（质量/容积），n 为反应级数，由于余氯在水中衰减，故该值为负。当考虑余氯这类溶质最终损失的极限浓度时，当 $n<0$ 和 $K_b<0$ 时，速率表达为 $R=K_b(c^{\mathrm{P}}-c_L)(c^{\mathrm{P}})^{(n-1)}$，其中，$c_L$ 为极限浓度。

(2) 余氯在管壁中的反应

氯也在管壁材料上即边界层发生反应。由于氯是一种强氧化剂，当金属材质的管道长时间的接触水体，管壁会被水体腐蚀，金属材质会进入水体中与余氯发生反应[2]。例如，它可以氧化管壁释放出铁离子，使得水质下降，当然余氯浓度也随之降，具体过程如图 2.6 所示。

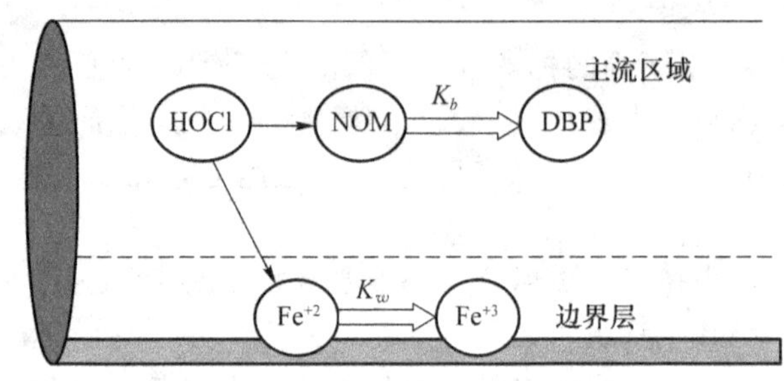

图 2.6　管道中的反应区域[31,51]

此外，靠近管壁处的水质反应速率 r，取决于主流区的浓度，即：

$$r=\frac{A}{V}K_w\,(c^{\mathrm{P}})^n$$

其中，K_w 是管壁反应速率系数，$\frac{A}{V}$ 是管道内单位容积的表面积。详尽的管壁反应见 EPANET 用户手册的附录 D[31,51]。

(3) 余氯浓度影响因素分析

事实上，以上只是简化的反应模型。诸多因素对余氯浓度的影响各有不同，不同情况会对水质有不同影响。

首先，流速会对水体中余氯浓度有最直接的影响。若流速过慢，水体与管壁接触的时间就会延长，余氯与其他物质反应的可能性或反应时间会直接增大。其次，管道直径大小也会对水质产生直接或间接的影响。在同等条件下，管道直径会影响流速，在水量相同时，管道直径越大，流速就越慢，这样大的管道直径就会与流速过慢造成的影响一致。在以管道腐蚀污染为主的供水管网中，在水量相同条件下，直径越小的管道与水体接触的面积会比直径较大的管道更大，这会使管道的腐蚀速率加快，而直径大的管道则相对稳定。最后，水体 pH 值及温度也是不能忽视的影响因素。例如，在温度范围合适的情况下，适当地升温会加快次氯酸与生物酶之间的化学反应速度，即温度越高，余氯的杀菌效率就越高。所以，夏季余氯的杀菌效率高，氯消耗量也最多，此时需提高出水余氯浓度[2]。

(4) 余氯在管道中的推流迁移

上文介绍了氯与管道中水体的复杂化学反应模型，下面介绍水体对氯的运输过程。

假定余氯可以看成理想流体中的理想粒子，故该粒子具有与所处流体相同的流速，且忽略理想水体中的纵向扩散。则管道内的推流迁移可用一维平流-反应（1-D Advection-

Reaction,1-D A-R)方程进行建模。对于任何管道 ij,其中 i 和 j 是其上游和下游连接节点的索引,而 1-D A-R 方程可由偏微分方程表示,即:

$$\partial_t c^{\mathrm{P}} = -v_{ij}(t)\partial_x c^{\mathrm{P}} + r_{ij}^{\mathrm{P}}(c^{\mathrm{P}}) \tag{2.1}$$

其中:$v_{ij}(t)$是管道 ij 的流速,等于流量 $q_{ij}(t)$除以横截面积;$r_{ij}^{\mathrm{P}}(c^{\mathrm{P}}) = k_{ij}^{\mathrm{P}}(c^{\mathrm{P}})^n$ 是 n 阶溶质反应率,k_{ij}^{P}是反应常数。

(5) 余氯在连接节点处的混合

在上游连接两个或者多个管段的连接节点中,假水体的混合是瞬间完成的,因此,离开连接节点的浓度可简化为连接节点进流管段浓度的流量权重之和。根据质量守恒定律,对于特定连接节点 i,混合后的余氯浓度 c_i^{J} 可写为:

$$c_i^{\mathrm{J}} = \frac{\sum\limits_{ki \in L_{\mathrm{in}}} c_{ki} q_{ki}}{d_i + \sum\limits_{ij \in L_{\mathrm{out}}} q_{ij}}$$

其中:d_i 是连接节点i 的需水量;$\sum\limits_{ij \in L_{\mathrm{out}}} q_{ij}$ 是所有流出连接节点i 的流量;$\sum\limits_{ki \in L_{\mathrm{in}}} c_{ki} q_{ki}$ 是所有流入连接节点 i 的余氯质量。

例如,已知 1 号连接节点连接了三条管道,其中 21 号、31 号管道为流入管道,14 号管道为流出管道,各管道的浓度和流量如图 2.7 所示,根据质量守恒,可知 $c_{21}q_{21} + c_{31}q_{31} = c_{14}q_{14} + d_1 c_1^{\mathrm{J}}$。故

$$c_1^{\mathrm{J}} = \frac{c_{21}q_{21} + c_{31}q_{31}}{d_1 + q_{14}} = 0.71\ \mathrm{mg/L}$$

(6) 余氯在水塔中的混合

假设水塔中的余氯是完全混合的。如图 1.5(a)所示,在该状态下,水塔中的余氯浓度取决于当前余氯含量与进水中的余氯含量。在混合的同时,余氯也在不断地发生衰减反应,内部浓度也在发生变化。因此,根据质量守恒定律,对于特定水塔 i,混合后的余氯浓度 c_i^{TK} 可写为:

$$\frac{\partial (V_i^{\mathrm{TK}} c_i^{\mathrm{TK}})}{\partial t} = \sum_{ki \in L_{\mathrm{in}}} c_{ki} q_{ki} - \sum_{ij \in L_{\mathrm{out}}} c_i^{\mathrm{TK}} q_{ij} + r_i^{\mathrm{TK}}(c_i^{\mathrm{TK}})$$

其中,$r_i^{\mathrm{TK}}(c_i^{\mathrm{TK}})$是余氯在水塔中的反应率。

例如,已知 5 号水塔连接着 56 号管道,且水体通过该管道从水塔中流出,如图 2.8 所示。此例考虑离散系统,且不考虑余氯衰减项。根据质量守恒,可知:

$$V_5^{\mathrm{TK}}(t+\Delta t) c_5^{\mathrm{TK}}(t+\Delta t) = V_5^{\mathrm{TK}}(t) c_5^{\mathrm{TK}}(t) - q_{56}(t)\Delta t c_5^{\mathrm{TK}}(t)$$

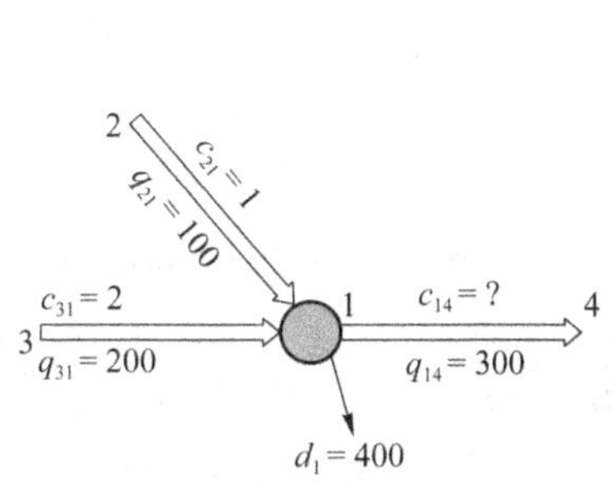

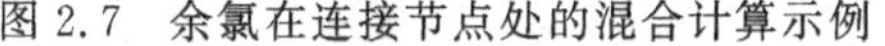
图 2.7 余氯在连接节点处的混合计算示例

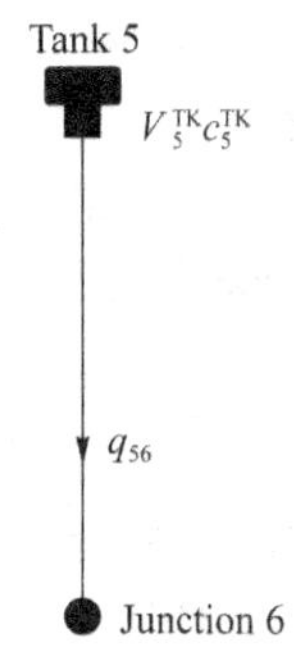

图 2.8 水泵特性曲线示例

故，有：

$$c_5^{\mathrm{TK}}(t+\Delta t)=\frac{V_5^{\mathrm{TK}}(t)-q_{56}(t)\Delta t}{V_5^{\mathrm{TK}}(t+\Delta t)}c_5^{\mathrm{TK}}(t)=\mathrm{coeff}_5\times c_5^{\mathrm{TK}}(t)$$

3. 水质模型的求解方法

求解余氯衰减主要以欧拉法和拉格朗日法为主，欧拉法与拉格朗日法的求解思路不同。欧拉法的时间是均匀推进的，水体在管道中的固定网格点或固定体积段之间流动；而拉格朗日法的网格点或体积段是可变的，并且是以均匀的时间间隔或者仅当新水段到达下游连接节点时才进行条件更新[54]。此外，欧拉法可细分为欧拉有限差分法和欧拉离散体积法；拉格朗日法可细分为拉格朗日时间驱动法和拉格朗日事件驱动法。

简而言之，欧拉法是站在整体空间的角度去研究问题，其主要研究对象是管段微元（离散段或者离散体积元）；而拉格朗日法是将供水管网看成若干不同长度的管段，其主要研究对象为管段中互不重合、互不影响的水流微元，该方法以时间的变迁去研究水流微元中的溶质浓度变化[2]。

(1) 欧拉有限差分法(FDM)[54]

欧拉有限差分法的主要核心是通过有限差分法来处理式(2.1)中的微商，用有限差分来近似导数，从而寻求式(2.1)的近似解。1994 年，有学者首次将欧拉有限差分法应用到求解余氯衰减模型上。当然，将式(2.1)转换为差分方程有很多选择，例如可以选择采用 Lax-Wendroff(L-W)数值法[55]求解管道中的平流-反应方程。有限差分法将供水管网的管道分割成网格或者离散段，如果把整个供水管网分得足够精细，那么求解就足够准确。但是在实际方程运用过程中，一旦管网的水力状况发生改变，坐标网点就会随之改变。

(2) 欧拉离散体积法(DVM)[54]

1988 年，欧拉离散体积法首次应用于供水管网水质模型的求解。欧拉离散体积法与有限差分法的思路类似，管网也会进行分段处理，不同之处在于该方法将离散的管段看作等体积的体积元，且每一个体积元内部的余氯完全混合。

欧拉离散体积法计算过程其实就是对离散体积元内溶质变化过程进行展示，该过程可分为 4 个主要阶段：动力学反应阶段，节点混合阶段，溶质迁移阶段和分配阶段[2]。首先是动力学反应阶段，在该阶段假定离散体积元中的溶质处于混乱状态，两个离散体积元溶质不断反应；然后是节点混合阶段，在该阶段假定节点与管道中的体积元瞬间融合达到平衡状态；接着进入溶质迁移阶段，即体积元之间的溶质沿着管段进行迁移；最后是分配阶段，在该阶段节点处的溶质流出，并将流出管段的体积元加权分配给下方的节点。

离散体积法和有限差分法有很多共通的地方，比如在操作过程中管网的水力状况发生改变，对应的离散体积元或网格都会随之改变，将会对离散体积元进行重新分配。但是，离散体积法较有限差分法而言，不会出现发散的情况[2]。

(3) 拉格朗日时间驱动法(TDM)[54]

拉格朗日时间驱动法以管段中互不重合、互不影响的水流微元为研究对象，以时间的变迁，研究水流微元中的溶质浓度变化，在水质模型求解方法中应用最为广泛。以拉格朗日时间驱动法来求解模型时，水流微元溶质的浓度是受动力学反应作用影响的，在水流工况不断变化时，水流微元的位置和体积信息也随之改变。连接节点中的溶质浓度取决于上游节点与工况的变化。拉格朗日时间驱动法不会出现发散现象，其精度主要与水质计算步长多少和所设定的浓度差有关[2]。

(4) 拉格朗日事件驱动法(EDM)[54]

拉格朗日事件驱动法与拉格朗日时间驱动法相类似,但时间驱动法是以在管段运动中的水流微元为研究对象,不同时刻对应着水流微元的状态不同;而事件驱动法是以整个管段为研究对象,只研究管段上端和下端状态,以两端溶质浓度状态为标准去更新下游管段节点的状态[2]。拉格朗日事件驱动法独特的地方是通过构建事件时间表,完成对管网水质进行动态模拟。拉格朗日事件驱动法能正常收敛,而且水质计算步长对该算法的精度却无任何影响,这一点与其他算法不同。

2.3.2 水质建模示例

类似地,第 2.3 节介绍的水质模型也较为理论,为了使读者对水质模型有更加深入的理解,在第 2.2.2 小节水力分析的基础上,本小节针对“三节点管网”展开水质分析,即给出相应的水力参数和初始水质分布情况,求解出“三节点管网”各个元件的水质模型,然后计算出特定元件在特定时刻的余氯浓度。图 2.9 所示的“三节点管网”的必要参数和设置如下:

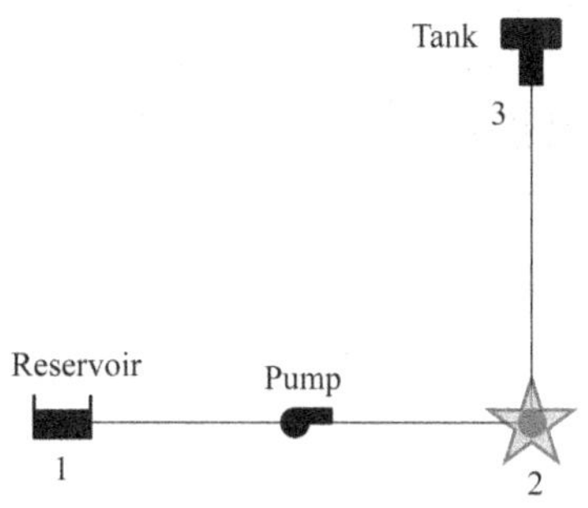

图 2.9 三节点管网(星号代表该处安装了加氯站)

① 1 号水库处的余氯浓度固定,即 $c_1^{\mathrm{R}}=1.0$ mg,且管道和水塔中的初始余氯浓度为 0.2 mg。

② 2 号连接节点以 $d_2=240$ gal/min 的速率消耗水。

③ 水质模拟的时间步长为 $\Delta t=\dfrac{10}{3}$ s,且不考虑余氯衰减。

首先,分析连接节点处的余氯浓度。若已知 $q_{12}=923.9$ gal/min,且 $c_{12}=1.0$ mg/L,则根据 $q_{12}-q_{23}=d_2$,有:

$$q_{23}=q_{12}-d_2=683.9\ \text{gal/min}$$

根据质量守恒定律,可得:

$$c_{12}q_{12}=c_2^{\mathrm{J}}(d_2+q_{23})$$

故,可求解出 2 号连接节点的余氯浓度为 $c_2^{\mathrm{J}}=1.0$ mg/L。

然后,分析水塔中的余氯浓度。若水以恒定的流量($q_{23}=683.9$ gal/min)和固定的余氯浓度($c_{23}=0.2$ mg/L)流入 3 号水塔,并且 3 号水塔的初始体积为 $V_3^{\mathrm{TK}}=2.016\times10^4\ \text{ft}^3$ 且初始浓度为 $c_3^{\mathrm{TK}}=0.2$ mg/L,根据质量守恒方程,可以列出水塔的动力学方程:

$$c_3^{\mathrm{TK}}(k+1)V_3^{\mathrm{TK}}(k+1)=c_3^{\mathrm{TK}}(k)V_3^{\mathrm{TK}}(k)+c_{23}q_{23}\Delta t$$

故,可求得,3 号水塔在任意时刻的余氯浓度:

$$c_3^{\mathrm{TK}}(k+1)=\frac{V_3^{\mathrm{TK}}(k)}{V_3^{\mathrm{TK}}(k+1)}c_3^{\mathrm{TK}}(k)+\frac{q_{23}\Delta t}{V_3^{\mathrm{TK}}(k+1)}c_{23}$$

$$=\frac{V_3^{\mathrm{TK}}(k)}{V_3^{\mathrm{TK}}(k)+q_{23}\Delta t}c_3^{\mathrm{TK}}(k)+\frac{q_{23}\Delta t}{V_3^{\mathrm{TK}}(k)+q_{23}\Delta t}c_{23}$$

例如，可以利用上述结果，推导出 20 min 后 3 号水塔中的余氯浓度为 0.2 mg/L。最后，分析管道中的余氯浓度。

若不考虑管道中的余氯衰减效应，对于 23 号管道，直接采用 L-W 数值法进行离散化，且被分割为 3 段，其相应的系数为 $\underline{\alpha}=0.236$，$\alpha=0.878$，$\bar{\alpha}=-0.114$。那么 23 号管道的水质模型可写为：

$$c_{23}^{\mathrm{P}}(1,t+\Delta t)=\underline{\alpha}(t)c_2^{\mathrm{J}}(t)+(\alpha+r_{23})c_{23}^{\mathrm{P}}(1,t)+\bar{\alpha}c_{23}^{\mathrm{P}}(2,t)$$

$$c_{23}^{\mathrm{P}}(2,t+\Delta t)=\underline{\alpha}(t)c_{23}^{\mathrm{P}}(1,t)+(\alpha+r_{23})c_{23}^{\mathrm{P}}(2,t)+\bar{\alpha}c_{23}^{\mathrm{P}}(3,t)$$

$$c_{23}^{\mathrm{P}}(3,t+\Delta t)=\underline{\alpha}(t)^{\mathrm{P}}(2,t)+(\alpha+r_{23})c_{23}^{\mathrm{P}}(3,t)+\bar{\alpha}c_3^{\mathrm{TK}}(t)$$

其实，也可以将上述方程写为矩阵形式，即：

$$\begin{bmatrix}c_{23}^{\mathrm{P}}(1,t+\Delta t)\\c_{23}^{\mathrm{P}}(2,t+\Delta t)\\c_{23}^{\mathrm{P}}(3,t+\Delta t)\end{bmatrix}=\begin{bmatrix}\alpha+r_{23}&\bar{\alpha}&\\\underline{\alpha}&\alpha+r_{23}&\bar{\alpha}\\&\underline{\alpha}&\alpha+r_{23}\end{bmatrix}\begin{bmatrix}c_{23}^{\mathrm{P}}(1,t)\\c_{23}^{\mathrm{P}}(2,t)\\c_{23}^{\mathrm{P}}(3,t)\end{bmatrix}+\begin{bmatrix}\underline{\alpha}&&\\&0&\\&&\bar{\alpha}\end{bmatrix}\begin{bmatrix}c_2^{\mathrm{J}}(t)\\0\\c_3^{\mathrm{TK}}(t)\end{bmatrix}$$

管道中的余氯水质模型反映出来的变化规律可写为：

$$\begin{bmatrix}c_{23}^{\mathrm{P}}(1,t+\Delta t)\\c_{23}^{\mathrm{P}}(2,t+\Delta t)\\c_{23}^{\mathrm{P}}(3,t+\Delta t)\end{bmatrix}=\begin{bmatrix}0.878&-0.114&\\0.236&0.878&-0.114\\&0.236&0.878\end{bmatrix}\begin{bmatrix}c_{23}^{\mathrm{P}}(1,t)\\c_{23}^{\mathrm{P}}(2,t)\\c_{23}^{\mathrm{P}}(3,t)\end{bmatrix}+\begin{bmatrix}0.236&&\\&0&\\&&-0.114\end{bmatrix}\begin{bmatrix}c_2^{\mathrm{J}}(t)\\0\\c_3^{\mathrm{TK}}(t)\end{bmatrix}$$

本章小结

本章对供水管网建模的基础知识进行介绍，主要包括供水管网模型(水力模型和水质模型)的定义、类型、建模过程以及相应的求解方法。此外，为使读者加深对模型的理解，本章提供了水力建模和水质建模的示例。

供水管网模型主要包括水力模型和水质模型，并且水力模拟是进行水质模拟的前提。供水管网水力模拟是在已知管网拓扑、各个管网元件参数和属性等条件下，根据用户需水量计算出供水管网节点的水压、水头和管段流量等物理量的过程，而相应的模型即为水力模型；而水质模拟是在供水管网水力模拟结果的基础上，在已知管网中溶质浓度的分布和反应参数的条件下，计算出溶质在供水管网中各节点、管段分布情况的过程，同理，相应的模型即为水质模型。对供水管网进行模拟，不仅可以了解供水管网运行的状态，发现管网运行中存在的问题，还可以基于模拟结果数据，分析产生这些问题的原因，辅助供水管网运营单位对管网进行评估、优化，继而做出科学的决策以达到节能减排、检漏降漏、保证供水管网安全运行的目的。

供水管网水力模型以稳定流理论为基础，大致划分为宏观水力模型和微观水力模型。宏观水力模型根据历史数据，应用统计回归的分析方法建立回归曲线方程，具有准确度和效率不高、不能及时反映管网现状等缺点;微观水力模型根据供水管网基本信息,结合物理规律,可以建立更为复杂且精确的数学模型,更为全面,可以清晰且准确地反映供水管网运行过程中的真实水力状况。

此外,按照仿真时间是否连续,水力模型又可以进一步分为静态水力模型和动态水力模型。静态水力模型假定用户需水量等参数不会随时间变化而改变,即处于稳态条件,然后采用某一固定时刻的水力工况状态作为输入进行水力模拟;而动态水力模型则假定用户需水量等参数呈动态周期性变化,一般以 24 小时或 48 小时为一个时间周期进行水力模拟计算。本书采用的是微观动态水力模型,并且根据质量和能量守恒定律,对供水管网中的元件逐一建模,最终构建了由线性方程组和非线性方程组构成的水力模型,并对示例管网进行建模和求解。

本书关注的水质模拟特指供水管网中余氯的时空分布情况的模型,即在已知管网中某种物质浓度的分布和必要反应参数的条件下,计算出该物质在供水管网中各节点、管段分布情况的过程。供水管网水质模型按照不同的标准具有不同的类型,供水管网水质模型依赖于水力模型,因此,本书将水质模型也分为宏观模型和微观模型两种类型。鉴于对供水管网进行水质模拟的最终目的是采用氯作为消毒剂的前提下,确保饮用水安全,因此,本书更倾向于微观机理的建模。在阐述余氯衰减模型后,本章介绍水质模型求解发展史以及水质模型的求解方法,最后给出水质模型求解的示例。

本章参考文献

[1] DEMOYER R, HORWITZ L B. Macroscopic Distribution-System Modeling[J]. Journal (American Water Works Association), 1975, 67(7): 377-380.

[2] 刘海林. 某新区供水管网水力水质模型的研究[D]. 合肥:安徽建筑大学, 2022.

[3] MARTINEZ ALZAMORA F, ULANICKI B, ZEHNPFUND. Simplification of Water Distribution Network Models[C]//Proc. 2nd International Conference on Hydroinformatics. 1996: 493-500. DOI:10.13140/RG.2.1.4340.8404.

[4] SHAMIR U, SALOMONS E. Optimal real-time operation of urban water distribution systems using reduced models[J]. Journal of Water Resources Planning and Management, 2008, 134(2): 181-185.

[5] PREIS A, WHITTLE A J, OSTFELD A, et al. Efficient Hydraulic State Estimation Technique Using Reduced Models of Urban Water Networks[J]. Journal of Water Resources Planning and Management, 2011, 137(4): 343-351. DOI:10.1061/(ASCE)WR.1943-5452.0000113.

[6] PERELMAN L, OSTFELD A. Water distribution system aggregation for water quality analysis[J]. Journal of Water Resources Planning and Management, 2008, 134(3): 303-309.

[7] BHAVE P R. Extended Period Simulation of Water Systems Direct Solution[J]. Journal of Environmental Engineering, 1988, 114(5): 1146-1159. DOI:10.1061/

(ASCE)0733-9372(1988)114:5(1146).

[8] SINGH M K, KEKATOS V. On the flow problem in water distribution networks: Uniqueness and solvers[J]. IEEE Transactions on Control of Network Systems, 2021, 8 (1): 462-474 [2024-01-30]. https://ieeexplore. ieee. org/document/9215014/. DOI:10. 1109/tcns. 2020. 3029150.

[9] CROSS H. Analysis of flow in networks of conduits or conductors [R/OL]. University of Illinois at Urbana Champaign, 1936. https://api. semanticscholar. org/CorpusID:106612065.

[10] MARTIN D, PETERS G. The application of Newton's method to network analysis by digital computer[J]. Journal of the Institute of Water Engineers, 1963, 17(2): 115-129.

[11] LIU K. The numerical analysis of water supply networks by digital computers [C]//Thirteenth Congress of the International Association for Hydraulic Research: vol 1. 1969: 36-43.

[12] EPP R, FOWLER A G. Efficient code for steady-state flows in networks[J]. Journal of the Hydraulics Division, 1970, 96(1): 43-56.

[13] WOOD D J, RAYES A. Reliability of algorithms for pipe network analysis[J]. Journal of the Hydraulics Division, 1981, 107(10): 1145-1161.

[14] TODINI E, PILATI S. A gradient method for the solution of looped pipe networks [J]. Computer Applications in Water Supply, 1988, 1: 1-20.

[15] WOOD D J, CHARLES C O. Hydraulic network analysis using linear theory[J]. Journal of the Hydraulics Division, 1972, 98(7): 1157-1170.

[16] JEPPSON R W. Analysis of flow in pipe networks[M/OL]. Ann Arbor, MI: Ann Arbor Science Publishers, 1976. [2024-04-30]. https://www. osti. gov/biblio/6274557.

[17] ISAACS L T, MILLS K G. Linear theory methods for pipe network analysis[J]. Journal of the Hydraulics Division, 1980, 106(7): 1191-1201.

[18] WOOD D J, FUNK J E. Hydraulic analysis of water distribution systems[C]//Proceedings International Conference on Water Supply Systems State of the Art and Future Trends. Computational Mechanics Publications, 1993: 43-85.

[19] PRICE E, OSTFELD A. Iterative linearization scheme for convex nonlinear equations: application to optimal operation of water distribution systems [J]. Journal of Water Resources Planning and Management, 2012, 139(3): 299-312.

[20] MOOSAVIAN N. Multilinear Method for Hydraulic Analysis of Pipe Networks [J]. Journal of Irrigation and Drainage Engineering, 2017, 143(8): 04017020.

[21] ARORA M L. Flows Split in Closed Loops Expending Least Energy[J]. Journal of the Hydraulics Division, 1976, 102(3): 455-458.

[22] COLLINS M, COOPER L, HELGASON R, et al. Solving the pipe network analysis problem using optimization techniques[J]. Management Science, 1978, 24

(7): 747-760.

[23] TODINI E, ROSSMAN L A. Unified Framework for Deriving Simultaneous Equation Algorithms for Water Distribution Networks[J]. Journal of Hydraulic Engineering, 2013, 139(5): 511-526.

[24] DEUERLEIN J. Decomposition Model of a General Water Supply Network Graph [J]. Journal of Hydraulic Engineering, 2008, 134(6): 822-832.

[25] DEUERLEIN J, SIMPSON A R, DEMPE S. Modeling the Behavior of Flow Regulating Devices in Water Distribution Systems Using Constrained Nonlinear Programming[J]. Journal of Hydraulic Engineering, 2009, 135(11): 970-982.

[26] DIAO K, WANG Z, BURGER G, et al. Speedup of water distribution simulation by domain decomposition[J]. Environmental Modelling & Software, 2014, 52: 253-263. DOI:10.1016/j.envsoft.2013.09.025.

[27] ZHANG H, CHENG X, HUANG T, et al. Hydraulic Analysis of Water Distribution Systems Based on Fixed Point Iteration Method[J]. Water Resour. Manag., 2017, 31(5): 1605-1618. DOI:10.1007/s11269-017-1601-1.

[28] BAZRAFSHAN M, GATSIS N, GIACOMONI M, et al. A Fixed-Point Iteration for Steady-State Analysis of Water Distribution Networks[C/OL]//Proc. 6th IEEE Global Conf. Signal and Information Processing. Anaheim, CA: IEEE, 2018: 880-884.[2024-01-30]. https://arxiv.org/abs/1807.01404. DOI:10.1109/globalsip.2018.8646545.

[29] SELA PERELMAN L, AMIN S. Control of tree water networks: A geometric programming approach[J]. Water Resources Research, 2015, 51(10): 8409-8430.

[30] WANG S, TAHA A F, SELA L, et al. A New Derivative-Free Linear Approximation for Solving the Network Water Flow Problem With Convergence Guarantees[J]. Water Resources Research, 2020, 56(3): e2019WR025694. DOI: https://doi.org/10.1029/2019WR025694.

[31] ROSSMAN L A, et al. EPANET 2: users manual[EB/OL]. Cincinnati, OH: U.S. Environmental Protection Agency; US Environmental Protection Agency. Office of Research; Development, 2000.(202-09-01)[2024-01-30]. https://nepis.epa.gov/Adobe/PDF/P1007WWU.pdf.

[32] TODINI E, PILATI S. A gradient method for the solution of looped pipe networks [J]. Computer Applications in Water Supply, 1988, 1: 1-20.

[33] BURGER G, SITZENFREI R, KLEIDORFER M, et al. Quest for a New Solver for EPANET 2[J]. Journal of Water Resources Planning and Management, 2016, 142(3): 04015065.

[34] GIUSTOLISI O, LAUCELLI D, BERARDI L, et al. Computationally efficient modeling method for large water network analysis[J]. Journal of Hydraulic Engineering, 2011, 138(4): 313-326.

[35] ALVARRUIZ F, MARTÍNEZ-ALZAMORA F, VIDAL A. Improving the

efficiency of the loop method for the simulation of water distribution systems[J]. Journal of Water Resources Planning and Management, 2015, 141(10): 04015019.

[36] DEUERLEIN J, ELHAY S, SIMPSON A. Fast graph matrix partitioning algorithm for solving the water distribution system equations[J]. Journal of Water Resources Planning and Management, 2015, 142(1): 04015037.

[37] VASILIC Z, STANIC M, KAPELAN Z, et al. Improved loop-flow method for hydraulic analysis of water distribution systems[C]//Journal of Water Resources Planning and Management: vol 144. American Society of Civil Engineers; American Society of Civil Engineers (ASCE), 2018: 04018012.

[38] SIMPSON A R, ELHAY S, ALEXANDER B. Forest-core partitioning algorithm for speeding up analysis of water distribution systems [J]. Journal of Water Resources Planning and Management, 2012, 140(4): 435-443.

[39] ELHAY S, SIMPSON A R, DEUERLEIN J, et al. Reformulated co-tree flows method competitive with the global gradient algorithm for solving water distribution system equations [J]. Journal of Water Resources Planning and Management, 2014, 140(12): 04014040.

[40] DEMBO R S, MULVEY J M, ZENIOS S A. Large scale nonlinear network models and their application[J]. Operation Research, 1989, 37(3): 353-372.

[41] MOOSAVIAN N, JAEFARZADEH M R. Hydraulic analysis of water distribution network using shuffled complex evolution[J]. Journal of Fluids, 2014, 2014: 1-12.

[42] DEUERLEIN J, PILLER O, ELHAY S, et al. Content-Based Active-Set Method for the Pressure-Dependent Model of Water Distribution Systems[J]. Journal of Water Resources Planning and Management, 2019, 145(1): 04018082.

[43] CVX RESEARCH Inc. CVX: Matlab Software for Disciplined Convex Programming, version 2.0[EB/OL]. (2014-03-06)[2024-01-30]. http://cvxr.com/cvx.

[44] MOSEK A. The MOSEK optimization toolbox for MATLAB manual[EB/OL]. (2020-12-28)[2024-03-12]. https://docs.mosek.com/8.1/toolbox/index.html.

[45] GUROBI OPTIMIZATION Inc. Gurobi Optimizer Reference Manual[EB/OL]. (2014-10-08)[2024-01-30]. http://www.gurobi.com.

[46] PUIG V, OCAMPO-MARTINEZ C, PÉREZ R, et al. Real-Time Monitoring and Operational Control of Drinking-Water Systems[M]. Cham: Springer International Publishing, 2017. DOI:10.1007/978-3-319-50751-4.

[47] ZAMZAM A S, DALL'ANESE E, ZHAO C, et al. Optimal Water-Power Flow Problem: Formulation and Distributed Optimal Solution[J]. IEEE Transactions on Control of Network Systems, 2018.

[48] SINGH M K, KEKATOS V. Optimal Scheduling of Water Distribution Systems [J]. IEEE Transactions on Control of Network Systems, 2020, 7(2): 711-723. [2024-01-30]. DOI:10.1109/TCNS.2019.2939651.

[49] GLEIXNER A M, HELD H, HUANG W, et al. Towards globally optimal operation of water supply networks[J]. Numerical Algebra, Control &Amp; Optimization, 2012, 2: 695-711.

[50] LINSLEY R K, FRANZINI J B. Water-resources engineering: vol 165[M]. New York: McGraw-Hill New York, 1979.

[51] EPANETH2-同济大学给水排水管网[EB/OL]. (2012-09-13)[2024-01-30]. https://smartwater.tongji.edu.cn/yjcg/rjxz/EPANETH2.htm.

[52] 林晓丹，陈方亮，强志民，等. 供水管网水质微观机理模型研究及应用进展[J]. 中国给水排水，2021，37(41-47,53). DOI: 10.19853/j.zgjsps.1000-4602.2021.16.007.

[53] 马力辉. 供水管网余氯优化控制决策支持系统研究[D]. 上海:同济大学，2007.

[54] ROSSMAN L A, BOULOS P F. Numerical methods for modeling water quality in distribution systems: A comparison[J]. Journal of Water Resources Planning and Management, 1996, 122(2): 137-146.

[55] LAX P D, WENDROFF B. Difference schemes for hyperbolic equations with high order of accuracy[J]. Communications on Pure and Applied Mathematics, 1964, 17(3): 381-398.

第3章

控制理论基础

3.1 控制理论简介

控制论(Cybernetics)是研究动物(包括人类)和机器内部的控制与通信的一般规律的学科,着重于研究过程中的数学关系。“控制论”一词最初来源于希腊文“mberuhhtz”,原意为“操舵术”,就是掌舵的方法和技术的意思。二战期间,诺伯特·维纳(Norbert Wiener)参加了火炮控制和电子计算机等研制工作。1943年,维纳、毕格罗和罗森布鲁特三人共同发表了《行为、目的和目的论》,第一次把只属于生物的有目的的行为赋予机器,首先提出了“控制论”的概念,阐明了控制论的基本思想。1948年,维纳发表了著名的《控制论:关于在动物和机器中控制和通信的科学》,标志着控制论的诞生[1,2]。

简而言之,控制论的研究对象包含了自然、社会、生物、人、机器的复杂系统,并且为了研究这些完全不同系统的共同特色,控制论提供了一般的方法。可以说,控制论是一个包罗万象的学科群,囊括了控制理论、信息科学、通信理论、人工智能理论、计算机科学、系统论、机器人学、神经科学与脑科学、认知与行为科学。而本章所介绍的控制理论(Control Theory)是控制论的一个子集。

控制理论主要处理机器和工程过程中连续运行的动态系统的控制问题,旨在开发一种以最优动作控制系统的模型,以确保系统运行的稳定性,并驱使系统按照控制意图进行演化。负责计算出最优动作的模块称为“控制器”(Controller),系统的期望输出值称为“参考值”(Reference Value),系统中的一个或多个变量需随着参考值变化。控制器根据传感器(Sensor)提供的实时系统输出,结合参考值,计算出系统的输入,并交给执行器(Actuator)执行,最终使系统的输出达到预期的效果。即,控制理论借由控制器的动作让系统稳定,并使系统的输出维持在参考值附近。

汽车的自动巡航控制系统是一个典型的控制系统,目的是将车速保持在驾驶员设置的期望速度或参考速度。该系统的控制器是巡航控制器,控制对象是汽车,系统的输入是发动机的油门,油门用于确定发动机提供了多少动力,系统的输出是汽车的速度。巡航控制器会通过传感器实时监视汽车的速度,并将其与参考速度进行比较。当实际速度和参考速度出现偏差(误差信号)时,巡航控制器会利用该误差信号作为反馈对车速进行实时调节。例如,当误差为正值时，汽车速度还未到达期望速度，此时巡航控制器会根据误差大小，适当加大油门。

控制理论的发展经历了古典控制理论和现代控制理论两个重要阶段，现已进入以大系统理论为核心的第三个阶段。

在古典控制理论阶段（20 世纪 50 年代末期以前），主要研究线性系统和系统稳定性。这一阶段的代表性成果是比例积分微分控制（Poportional-Integral-Derivative，PID）控制器的提出和应用。PID 控制器通过比较实际输出与期望输出的差异，并根据比例、积分和微分的调节参数来控制系统，以实现稳定和精确[1,3,2]。

在现代控制理论阶段（20 世纪 50 年代末期至 70 年代初期），研究对象更加复杂，包括非线性系统、时变系统和多变量系统等。现代控制理论引入了状态空间分析和频域分析的方法，提出了多种先进的控制策略，如模型预测控制、自适应控制和鲁棒控制等[1,3]。

最近几十年来（20 世纪 70 年代初期至今），控制理论进入了以大系统理论为核心的第三个阶段。这一阶段主要研究的是宏观经济系统、资源分配系统、生态和环境系统、能源系统等由多个子系统组成的复杂系统，研究的重点是通过对子系统之间的相互作用和协同控制进行分析和设计，以实现整体系统的优化和稳定性，如大系统的多级递阶控制、分散最优控制和大系统的模型降阶理论等。随着数字技术和电子计算机的快速发展，最优控制的应用范围也得到了扩展。目前，除了航空航天领域外，最优控制还广泛应用于生产过程、军事行动、经济活动以及其他有目的的人类活动中[2,3]。

供水管网本质上是一个复杂系统，为了达到对水质进行建模和优化控制的目的，本书主要采用了现代控制理论的思想，因此本章不再介绍古典控制理论相关知识，转而介绍现代控制理论以及最优控制理论。

3.2 动态系统

控制理论研究的系统是广义上的系统，如图 3.1 所示，如果把一个系统当作黑箱，即不知道系统的内部结构信息，唯一可测量的量是系统的输入 u 和输出 y。并且假设，若输入信号 u 施加到输入端，则可以在输出端测量到唯一的输出信号 y。

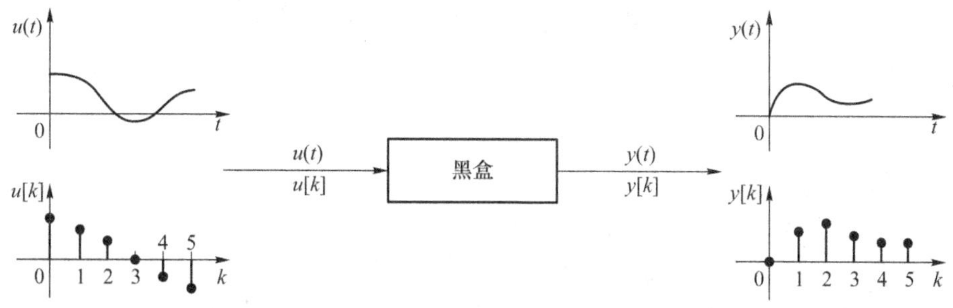

图 3.1 系统[4]

只有一个输入端和一个输出端的系统称为单变量系统或单输入单输出（Single-Input

Single-Output,SISO)系统。具有两个或更多个输入端和/或两个或更多个输出端的系统称为多变量系统。如果一个系统有两个或多个输入端和输出端,那么我们称该系统为多输入多输出(Multiple-input Multiple-output,MIMO)系统。

此外,如图 3.1 所示,如果一个系统接受连续时间信号作为其输入,并产生连续时间信号作为其输出,那么该系统称为连续时间系统,一般用微分方程表示。本书采用的数学符号规则为:对于单个输入,输入用细斜体 $u(t)$ 表示,对于多个输入,用粗斜体 $\boldsymbol{u}(t)$ 表示。如果系统有 p 个输入端,则 $\boldsymbol{u}(t)$ 是 $p\times 1$ 个向量或 $\boldsymbol{u}\triangleq[u_1 \quad u_2 \quad \cdots \quad u_p]^{\mathrm{T}}$,其中符号 T 表示转置。类似地,输出将由 $y(t)$ 或 $\boldsymbol{y}(t)\triangleq[y_1 \quad y_2 \quad \cdots \quad y_q]^{\mathrm{T}}$ 表示,假设时间 t 的范围为 $(-\infty,+\infty)$。

如果一个系统接受离散时间信号作为其输入,并产生离散时间信号作为其输出,那么该系统称为离散时间系统,一般用差分方程表示。如图 3.1 所示,假设系统中的所有离散时间信号都具有相同的采样周期 T,且输入和输出由 $u(k)\triangleq u(kT)$ 和 $y(k)\triangleq y(kT)$ 表示,其中 k 表示离散时刻,是从 $-\infty$ 到 ∞ 的整数。类似地,当系统是多输入多输出系统时,其输入和输出由 $\boldsymbol{u}(k)$ 和 $\boldsymbol{y}(k)$ 表示。在任意时刻 k,这 p 个会影响系统的输入量 $\boldsymbol{u}(k)$ 被称为输入向量(控制向量),而 q 个可以被传感器测量的系统输出 $\boldsymbol{y}(k)$ 被称为输出向量。

此外,系统按照其状态是否与过去有关可以分为静态系统和动态系统两类。简而言之,静态系统与时间无关,当前的输入即确定当前的输出,具有瞬态性。静态系统也称无记忆系统,其特征是系统中不包含储能元件,表示形式为代数方程。例如,电阻两端电压 $v(t)$ 和电流 $i(t)$ 的关系为 $v(t)=Ri(t)$,显然电压 $v(t)$ 和电流 $i(t)$ 的关系是固定的,且不随时间变化,是静态系统。

动态系统与时间有关,对于一般因果系统,当前的输入不仅取决于当前的输入,还与系统过去时刻的状态(输入和输出)有关,动态系统也称有记忆系统,其特征是系统中包含储能元件,表示形式为微分方程、差分方程等。例如,电容两端的电压 $v(t)$ 和电流 $i(t)$ 关系为:

$$v(t)=v_0+\frac{1}{C}\int_{t_0}^{t} i(\tau)\mathrm{d}\tau$$

此时,系统的初始电压以及电流在时间区间 $[t_0 \quad t]$ 内的变化决定了输出电压。所以,该系统的状态受过去影响,且随时间变化,属于动态系统的范畴。

3.3 线性系统及其状态空间表示

3.3.1 线性系统

人类生产生活中遇到的动态系统多是非线性系统,此外,自然现象就其本质来说,也是复杂而非线性的。非线性系统是输出变化与输入变化不成比例的系统。非线性系统可以采用非线性动力学方程等数学模型进行描述,但是由于非线性动力学方程难以求解,通常用线性系统来近似非线性系统,这一近似过程称为线性化(Linearization)。为了理解线性系统的内涵,本节首先引入线性的概念。

在数学中,线性映射(或线性函数)$f(x)$满足以下两个性质:

(1) 齐次性:$f(\alpha x)=\alpha f(x)$。

(2) 可加性:$f(x+y)=f(x)+f(y)$。

注意,当 α 是有理数或实数,且 $f(x)$是连续函数时,由可加性可以推出齐次性。但当 α 是复数时,可加性无法推出齐次性。

若一个函数具有齐次性和可加性,则称此函数满足叠加原理,即 $f(\alpha x+\beta y)=\alpha f(x)+\beta f(y)$,并称之为线性函数,也可以称这个函数或映射是线性的。

需要注意的是,微分运算也是一种线性运算,证明如下。

假设微分算子 $\mathrm{D}(f(x))=f'(x)$,则

(1) 检验齐次性:$\mathrm{D}(\alpha\cdot f(x))=\alpha\mathrm{D}(f(x))$成立。

(2) 检验可加性:显然,$\mathrm{D}(f_1(x)+f_2(x))=\mathrm{D}(f_1(x))+\mathrm{D}(f_2(x))$成立。

故满足叠加性,因此微分运算是线性运算。更高阶的微分同理可证。

在控制理论中,若一个动态系统具有齐次性和可加性,则称此系统满足叠加原理,并称之为线性系统(Linear System)。反之,称为非线性系统。通常而言,线性系统可以用线性的代数方程、微分方程、差分方程等线性数学模型描述,此类系统的基本特性,即输出响应特性、状态响应特性、状态转移特性等均满足线性关系。

例如,可以用线性微分方程描述一个连续线性系统,其一般形式为:

$$\begin{aligned} &a_0 y^{(n)}(t)+a_1 y^{(n-1)}(t)+\cdots+a_{n-1}y'(t)+a_n y(t) \\ &=b_0 u^{(m)}(t)+b_1 u^{(m-1)}(t)+\cdots+b_{m-1}u'(t)+b_m u(t) \end{aligned} \tag{3.1}$$

其中,$y(t)$是系统输出向量,且 $y^{(n)}(t)$代表 $y(t)$的 n 阶导数;$u(t)$是系统输入向量。当系数 $a_0,a_1,\cdots,a_n,b_0,b_1,\cdots,b_m$ 是常数时,称该连续系统为线性时不变(Linear Time-Invariant,LTI)系统;当以上系数随时间变化时,称该连续系统为线性时变(Linear Time-Varying,LTV)系统。

LTI 系统的特点是:系统自身的性质不随时间的变化而变化。具体而言,系统响应只取决于输入信号和系统的特性,而与施加输入信号的时刻无关,即:若输入 $u(t)$,则产生输出 $y(t)$;若输入 $u(t-\tau)$,则产生输出 $y(t-\tau)$。

类似地,可以用线性差分方程描述一个离散线性系统,其一般形式为:

$$a_0 y(n)+a_1 y(n-1)+\cdots+a_n y(0)=b_0 u(n)+b_1 u(n-1)+\cdots+b_n u(0) \tag{3.2}$$

虽然式(3.1)和式(3.2)可以将图 3.1 所示的黑箱系统的输入和输出联系起来,但是系统内除了输入向量和输出向量之外还包含有其他相互独立的变量。而微分方程或差分方程对这些内部的中间变量无法描述,因而不能包含系统的所有信息。而第 3.3.2 小节所要介绍的状态空间模型会成功地弥合了这一缺陷,为系统的分析提供强有力的工具[5]。

3.3.2 线性系统的状态空间表示

状态空间(State Space)理论由匈牙利裔美国数学家、斯坦福大学教授鲁道夫·卡尔曼(Rudolf Kalman)提出,自 20 世纪 60 年代以来广为人知。并且,状态空间理论中的状态空

间模型不仅可以描述输入与输出之间的关系，还可以描述系统内部状态与输入和输出之间的关系，深入揭示系统的动态特性，是现代控制理论分析、设计系统的基础[5]。线性系统的状态空间表示(State-Space Representation)即为一种将系统表示为一组输入、输出及系统内部状态的数学模式，而输入、输出及系统状态之间的关系可用多个一阶微分方程或者差分方程来描述。

1. 相关概念

为准确地使用数学语言描述线性系统的状态空间表示，本节首先明确相关概念。

状态是指在系统中可决定系统状态、最小数目变量的有序集合，而系统的状态变量是指足以完全确定系统运动状态的最小一组变量，所谓状态空间则是指该系统全部可能状态的集合。例如，式(3.1)和式(3.2)是一个用 n 阶微分方程或差分方程描述的线性系统，因此有 n 个独立变量。若采用相应的数学理论求得这 n 个独立变量的时间响应，则系统的运动状态或运动轨迹也就完全确定了。因此，可以说系统的状态变量就是 n 阶系统的 n 个独立变量[5]。

设 $x_1(t),x_2(t),\cdots,x_n(t)$ 为系统的一组状态变量，则它应该满足下列两个条件：

(1) 在任何时刻 $t=t_0$，这组变量的值 $x_1(t_0),x_2(t_0),\cdots,x_n(t_0)$ 都表示在该时刻的状态；

(2) 当系统 $t\geqslant t_0$ 的输入和上述初始状态确定以后，状态变量便能完全确定系统在任何 $t\geqslant t_0$ 时刻的行为。

我们可以将状态向量记作 $\boldsymbol{x}(t)\triangleq[x_1(t) \quad x_2(t) \quad \cdots \quad x_n(t)]^{\mathrm{T}}$，其中符号 T 表示转置。通过构建状态向量，可以将状态变量转化为 n 维空间中的一个坐标以便于观察状态变量随时间的变化规律。而以状态变量 $x_1(t),x_2(t),\cdots,x_n(t)$ 为坐标所构成的 n 维空间，称为状态空间。自此，系统的任何状态，都可以用状态空间中的一个点来表示，即在特定时刻状态向量 $\boldsymbol{x}(t)$ 在状态空间中是一个点。

2. 状态空间表示

明确以上概念后，可以定义状态方程为系统状态变量与系统输入之间关系的一阶微分方程组，定义输出方程为系统状态变量与系统输出之间的关系[5]。为了便于读者理解，下面首先以双水塔系统[6]为例进行说明，然后再进行总结，进而给出线性系统的状态空间表示。

在化工厂中，经常需要保持液体的水平，两个水塔连接的简化模型如图 3.2 所示。假设在正常运行条件下，两个水塔的进、出流量均为 Q，液位分别为 H_1 和 H_2。假设 u 是第一个水塔的流入扰动，这将导致液位 x_1 和流出 y_1 的发生变化，并且传导至第二个水塔。这些变化将导致第二个水塔的水位变化 x_2 和流出流量变化 y 也发生改变。假设 $y_1=\dfrac{x_1-x_2}{R_1}$，并且 $y=\dfrac{x_2}{R_2}$，其中，R_i 是流动阻力，取决于正常高度 H_1 和 H_2，当然也可以由阀门控制。而液位变化规律可以由以下方程描述：

$$A_1\mathrm{d}x_1=(u-y_1)\mathrm{d}t$$
$$A_2\mathrm{d}x_2=(y_1-y)\mathrm{d}t$$

其中，A_i 是水塔的横截面积。故，易得该双水塔系统的一阶微分方程组，即系统的状态方程为：

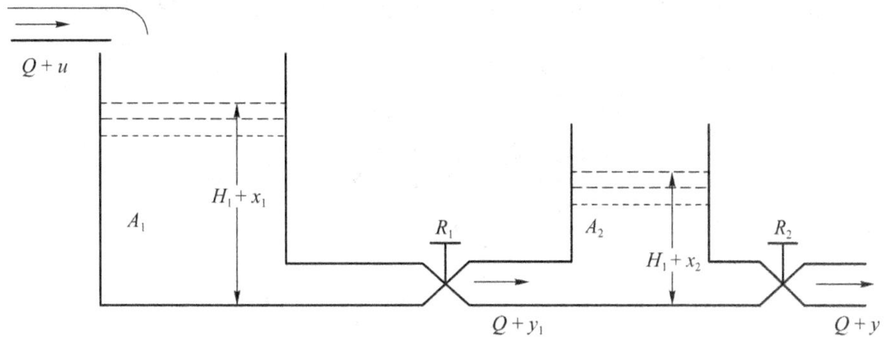

图 3.2 双水塔系统[6]

$$\dot{x}_1=\frac{u}{A_1}-\frac{x_1-x_2}{A_1R_1}$$

$$\dot{x}_2=\frac{x_1-x_2}{A_2R_1}-\frac{x_2}{A_2R_2}$$

或者,令 $\boldsymbol{x}(t)\triangleq\begin{bmatrix}x_1(t)\\x_2(t)\end{bmatrix}$,则上式可以写为:

$$\dot{\boldsymbol{x}}=\boldsymbol{Ax}+\boldsymbol{B}u$$

其中,

$$\boldsymbol{A}=\begin{bmatrix}\frac{-1}{A_1R_1} & \frac{1}{A_1R_1}\\ \frac{1}{A_2R_1} & -\left(\frac{1}{A_2R_1}+\frac{1}{A_2R_2}\right)\end{bmatrix},\quad \boldsymbol{B}=\begin{bmatrix}\frac{1}{A_1}\\ 0\end{bmatrix}$$

在指定系统输出的情况下,该输出与状态变量间的函数关系,成为系统的输出方程。在图 3.2 所示的系统中,流出流量变化 y 即为输出,则输出方程为 $y=\frac{x_2}{R_2}$,其矩阵形式为:

$$\boldsymbol{y}=\boldsymbol{Cx}$$

其中,$\boldsymbol{C}=\begin{bmatrix}0 & \frac{1}{R_2}\end{bmatrix}$。

上述呈现的线性系统例子,仅仅是维度为 2 的 SISO 系统,对于一个线性时不变 MIMO 系统的 n 维系统,假设系统输入为 p 个,系统输出为 q 个,此时系统的状态方程可以写为:

$$\begin{aligned}\dot{x}_1&=a_{11}x_1+\cdots+a_{1n}x_n+b_{11}u_1+\cdots+b_{1p}u_p\\ \dot{x}_2&=a_{21}x_1+\cdots+a_{2n}x_n+b_{21}u_1+\cdots+b_{2p}u_p\\ &\vdots\\ \dot{x}_n&=a_{n1}x_1+\cdots+a_{nn}x_n+b_{n1}u_1+\cdots+b_{np}u_p\end{aligned}$$

至于系统的输出方程,包含了状态变量的组合以及对输入变量的直接传递,故有:

$$\begin{aligned}y_1&=c_{11}x_1+\cdots+c_{1n}x_n+d_{11}u_1+\cdots+d_{1p}u_p\\ y_2&=c_{21}x_1+\cdots+c_{2n}x_n+d_{21}u_1+\cdots+d_{2p}u_p\\ &\vdots\\ y_q&=c_{q1}x_1+\cdots+c_{qn}x_n+d_{q1}u_1+\cdots+d_{qp}u_p\end{aligned}$$

以上状态方程和输出方程也可以用矩阵形式表示，即线性系统的状态空间表示为：

$$\begin{bmatrix} \dot{x}_1 \\ \dot{x}_2 \\ \vdots \\ \dot{x}_n \end{bmatrix} = \begin{bmatrix} a_{11} & \cdots & a_{1n} \\ a_{21} & \cdots & a_{2n} \\ \vdots & & \vdots \\ a_{n1} & \cdots & a_{nn} \end{bmatrix} \begin{bmatrix} x_1 \\ x_2 \\ \vdots \\ x_n \end{bmatrix} + \begin{bmatrix} b_{11} & \cdots & b_{1p} \\ b_{21} & \cdots & b_{2p} \\ \vdots & & \vdots \\ b_{n1} & \cdots & b_{np} \end{bmatrix} \begin{bmatrix} u_1 \\ u_2 \\ \vdots \\ u_p \end{bmatrix}$$

$$\begin{bmatrix} y_1 \\ y_2 \\ \vdots \\ y_q \end{bmatrix} = \begin{bmatrix} c_{11} & \cdots & c_{1n} \\ c_{21} & \cdots & c_{2n} \\ \vdots & & \vdots \\ c_{q1} & \cdots & c_{qn} \end{bmatrix} \begin{bmatrix} x_1 \\ x_2 \\ \vdots \\ x_n \end{bmatrix} + \begin{bmatrix} d_{11} & \cdots & d_{1p} \\ d_{21} & \cdots & d_{2p} \\ \vdots & & \vdots \\ d_{q1} & \cdots & d_{qp} \end{bmatrix} \begin{bmatrix} u_1 \\ u_2 \\ \vdots \\ u_p \end{bmatrix}$$

或者，直接写为：

$$\dot{\boldsymbol{x}}(t) = \boldsymbol{A}\boldsymbol{x}(t) + \boldsymbol{B}\boldsymbol{u}(t)$$
$$\boldsymbol{y}(t) = \boldsymbol{C}\boldsymbol{x}(t) + \boldsymbol{D}\boldsymbol{u}(t)$$

其中，$\boldsymbol{x}(t)$是 n 维状态向量，$\boldsymbol{u}(t)$是 p 维输入向量（控制向量），$\boldsymbol{y}(t)$是 q 维输出向量。矩阵 $\boldsymbol{A}$ 是系统矩阵，体现了系统内部状态的联系，且 $\boldsymbol{A}\in\mathbb{R}^{n\times n}$；矩阵 $\boldsymbol{B}$ 是输入矩阵，体现了系统输入对系统状态的控制作用，且 $\boldsymbol{B}\in\mathbb{R}^{n\times p}$；矩阵 $\boldsymbol{C}$ 是输出矩阵，体现了传感器对系统状态的测量，且 $\boldsymbol{C}\in\mathbb{R}^{q\times n}$；矩阵 $\boldsymbol{D}$ 是直接传递矩阵，体现了系统输入对系统输出的直接影响，且 $\boldsymbol{D}\in\mathbb{R}^{q\times p}$。在通常情况下，直接传递矩阵不存在，因此线性系统的状态空间表示可以是图 3.3 的形式。

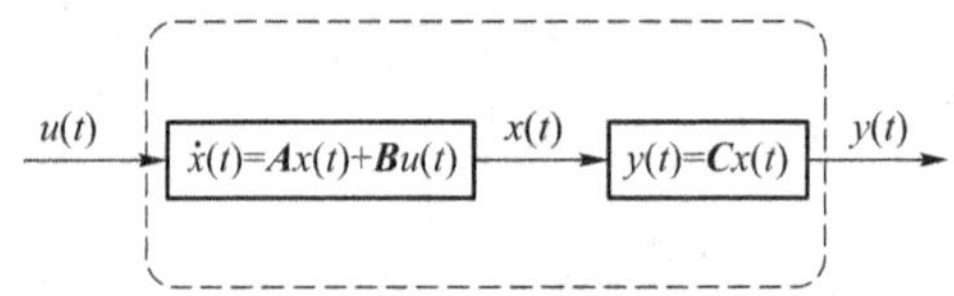

图 3.3　线性系统的状态空间表示

对比图 3.1 和图 3.3 可以看出，采用状态空间模型对系统建模后，系统不再是黑箱，其内部的状态变量变化规律也变得“透明”，即变成一个白盒系统。

根据系统的状态方程 $\dot{\boldsymbol{x}}(t)=\boldsymbol{A}\boldsymbol{x}(t)+\boldsymbol{B}\boldsymbol{u}(t)$，当系统的输入 $\boldsymbol{u}$ 和初态 $\boldsymbol{x}(0)$已知，利用微分方程相关理论知识，可直接求出系统解或者系统状态轨迹，即：

$$\boldsymbol{x}(t) = \mathrm{e}^{\boldsymbol{A}t}\boldsymbol{x}(0) + \int_0^t \mathrm{e}^{\boldsymbol{A}\tau}\boldsymbol{B}\boldsymbol{u}(t-\tau)\mathrm{d}\tau$$

其中，$\mathrm{e}^{\boldsymbol{A}t}\boldsymbol{x}(0)$是无输入情况下系统的响应，即零输入响应，而 $\int_0^t \mathrm{e}^{\boldsymbol{A}\tau}\boldsymbol{B}\boldsymbol{u}(t-\tau)\mathrm{d}\tau$ 是系统在初态为零情况下的响应，即零状态响应。

将以上结果，直接带入系统的输出方程 $\boldsymbol{y}(t)=\boldsymbol{C}\boldsymbol{x}(t)+\boldsymbol{D}\boldsymbol{u}(t)$，则可得系统的输出轨迹，即：

$$\boldsymbol{y}(t) = \boldsymbol{C}\mathrm{e}^{\boldsymbol{A}t}\boldsymbol{x}(0) + \boldsymbol{D}\boldsymbol{u}(t) + \int_0^t \boldsymbol{C}\mathrm{e}^{\boldsymbol{A}\tau}\boldsymbol{B}\boldsymbol{u}(t-\tau)\mathrm{d}\tau$$

当然，以上过程均采用连续系统进行说明，对于离散系统而言，过程类似，同样可得到离散 LTI 系统的状态空间表示，即：

$$\boldsymbol{x}(k+1) = \boldsymbol{A}\boldsymbol{x}(k) + \boldsymbol{B}\boldsymbol{u}(k)$$
$$\boldsymbol{y}(k) = \boldsymbol{C}\boldsymbol{x}(k) + \boldsymbol{D}\boldsymbol{u}(k)$$

类似地，离散系统的解可以直接通过迭代的方式给出，即：

$$x(k) = A^k x(0) + \sum_{j=0}^{k-1} A^{k-j-1} Bu(j)$$

$$y(k) = CA^k x(0) + \sum_{j=0}^{k-1} CA^{k-j-1} Bu(j) + Du(k)$$

3.4 稳 定 性

俄国力学家李雅普诺夫(Lyapunov)在 1892 年发表的论文《运动稳定性的一般问题》中，首次提出稳定性的一般理论。系统的稳定性表示系统在遭受外界扰动偏离平衡状态，而在扰动消失后，系统自身仍有能力恢复到原平衡状态的一种“顽性”[5]。如图 3.4 所示，在前两种情况下，系统处于稳定状态，因为当给小球一个干扰后，都可以重新回到平衡态；而在最后一种情况下，小球受扰动后，显然无法再保持平衡态。一个不稳定的系统随着时间的推移会发散，直到达到系统的极限，造成系统失效，继而无法完成预期的控制任务，因此不稳定系统在实践中毫无用武之地。所以，稳定是所有系统的最基本要求，也是控制系统最重要的特性。一个系统是否稳定是系统分析与设计的首要问题，也是本节关注的内容。

图 3.4 稳定性示意图

3.4.1 系统的稳定性

目前，已有众多文献(如文献[5,7,8])对控制系统的稳定性进行了详细地阐述，本节不再从严格的数学推导和证明的角度论述系统的稳定性，而尽量从通俗易懂的角度进行阐述。因为供水管网的水质模型最终可以写为线性系统的形式，详见第 4 章，所以本节首先对一般系统(线性和非线性)的稳定性概念和类型进行简单的介绍，之后再引入李雅普诺夫意义下线性系统的稳定性定义，为后续章节提供理论支撑。

1. 稳定性概念

(1) 平衡状态稳定性

本节开头介绍的稳定性其实就是系统的平衡状态稳定性，即工作在平衡态的系统，在遭受外界扰动，且扰动消失后，系统自身仍有能力恢复到原平衡状态的一种能力。在解释图 3.4 中的稳定性时，引入了平衡态的概念，下面对此概念进行详细说明。

假设一个系统(线性或非线性)可以用 $\dot{x} = f(x)$ 来描述。当系统进入平衡态后，系统状态不再改变，即象征系统状态未来变化趋势的 $\dot{x}$ 恒为零，也即令 $\dot{x} = f(x) = 0$ 所求解出的 $x = x_e$ 便是系统的平衡态。系统的平衡态可能不存在，可能有多个(图 3.4 中的第一种情况)，也可能只有一个(图 3.4 中的后两种情况)。如果再进一步细分，平衡态又可以分为稳定的平衡态(第二种情况)和不稳定的平衡态(第三种情况)。

(2) 运动稳定性

运动稳定性考虑的是受扰情况下，系统的轨迹或者方程的解在无穷时间内是否与给定轨迹接近，然后按照接近的程度，依次定义系统的稳定性和不稳定性，详见文献[9]。需要注意的是，运动稳定性对线性系统和非线性系统而言具有不同的含义。对于非线性系统而言，稳定性不是系统的属性，而是考虑包括初始条件、系统参数和结构等条件下某一个解的稳定性。对于线性系统而言，稳定性是系统的属性，大多数情况下，与系统的参数和结构有关，而与初值无关(有时特殊初值会改变解的组成)。

(3) 外部稳定性(有界输入有界输出稳定)

在零初始状态条件下，对任意有界的外部输入，若系统的外部输出均有界，则称系统为有界输入有界输出稳定(BIBO 稳定)。具体而言，对于图 3.1 而言，若外部输入 $\boldsymbol{u}$ 有界，则输出 $\boldsymbol{y}$ 也有界。

(4) 内部稳定性

和外部稳定性不同，内部稳定性不仅仅关注系统外部的输入和输出是否有界，而且还要求系统的内部状态稳定。具体而言，图 3.3 是采用状态空间模型对系统进行建模后的框图，若初始条件下引起的其系统内部状态 $\boldsymbol{x}$ 在无穷时间内收敛，则称该系统内部稳定。由此可见，内部稳定的系统也一定是外部稳定的，但反过来不一定成立。

2. 李雅普诺夫意义下的稳定性

李雅普诺夫稳定性分析理论研究的是在扰动下平衡状态的稳定性问题，并且属于内部稳定性的范畴。下面是李雅普诺夫意义下的稳定性定义。

(1) 如图 3.5 中的第一个子图所示，设系统初始状态 $\boldsymbol{x}_0$ 位于平衡状态 $\boldsymbol{x}_e$ 为球心、半径为 δ 的闭球域 $S(\delta)$ 内，如果系统在李雅普诺夫意义下稳定，则状态方程的解 $\boldsymbol{x}(t;\boldsymbol{x}_0,t_0)$ 都位于以 $\boldsymbol{x}_e$ 为球心，半径为 ε 的闭球域 $S(\varepsilon)$ 内。

概括：若平衡状态 $\boldsymbol{x}_e$ 受扰后，系统状态最终仍然驻留在 $\boldsymbol{x}_e$ 附近，则称 $\boldsymbol{x}_e$ 在李雅普诺夫意义下稳定。

(2) 如图 3.5 中的第二个子图所示，系统的平衡状态不仅具有李雅普若夫意义下的稳定性，且有 $\lim\limits_{t\to\infty}\|\boldsymbol{x}(t;\boldsymbol{x}_0,t_0)-\boldsymbol{x}_e\|\to 0$，则在李雅普诺夫意义下系统渐进稳定。

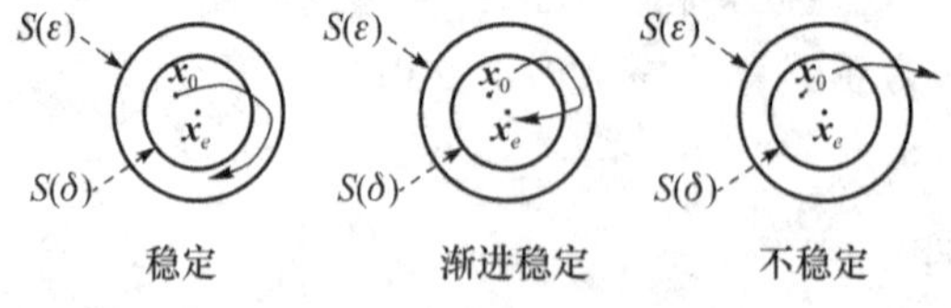

图 3.5　李雅普诺夫意义下的稳定性示意图[5]

概括：若平衡状态 $\boldsymbol{x}_e$ 受扰后，系统状态最终都收敛到 $\boldsymbol{x}_e$，则称 $\boldsymbol{x}_e$ 在李雅普诺夫意义下渐进稳定。

注意：无论是李雅普诺夫意义下的稳定还是渐进稳定，都属于系统在平衡状态附近小范围内的局部性质。系统只要在包围 $\boldsymbol{x}_e$ 的小范围内，能找到满足条件的 δ 和 ε 即可。至于当

初态 $\boldsymbol{x}_0$ 在 $S(\delta)$外时，轨迹完全可以超出 $S(\delta)$。因此，目前涉及两种的稳定是小范围稳定或小范围渐近稳定。

(3) 如图 3.5 中的第二个子图所示，系统的平衡状态对于任意 $\boldsymbol{x}_0$(扩展到整个空间)都有李雅普诺夫意义下渐进稳定，则在李雅普诺夫意义下系统大范围内渐进稳定。

概括：若平衡状态 $\boldsymbol{x}_e$ 受任意扰动后，系统状态最终都会收敛到 $\boldsymbol{x}_e$，则称 $\boldsymbol{x}_e$ 在李雅普诺夫意义下大范围内渐进稳定。

(4) 如图 3.5 中的第三个子图所示，不论 δ 取得多么小，只要在 $S(\delta)$内有一条从 $\boldsymbol{x}_0$ 出发的轨迹跨出 $S(\varepsilon)$，则在李雅普诺夫意义下系统不稳定。

概括：若平衡状态 $\boldsymbol{x}_e$ 受某种扰动后，系统状态开始偏离 $\boldsymbol{x}_e$，则称 $\boldsymbol{x}_e$ 在李雅普诺夫意义下不稳定。

在经典控制理论中，针对 SISO 线性定常系统，稳定性判据大都是以分析系统特征方程，根据根的分布情况进行稳定性分析。但对于 MIMO 的高维系统、非线性系统和时变系统，这些稳定性判据就不再适用。

早在 1892 年，俄国数学家李雅普诺夫(Lyapunov)就提出将判定系统稳定性的问题归纳为两种方法：李雅普诺夫第一法和李雅普诺夫第二法。前者是通过求解系统方程，然后根据解的性质来判定系统的稳定性。而李雅普诺夫第二法是通过一个叫做李雅普诺夫函数的标量函数来直接判定系统的稳定性。因此，它特别适用于那些难以求解的非线性系统和时变系统。

3.4.2 李雅普诺夫第一法

李雅普诺夫第一法通过求解系统方程，然后根据解的性质来判定系统的稳定性，所以也称为李雅普诺夫间接法。

线性系统由线性微分方程或差分方程所描述，其稳定性也就是方程解的稳定性，即给定初值，在无输入的情况下，当时间趋于无穷时解是否渐进收敛于某个值。

需要说明的是，第 3.4.1 小节介绍了系统的稳定性，总的来说，李雅普诺夫意义下的稳定性既适用于非线性系统，也可以用于线性系统。对于非线性系统而言，系统的稳定性分析较为复杂。但对线性系统而言，其运动稳定性与平衡状态稳定性等价，并且当系统可控可观的情况下(见第 3.5 节)，其内部稳定与外部稳定性也等价。

1. 连续 LTI 系统稳定判据(Hurwitz Stability)

对于连续 LTI 系统 $\dot{\boldsymbol{x}}(t)=\boldsymbol{A}\boldsymbol{x}(t)+\boldsymbol{B}\boldsymbol{u}(t)$，判断系统的稳定性等价于考察其齐次方程 $\dot{\boldsymbol{x}}(t)=\boldsymbol{A}\boldsymbol{x}(t)$ 通解的稳定性，即零输入响应 $\mathrm{e}^{\boldsymbol{A}t}\boldsymbol{x}(0)$的稳定性。而 $\mathrm{e}^{\boldsymbol{A}t}$ 可以写成如下形式：

$$\mathrm{e}^{\boldsymbol{A}t}=\boldsymbol{I}+\boldsymbol{A}t+\frac{\boldsymbol{A}^2t^2}{2!}+\frac{\boldsymbol{A}^3t^3}{3!}+\cdots$$

因此，连续 LTI 系统在平衡状态下 $\boldsymbol{x}_e=\boldsymbol{0}$ 渐近稳定的充要条件是矩阵 $\boldsymbol{A}$ 所有的特征值均具有负实部(实部位于虚轴的左半平面)。同理，对具有控制率 $\boldsymbol{u}=\boldsymbol{K}\boldsymbol{x}$ 的系统而言，则要求 $\boldsymbol{A}+\boldsymbol{B}\boldsymbol{K}$ 所有的特征值均具有负实部。

2. 离散 LTI 系统稳定判据(Schur Stability)

类似地，对于离散 LTI 系统 $\boldsymbol{x}(k+1)=\boldsymbol{A}\boldsymbol{x}(k)+\boldsymbol{B}\boldsymbol{u}(k)$，就是考察其齐次方程 $\boldsymbol{x}(k+1)=$

$\boldsymbol{A}\boldsymbol{x}(k)$通解的稳定性，即零输入响应$\boldsymbol{A}^k\boldsymbol{x}(0)$的稳定性。

因此，离散 LTI 系统在平衡状态下 $\boldsymbol{x}_e=\boldsymbol{0}$渐近稳定的充要条件是矩阵 $\boldsymbol{A}$ 所有的特征值均在位于以原点为中心单位开圆盘内。同理，对具有控制率 $\boldsymbol{u}(k)=\boldsymbol{K}\boldsymbol{x}(k)$的系统而言，则要求 $\boldsymbol{A}+\boldsymbol{B}\boldsymbol{K}$ 所有的特征值位于以原点为中心的单位开圆盘内。

3. 非线性系统稳定性判据

采用李雅普诺夫第一法对非线性系统 $\dot{\boldsymbol{x}}(t)=\boldsymbol{f}(\boldsymbol{x}(t))$进行分析，首先需要近似线性化非线性系统在平衡态邻域，然后讨论线性化后的系统 $\dot{\boldsymbol{x}}(t)=\boldsymbol{A}\boldsymbol{x}(t)$的特征值在复平面上的分布情况，最后，推断非线性系统在该邻域内的稳定性。若特征值均具有负实部，则非线性系统在该邻域内稳定；若包含正的特征值，则非线性系统在该邻域内不稳定；若除负实部特征值外包含零实部单特征值，则非线性系统在该邻域内的稳定性需要进一步通过高次项分析进行判断[5]。由于供水管网水质模型是线性系统，因此，对于非线性系统的稳定性判据就不再进行介绍。

3.4.3 李雅普诺夫第二法

李雅普诺夫第二法直接面对非线性系统，基于引入具有广义能量属性的李雅普诺夫函数和分析李雅普诺夫函数导数的定号性，建立判断系统稳定性的相应结论。因为李雅普诺夫第二法对线性系统和非线性系统均具有较好的普适性，所以本节对李雅普诺夫第二法展开介绍。

李雅普诺夫第二法背后的运行逻辑是，如果一个系统稳定，那么系统储存的总能量将持续地减小，直至耗尽，系统状态就会趋于平衡态。因此，如果可以找到一个具有正值的$V(\boldsymbol{x})$，并考察其变化率 $\dot{V}(\boldsymbol{x})$，若 $\dot{V}(\boldsymbol{x})$始终为负，则系统稳定，并且能量函数就称为李雅普诺夫函数。这种方法避免了直接求解方程，也没有进行近似线性化，所以也称为李雅普诺夫直接法，属于直接根据系统结构判断内部稳定性的方法。但是，需注意的是，对于一般的动态系统，并不总能明确地找出李雅普诺夫函数。

对于 n 维动态系统 $\dot{\boldsymbol{x}}(t)=\boldsymbol{f}(\boldsymbol{x}(t))$，如果标量函数 $V(x)$ 满足：

(1) $V(\boldsymbol{x})=0$ 当且仅当 $\boldsymbol{x}=0$，

(2) $V(\boldsymbol{x})>0$ 当且仅当 $\boldsymbol{x}\neq 0$，

(3) $\dot{V}(\boldsymbol{x})=\dfrac{\mathrm{d}}{\mathrm{d}t}V(\boldsymbol{x})=\sum\limits_{i=1}^{n}\dfrac{\partial V}{\partial x_i}f_i(\boldsymbol{x})\leqslant 0$ 当 $\boldsymbol{x}\neq 0$，

那么称系统在李雅普诺夫意义下稳定。若 $\boldsymbol{x}\neq 0$ 时，有 $\dot{V}(\boldsymbol{x})<0$，则系统在李雅普诺夫意义下渐进稳定。

运用李雅普诺夫第二法判断系统的稳定性时，函数 $V(\boldsymbol{x})$的选取并不唯一，在多数情况下，可以选取二次型函数 $V(\boldsymbol{x})=\boldsymbol{x}^{\mathrm{T}}\boldsymbol{P}\boldsymbol{x}$，其中 $\boldsymbol{P}$ 是实对称矩阵。因此，对 $V(\boldsymbol{x})=\boldsymbol{x}^{\mathrm{T}}\boldsymbol{P}\boldsymbol{x}$ 符号的判断转换为对实对称矩阵 $\boldsymbol{P}$ 正定与否的判断。

故，有以下李雅普诺夫第二法稳定性定理：设系统状态方程为 $\dot{\boldsymbol{x}}=\boldsymbol{f}(\boldsymbol{x})$，其平衡状态满足 $\boldsymbol{f}(\boldsymbol{0})=0$，为不失一般性，把状态空间原点作为平衡状态，并设在原点邻域存在 $V(\boldsymbol{x})$ 对 $\boldsymbol{x}$ 的连续一阶偏导数。

(1) 若 $V(\boldsymbol{x})$ 正定，$\dot{V}(\boldsymbol{x})$ 负半定，且在非零状态恒为零，则原点在李雅普诺夫意义下稳定。

(2) 若 $V(\boldsymbol{x})$ 正定，$\dot{V}(\boldsymbol{x})$ 负定，则原点在李雅普诺夫意义下渐进稳定。

(3) 若 $V(\boldsymbol{x})$ 正定，$\dot{V}(\boldsymbol{x})$ 正定，则原点在李雅普诺夫意义下不稳定。

值得注意的是，以上定理是充分条件，而非必要条件，因此，李雅普诺夫函数选取不唯一，但不会因选取不同而影响对稳定性的判断。并且对非线性函数，目前没有构造李雅普诺夫函数 $V(\boldsymbol{x})$ 的一般方法，且对于线性定常系统常选用二次型函数作为李雅普诺夫函数。后续供水管网水质模型主要是以线性系统的形式存在，故下面进行线性定常(LTI)系统的李雅普诺夫稳定性分析。

1. 连续 LTI 系统李雅普诺夫第二法稳定判据

对于连续 LTI 系统状态方程 $\dot{\boldsymbol{x}}(t)=\boldsymbol{A}\boldsymbol{x}(t)$，设 $\boldsymbol{A}$ 非奇异，则系统具有唯一的平衡状态 $\boldsymbol{x}_e=0$。构造李雅普诺夫函数 $V(\boldsymbol{x})=\boldsymbol{x}^{\mathrm{T}}\boldsymbol{P}\boldsymbol{x}$，其中 $\boldsymbol{P}=\boldsymbol{P}^{\mathrm{T}}$ 正定，即 $\boldsymbol{P}=\boldsymbol{P}^{\mathrm{T}}>0$，符号“$>$”代表的是正定，则李雅普诺夫函数的导数为：

$$\begin{aligned}\dot{V}(\boldsymbol{x})&=\dot{\boldsymbol{x}}^{\mathrm{T}}\boldsymbol{P}\boldsymbol{x}+\boldsymbol{x}^{\mathrm{T}}\boldsymbol{P}\dot{\boldsymbol{x}}\\&=(\boldsymbol{A}\boldsymbol{x})^{\mathrm{T}}\boldsymbol{P}\boldsymbol{x}+\boldsymbol{x}^{\mathrm{T}}\boldsymbol{P}\boldsymbol{A}\boldsymbol{x}\\&=\boldsymbol{x}^{\mathrm{T}}(\boldsymbol{A}^{\mathrm{T}}\boldsymbol{P}+\boldsymbol{P}\boldsymbol{A})\boldsymbol{x}\end{aligned}$$

记 $\boldsymbol{Q}=-(\boldsymbol{A}^{\mathrm{T}}\boldsymbol{P}+\boldsymbol{P}\boldsymbol{A})$，为使系统渐近稳定，$\boldsymbol{Q}$ 应该正定，即 $\boldsymbol{Q}>0$。但是，如果选取正定矩阵 $\boldsymbol{P}$ 不当，可能会导致 $\boldsymbol{Q}$ 不定或者负定。所以，实际用李雅普诺夫第二法时，一般先确定正定的 $\boldsymbol{Q}$，例如选取 $\boldsymbol{Q}$ 为单位阵，然后求解李雅普诺夫方程：

$$\boldsymbol{A}^{\mathrm{T}}\boldsymbol{P}+\boldsymbol{P}\boldsymbol{A}=-\boldsymbol{Q}$$

进而，寻找到正定的 $\boldsymbol{P}$。

而这种做法背后的原理是：只要系统是渐近稳定的，则李雅普诺夫方程就一定存在唯一正定解 $\boldsymbol{P}$。也就是说，给定连续 LTI 系统状态方程 $\dot{\boldsymbol{x}}(t)=\boldsymbol{A}\boldsymbol{x}(t)$ 和任意 $\boldsymbol{Q}>0$，李雅普诺夫方程 $\boldsymbol{A}^{\mathrm{T}}\boldsymbol{P}+\boldsymbol{P}\boldsymbol{A}=-\boldsymbol{Q}$，存在唯一正定解 $\boldsymbol{P}$ 当且仅当 $\boldsymbol{A}$ 的所有特征值都在开左半平面中。详细的证明，见附录 A.1。

故，可以给出连续 LTI 系统渐近稳定的充要条件：对于任意给定的正定矩阵 $\boldsymbol{Q}$，存在正定矩阵 $\boldsymbol{P}$ 为李雅普诺夫方程 $\boldsymbol{A}^{\mathrm{T}}\boldsymbol{P}+\boldsymbol{P}\boldsymbol{A}=-\boldsymbol{Q}$ 的解。

2. 离散 LTI 系统李雅普诺夫第二法稳定判据

类似地，对于离散 LTI 系统 $\boldsymbol{x}(k+1)=\boldsymbol{A}\boldsymbol{x}(k)+\boldsymbol{B}\boldsymbol{u}(k)$。考察其齐次方程 $\boldsymbol{x}(k+1)=\boldsymbol{A}\boldsymbol{x}(k)$，该系统具有唯一的平衡状态 $\boldsymbol{x}_e=\boldsymbol{0}$。构造李雅普诺夫函数 $V(\boldsymbol{x})=\boldsymbol{x}^{\mathrm{T}}\boldsymbol{P}\boldsymbol{x}$，其中 $\boldsymbol{P}=\boldsymbol{P}^{\mathrm{T}}>0$。因为是离散时间系统，所以可以采用差分 $V(\boldsymbol{x}(k+1))-V(\boldsymbol{x}(k))$ 作为变化率，即：

$$\begin{aligned}\Delta V(\boldsymbol{x})&=V(\boldsymbol{x}(k+1))-V(\boldsymbol{x}(k))\\&=\boldsymbol{x}^{\mathrm{T}}(k+1)\boldsymbol{P}\boldsymbol{x}(k+1)-\boldsymbol{x}^{\mathrm{T}}(k)\boldsymbol{P}\boldsymbol{x}(k)\\&=\boldsymbol{x}^{\mathrm{T}}(k)\boldsymbol{A}^{\mathrm{T}}\boldsymbol{P}\boldsymbol{A}\boldsymbol{x}(k)-\boldsymbol{x}^{\mathrm{T}}(k)\boldsymbol{P}\boldsymbol{x}(k)\\&=\boldsymbol{x}^{\mathrm{T}}(k)(\boldsymbol{A}^{\mathrm{T}}\boldsymbol{P}\boldsymbol{A}-\boldsymbol{P})\boldsymbol{x}(k)\end{aligned}$$

类似地，记 $\boldsymbol{Q}=-(\boldsymbol{A}^{\mathrm{T}}\boldsymbol{P}\boldsymbol{A}-\boldsymbol{P})$，为使系统渐近稳定，$\boldsymbol{Q}$ 只需正定即可。一般可以先确定正定的 $\boldsymbol{Q}$，然后求解李雅普诺夫方程：

$$\boldsymbol{A}^{\mathrm{T}}\boldsymbol{P}\boldsymbol{A}-\boldsymbol{P}=-\boldsymbol{Q}$$

进而,求解出正定的 $\boldsymbol{P}$。

故,可以给出离散 LTI 系统渐近稳定的充要条件:对任意给定的正定矩阵 $\boldsymbol{Q}$,存在正定矩阵 $\boldsymbol{P}$ 为李雅普诺夫方程 $\boldsymbol{A}^{\mathrm{T}}\boldsymbol{P}\boldsymbol{A}-\boldsymbol{P}=-\boldsymbol{Q}$ 的解。

3.5 可控性与可观性

1960 年,鲁道夫・卡尔曼(Rudolf Kalman)提出了现代控制理论中的两个至关重要的概念——可控性和可观性,直接奠定了最优控制和最优估计的基础。本节将在详细讨论可控性和可观性定义的基础上,介绍有关判别系统可控性和可观性的方法,以及可控性与可观性之间的对偶关系。

从第 3.3 节可以看出,系统的状态方程描述了系统输入 $\boldsymbol{u}(t)$引起系统状态 $\boldsymbol{x}(t)$的变化过程,而系统的输出方程则描述了由系统状态变化反映到系统输出 $\boldsymbol{y}(t)$的变化过程。系统的可控性和可观性恰恰分别分析系统输入 $\boldsymbol{u}(t)$对系统状态 $\boldsymbol{x}(t)$的控制能力以及系统输出 $\boldsymbol{y}(t)$对系统状态 $\boldsymbol{x}(t)$的反映能力。

3.5.1 线性系统的可控性

可控性(Controllability)是分析系统输入对状态的控制能力,为了帮助读者更好地理解此概念,在此,以图 3.6 所示的双水塔系统进行解释说明。

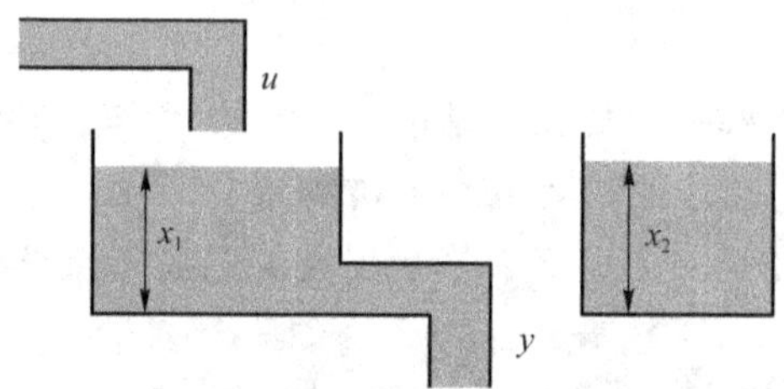

图 3.6 双水塔系统(不可控系统)[10]

图 3.6 所示的系统输入是流入量 u,而系统状态是水塔的深度 $\boldsymbol{x}=\begin{bmatrix}x_1\\x_2\end{bmatrix}$,那么系统状态方程可写成:

$$\begin{bmatrix}\dot{x}_1(t)\\\dot{x}_2(t)\end{bmatrix}=\begin{bmatrix}-1&0\\0&0\end{bmatrix}\begin{bmatrix}x_1(t)\\x_2(t)\end{bmatrix}+\begin{bmatrix}1\\0\end{bmatrix}u(t)\tag{3.3}$$

即:

$$\dot{x}_1(t)=-x_1(t)+u(t)$$

$$\dot{x}_2(t)=0$$

对于该系统来说,可以直观地感受到,第一个水塔的深度 x_1 可以被输入量 u 直接控制,这是因为 $\dot{x}_1=-x_1+u$,所以状态 x_1 可控。但是,第二个水塔的深 x_2,因为没有输入作用到

x_2 上，所以无法控制状态变量，是不可控的。最终，该系统的状态一个可控，一个不可控。所以，整体上来说，仍然不可控。

当然，如果将以上的状态方程稍加修改，则可以得到下列状态空间方程：

$$\begin{bmatrix}\dot{x}_1(t)\\ \dot{x}_2(t)\end{bmatrix}=\begin{bmatrix}-1 & 0\\ 0 & 3\end{bmatrix}\begin{bmatrix}x_1(t)\\ x_2(t)\end{bmatrix}+\begin{bmatrix}1\\ 1\end{bmatrix}u(t)$$

即：

$$\dot{x}_1(t)=-x_1(t)+u(t)$$
$$\dot{x}_2(t)=3x_2(t)+u(t)$$

对于该方程而言，系统是否可控？即一个相同的输入控制 $u(t)$ 能否同时驱动两个系统状态各自达到预期的深度？

同理，将以上系统状态方程调整为：

$$\begin{bmatrix}\dot{x}_1(t)\\ \dot{x}_2(t)\end{bmatrix}=\begin{bmatrix}-1 & 0\\ 1 & 3\end{bmatrix}\begin{bmatrix}x_1(t)\\ x_2(t)\end{bmatrix}+\begin{bmatrix}1\\ 0\end{bmatrix}u(t)$$

即：

$$\dot{x}_1(t)=-x_1(t)+u(t)$$
$$\dot{x}_2(t)=3x_2(t)+x_1(t)$$

如果只将输入控制 $u(t)$ 作用到状态变量 $x_1(t)$ 上，而让 $x_2(t)$ 与 $x_1(t)$ 进行耦合，那么该系统又是否可控？

从以上案例可以看出，对于简单的系统，可以凭直觉进行可控性判断，但是对于稍微复杂的控制系统，采用直觉的方式进行判断变得不可行。因此，需要对可控性进行严格的定义，并给出相应的判决方法。

1. 可控性定义

对于连续 LTI MIMO 系统 $\dot{\boldsymbol{x}}=\boldsymbol{A}\boldsymbol{x}+\boldsymbol{B}\boldsymbol{u}$，$\boldsymbol{x}(0)=\boldsymbol{x}_0$，其中状态变量 $\boldsymbol{x}\in\mathbb{R}^n$，输入变量 $\boldsymbol{u}\in\mathbb{R}^p$，系统矩阵 $\boldsymbol{A}\in\mathbb{R}^{n\times n}$，输入矩阵 $\boldsymbol{B}\in\mathbb{R}^{n\times p}$。则一个连续 LTI 系统被称为完全可控，当且仅当在有限时间 $t_f<\infty$ 内，任意初始条件 $\boldsymbol{x}(0)=\boldsymbol{x}_0$ 都可经由一个连续的控制变量 $\boldsymbol{u}(t)$，在 $t\in[0,t_f]$ 内，转变到达终值状态 $\boldsymbol{x}(t_f)=\boldsymbol{0}$[5]。

值得注意的是：

(1) 线性定常系统中，可假定初始时刻 $t_0=0$，初始状态为 $\boldsymbol{x}(0)$，任意终端状态为零状态，即 $\boldsymbol{x}(t_f)=0$。

(2) 也可假定 $x(t_0)=0$，而 $\boldsymbol{x}(t_f)$ 为任意终端状态，即如果存在一个无约束控制作用 $\boldsymbol{u}(t)$，在有限时间 $[t_f\quad t_0]$ 内，能将系统状态由零状态驱动到任意 $\boldsymbol{x}(t_f)$。这种情况称为状态的可达性。在线性定常系统中，可控性与可达性互逆，即可控系统一定是可达，可达系统一定是可控。

(3) 在讨论可控性问题时，控制作用从理论上说是无约束的，取值并非唯一，因为只需关注其能否将 $\boldsymbol{x}(t_0)$ 驱动动到 $\boldsymbol{x}(t_1)$，而不计较 $\boldsymbol{x}$ 的轨迹如何[5]。

对于离散系统，其可控性有如下类似的定义。

考虑离散 LTI MIMO 系统 $\boldsymbol{x}(k+1)=\boldsymbol{A}\boldsymbol{x}(k)+\boldsymbol{B}\boldsymbol{u}(k)$，其中 $\boldsymbol{u}(k)$ 在 $(k,k+1)$ 区间内为一常值。该系统的可控性定义为：若存在控制序列 $u(k),u(k+1),\cdots,u(l-1)$ 能将第 k 步

的状态 $x_i(k)$ 在第 l 步上到达零状态，即 $x_i(l)=0$，其中 $l>k$，则称此状态可控。若系统在第 k 步上的所有状态 $\boldsymbol{x}(k)$ 都可控，则此系统是状态完全可控，为可控系统[5]。

2. 可控性判据

因为系统结构和内部参数决定了系统矩阵 $\boldsymbol{A}$，而控制作用的施加位置和强度与输入矩阵（控制矩阵）$\boldsymbol{B}$ 有关，因此，从可控性的定义也可以看出，系统的可控性完全取决于系统的结构、参数，以及控制作用的施加位置。本小节通过推导离散 LTI MIMO 系统的可控性条件，进而给出一般线性系统的可控性判别方法。

对于离散 LTI MIMO 系统 $\boldsymbol{x}(k+1)=\boldsymbol{A}\boldsymbol{x}(k)+\boldsymbol{B}\boldsymbol{u}(k)$，注意到

$$\begin{aligned}
&\boldsymbol{x}(1)=\boldsymbol{A}\boldsymbol{x}(0)+\boldsymbol{B}\boldsymbol{u}(0)\\
&\boldsymbol{x}(2)=\boldsymbol{A}^2\boldsymbol{x}(0)+\boldsymbol{A}\boldsymbol{B}\boldsymbol{u}(0)+\boldsymbol{B}\boldsymbol{u}(1)\\
&\qquad\vdots\\
&\boldsymbol{x}(n)=\boldsymbol{A}^n\boldsymbol{x}(0)+\boldsymbol{A}^{n-1}\boldsymbol{B}\boldsymbol{u}(0)+\boldsymbol{A}^{n-2}\boldsymbol{B}\boldsymbol{u}(1)+\cdots+\boldsymbol{B}\boldsymbol{u}(n-1)
\end{aligned}$$

因为 $\boldsymbol{x}_0$ 和 $\boldsymbol{x}_n$ 都是已知的，所以为了找到一个控制序列 $\boldsymbol{u}(0),\boldsymbol{u}(1),\cdots,\boldsymbol{u}(n-1)$ 使得离散 LTI MIMO 系统完全可控，则可将上述方程写为：

$$\boldsymbol{x}(n)-\boldsymbol{A}^n\boldsymbol{x}(0)=[\boldsymbol{B}\quad \boldsymbol{A}\boldsymbol{B}\quad \boldsymbol{A}^2\boldsymbol{B}\quad \cdots\quad \boldsymbol{A}^{n-1}\boldsymbol{B}]\begin{bmatrix}\boldsymbol{u}(n-1)\\ \boldsymbol{u}(n-2)\\ \vdots\\ \boldsymbol{u}(0)\end{bmatrix}=\boldsymbol{\mathcal{C}}\begin{bmatrix}\boldsymbol{u}(n-1)\\ \boldsymbol{u}(n-2)\\ \vdots\\ \boldsymbol{u}(0)\end{bmatrix}$$

若矩阵 $\boldsymbol{\mathcal{C}}$ 是满秩的，则可以求解出控制序列为：

$$\begin{bmatrix}\boldsymbol{u}(n-1)\\ \boldsymbol{u}(n-2)\\ \vdots\\ \boldsymbol{u}(0)\end{bmatrix}=\boldsymbol{\mathcal{C}}^{\dagger}(\boldsymbol{x}(n)-\boldsymbol{A}^n\boldsymbol{x}(0))$$

注意：若系统是单输入系统，则矩阵 $\boldsymbol{\mathcal{C}}$ 将为方阵，并且符号 † 可以用可逆符号代替；若系统是多输入系统，则矩阵 $\boldsymbol{\mathcal{C}}$ 将为 $n\times(p\cdot n)$ 的矩阵，并且符号 † 代表的是伪逆。

上述推理过程对于连续 LTI 系统 $\dot{\boldsymbol{x}}=\boldsymbol{A}\boldsymbol{x}+\boldsymbol{B}\boldsymbol{u},\boldsymbol{x}(0)=\boldsymbol{x}_0$ 也适用，但是推导过程比离散系统复杂，详见附录 A.3。故，可以给出线性系统的可控性判据：

线性系统可控的充分必要条件是可控性矩阵 $\boldsymbol{\mathcal{C}}=[\boldsymbol{B}\quad \boldsymbol{A}\boldsymbol{B}\quad \boldsymbol{A}^2\boldsymbol{B}\quad \cdots\quad \boldsymbol{A}^{n-1}\boldsymbol{B}]$ 满秩。

该判据也称为秩判据，除此之外，还有 3 个等价判据，即：PBH 判据、特征向量判据和格拉姆矩阵判据。在此，不再给出详细推导过程，具体内容详见文献[6]。

(1) PBH 判据：对所有的 $\lambda_i\in\mathrm{eig}(\boldsymbol{A})$，$\mathrm{rank}[\lambda_i\boldsymbol{I}-\boldsymbol{A}\boldsymbol{B}]=n$。

(2) 特征向量判据：对于 $\boldsymbol{A}$ 任意（左）特征向量 $\boldsymbol{w}_i$，$\boldsymbol{w}_i^{\mathrm{T}}\boldsymbol{B}\neq 0$。

(3) 格拉姆矩阵判据：可控性格拉姆矩阵非奇异。

说明：对于连续 LTI 系统，对于任意 $t_f>0$，可控性格拉姆矩阵为：

$$\boldsymbol{W}_{\mathcal{C}}(t_f)=\int_0^{t_f}\mathrm{e}^{\boldsymbol{A}\tau}\boldsymbol{B}\boldsymbol{B}^{\mathrm{T}}\mathrm{e}^{\boldsymbol{A}^{\mathrm{T}}\tau}\mathrm{d}\tau=\int_0^{t_f}\mathrm{e}^{\boldsymbol{A}(t_f-\tau)}\boldsymbol{B}\boldsymbol{B}^{\mathrm{T}}\mathrm{e}^{\boldsymbol{A}^{\mathrm{T}}(t_f-\tau)}\mathrm{d}\tau$$

对于离散 LTI 系统，对于任意 $n>0$，可控性格拉姆矩阵为：

$$\boldsymbol{W}_{\mathcal{C}}(n-1)=\sum_{m=0}^{n-1}\boldsymbol{A}^m\boldsymbol{B}\boldsymbol{B}^{\mathrm{T}}(\boldsymbol{A}^{\mathrm{T}})^m$$

下面给出采用秩判据对控制系统进行判别的两个例子，以加深读者对可控性的理解。

针对图 3.6 所示的双水塔系统，其状态空间方程如式(3.3)所示，则其可控性矩阵为：

$$\mathcal{C}=[\boldsymbol{B}\quad \boldsymbol{AB}]=\begin{bmatrix}1 & -1\\0 & 0\end{bmatrix}$$

故，rank($\mathcal{C}$)=1<n=2，系统不可控。

针对图 3.7 所示的三水塔系统，其状态空间方程为：

$$\begin{bmatrix}\dot{x}_1(t)\\\dot{x}_2(t)\\\dot{x}_3(t)\end{bmatrix}=\begin{bmatrix}-1 & 1 & 0\\1 & -3 & 1\\0 & 1 & -1\end{bmatrix}\begin{bmatrix}x_1(t)\\x_2(t)\\x_3(t)\end{bmatrix}+\begin{bmatrix}1\\0\\0\end{bmatrix}u(t)$$

则其可控性矩阵为：

$$\mathcal{C}=[\boldsymbol{B}\quad \boldsymbol{AB}\quad \boldsymbol{A}^2\boldsymbol{B}]=\begin{bmatrix}1 & -1 & 2\\0 & 1 & -4\\0 & 0 & 1\end{bmatrix}$$

故，rank($\mathcal{C}$)=3=n，系统可控。需要说明的是，该系统的三个状态之间通过系统矩阵 $\boldsymbol{A}$ 相互耦合，虽然 u 仅仅作用到状态 x_1 上，但是也可以达到对其他两状态间接控制的作用。

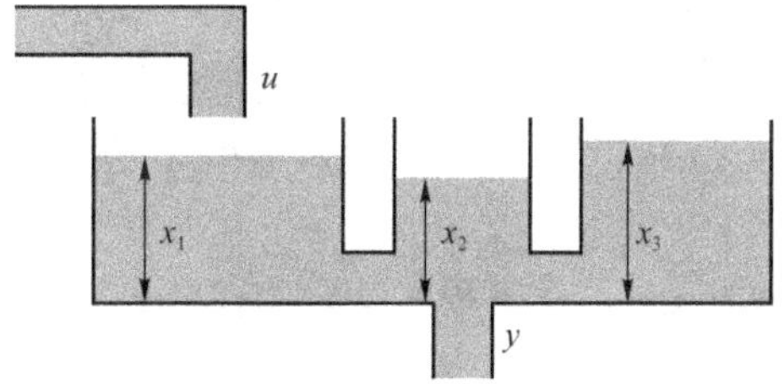

图 3.7 可控系统[10]

3.5.2 线性系统的可观性

可观性(Obeservablity)是分析输出对状态的反映能力。因为状态空间模型中的输出方程建立起了系统的状态变量和输出量之间的关系，从而系统的输出信号中或多或少总包含有系统状态的信息。那么，是否可以通过观测一段时间内的测量输出信号，或者再结合外加的输入信号来确定出之前某个时刻的状态呢？这就是系统状态能否从外部观测或估计的问题[5,7]。

很多实际工程系统内部的状态变量无法测量或者测量不准，如果利用系统的可观性，便可以间接获取到系统的内部变量。举例来说，火箭液氢喷射器的温度需要被稳定在 5 000℃左右，一般而言，传感器在如此高的温度下无法工作，但是，火箭喷嘴外的温度相对较低，传感器可以进行测量。如果火箭喷嘴外的温度与喷射器的温度具有某种联系，那么就可以通过直接测量喷嘴外的温度，进而间接观测(求解出)到液氢燃烧的温度，从而完成测量系统内部状态的任务。

由此可见，可观性是通过检查系统输出(间接)测量系统内部状态的能力。若仅使用系统的输出信息(即传感器数据)便可以估计出系统状态，则该系统被认为是可观的。换而言之，当且仅当一个系统的初始状态 $\boldsymbol{x}_0$，在给定控制量 $\boldsymbol{u}(t)$ 的情况下，可以被在有限时间范围内的历史输出量 $\boldsymbol{y}(t)$ 得到，则说明该系统是可观的。

1. 可观性定义

对于连续 LTI MIMO 系统

$$\dot{\boldsymbol{x}}(t)=\boldsymbol{A}\boldsymbol{x}(t)+\boldsymbol{B}\boldsymbol{u}(t),\quad \boldsymbol{x}(0)=\boldsymbol{x}_0$$
$$\boldsymbol{y}(t)=\boldsymbol{C}\boldsymbol{x}(t)+\boldsymbol{D}\boldsymbol{u}(t)$$

其中，状态向量 $\boldsymbol{x}\in\mathbb{R}^n$，输入向量 $\boldsymbol{u}\in\mathbb{R}^p$，输出变量 $\boldsymbol{y}\in\mathbb{R}^q$，$\boldsymbol{A}\in\mathbb{R}^{n\times n}$，$\boldsymbol{B}\in\mathbb{R}^{n\times p}$，$\boldsymbol{C}\in\mathbb{R}^{q\times n}$，$\boldsymbol{D}\in\mathbb{R}^{q\times p}$。一个线性系统被称为完全可观，当且仅当对任意给定的输入 $\boldsymbol{u}$，在有限时间 $T<\infty$ 内，都可通过连续的控制变量 $\boldsymbol{u}(t)$ 以及测得的输出变量 $\boldsymbol{y}(t)$ 的信息，在 $t\in[0,T]$ 内，完全确定初始状态 $\boldsymbol{x}(0)=\boldsymbol{x}_0$。

值得注意的是[5]：

(1) 可观性表示的是 $\boldsymbol{y}(t)$ 反映状态 $\boldsymbol{x}(t)$ 的能力，考虑到控制作用所引起的输出是可计算的，所以在分析可观性问题时，可以令 $\boldsymbol{u}(t)=0$，这样只需从齐次状态方程和输出方程出发，从而使得问题得到简化。

(2) 从输出方程可知，若输出量 $\boldsymbol{y}(t)$ 的维数 q 等于状态 $\boldsymbol{x}(t)$ 的维数 n，并且 $\boldsymbol{C}$ 可逆，则求解状态是十分简单的，即 $\boldsymbol{x}(t)=\boldsymbol{C}^{-1}\boldsymbol{y}(t)$。可在一般情况下，$\boldsymbol{y}(t)$ 维数 q 总是小于状态 $\boldsymbol{x}(t)$ 的维数 n。为了能唯一地求出 n 个状态，需在不同的时刻测量输出数据 $y(t_0)$，$y(t_1)$，…，$y(t_f)$，使之构成 n 个方程式。

(3) 一旦确定了初始状态 $\boldsymbol{x}(0)$，便可根据给定的控制量 $\boldsymbol{u}(t)$，利用状态转移方程

$$\boldsymbol{x}(t)=\mathrm{e}^{\boldsymbol{A}t}\boldsymbol{x}(0)+\int_0^t \mathrm{e}^{\boldsymbol{A}\tau}\boldsymbol{B}\boldsymbol{u}(t-\tau)\mathrm{d}\tau$$

求出各个时刻的状态，所以可观性的定义可以归结为对初始状态的确定。

对于离散系统，其可观性有如下类似的定义。

考虑离散 LTI MIMO 系统

$$\boldsymbol{x}(k+1)=\boldsymbol{A}\boldsymbol{x}(k)+\boldsymbol{B}\boldsymbol{u}(k)$$

其中，$\boldsymbol{u}(k)$ 在 $(k,k+1)$ 区间内是个常值。该系统的可观性定义为：一个线性系统被称为完全可观，当且仅当，若已知控制序列 $\boldsymbol{u}(0)$，$\boldsymbol{u}(1)$，…，$\boldsymbol{u}(k-1)$，且可以测量出相应的输出序列 $\boldsymbol{y}(0)$，$\boldsymbol{y}(1)$，…，$\boldsymbol{y}(k-1)$，可以完全确定初始状态 $\boldsymbol{x}(0)=\boldsymbol{x}_0$。

2. 可观性判据

因为系统结构和内部参数决定了系统矩阵 $\boldsymbol{A}$，而传感器安装位置与输出矩阵 $\boldsymbol{C}$ 有关，因此，从可观性定义也可以看出，系统的可观性完全取决于系统的结构、参数，以及传感器安装位置。本小节通过推导离散 LTI MIMO 系统的可观性条件，进而给出一般线性系统的可观性判别方法。

对于离散 LTI MIMO 系统有：

$$\boldsymbol{x}(k+1)=\boldsymbol{A}\boldsymbol{x}(k)+\boldsymbol{B}\boldsymbol{u}(k)$$
$$\boldsymbol{y}(k)=\boldsymbol{C}\boldsymbol{x}(k)+\boldsymbol{D}\boldsymbol{u}(k)$$

其中，系统输出 $\boldsymbol{y}$ 为 q 维向量，输出矩阵 $\boldsymbol{C}$ 为 $q\times n$。注意到：

$$\begin{bmatrix} \boldsymbol{y}(0) \\ \boldsymbol{y}(1) \\ \vdots \\ \boldsymbol{y}(k-1) \end{bmatrix} = \begin{bmatrix} \boldsymbol{C} \\ \boldsymbol{CA} \\ \vdots \\ \boldsymbol{CA}^{k-1} \end{bmatrix} \boldsymbol{x}(0) + \begin{bmatrix} \boldsymbol{D} & \boldsymbol{0} & \cdots & \boldsymbol{0} & \boldsymbol{0} \\ \boldsymbol{CB} & \boldsymbol{D} & \cdots & \boldsymbol{0} & \boldsymbol{0} \\ \vdots & \vdots & & \vdots & \vdots \\ \boldsymbol{CA}^{k-2}\boldsymbol{B} & \boldsymbol{CA}^{k-3}\boldsymbol{B} & \cdots & \boldsymbol{CB} & \boldsymbol{D} \end{bmatrix} \begin{bmatrix} \boldsymbol{u}(0) \\ \boldsymbol{u}(1) \\ \vdots \\ \boldsymbol{u}(k-1) \end{bmatrix}$$

定义变量 $\boldsymbol{Y}(k-1)$、$\boldsymbol{\mathcal{O}}_k$、$\mathcal{T}_k$、$\boldsymbol{U}(k-1)$后，上述方程可写为：

$$\boldsymbol{Y}(k-1) = \mathcal{O}_k \boldsymbol{x}(0) + \mathcal{T}_k \boldsymbol{U}(k-1)$$

因为 $\boldsymbol{Y}(k-1)$、$\boldsymbol{\mathcal{O}}_k$、$\mathcal{T}_k$、$\boldsymbol{U}(k-1)$均已知，所以当且仅当 $\boldsymbol{\mathcal{O}}_k$ 满秩可求解出唯一的 $\boldsymbol{x}(0)$。

综上，若矩阵 $\boldsymbol{\mathcal{O}}_k$ 满秩，则可以求解出初始状态 $\boldsymbol{x}(0)$为：

$$\boldsymbol{x}(0) = \boldsymbol{\mathcal{O}}_k^{\dagger}(\boldsymbol{Y}(k-1) - \mathcal{T}_k \boldsymbol{U}(k-1))$$

其中，符号 † 代表伪逆。

上述推理过程对于连续 LTI 系统 $\dot{\boldsymbol{x}} = \boldsymbol{Ax} + \boldsymbol{Bu}$，$\boldsymbol{x}(0) = \boldsymbol{x}_0$ 也适用，故可以给出线性系统的可观性判据。

线性系统可观的充分必要条件是可观性矩阵 $\boldsymbol{\mathcal{O}} = \begin{bmatrix} \boldsymbol{C} \\ \boldsymbol{CA} \\ \vdots \\ \boldsymbol{CA}^{k-1} \end{bmatrix}$ 满秩。

该判据也称为秩判据，除此之外，还有 3 个等价判据，即：PBH 判据、特征向量判据和格拉姆矩阵判据。在此，不再给出详细推导过程，具体内容详见文献[6]。

(1) PBH 判据：对所有的 $\lambda \in \mathbb{C}$，$\operatorname{rank}\begin{bmatrix} \lambda \boldsymbol{I} - \boldsymbol{A} \\ \boldsymbol{C} \end{bmatrix} = n$。

(2) 特征向量判据：对于 $\boldsymbol{A}$ 任意(右)特征向量 $\boldsymbol{v}_i$，$\boldsymbol{Cv}_i \neq 0$。

(3) 格拉姆矩阵判据：格拉姆矩阵非奇异。

说明：对于连续 LTI 系统，对于任意 $t_f > 0$，可观性格拉姆矩阵为：

$$\boldsymbol{W}_{\mathcal{O}}(t) = \int_0^t \mathrm{e}^{\boldsymbol{A}^{\mathrm{T}}\tau} \boldsymbol{C}^{\mathrm{T}} \boldsymbol{C} \mathrm{e}^{\boldsymbol{A}\tau} \, \mathrm{d}\tau$$

对于离散 LTI 系统，对于任意 $n > 0$，可观性格拉姆矩阵为：

$$\boldsymbol{W}_{\mathcal{O}}(n) = \sum_{i=0}^{n-1} (\boldsymbol{A}^{\mathrm{T}})^i \boldsymbol{C}^{\mathrm{T}} \boldsymbol{C} \boldsymbol{A}^i$$

下面给出采用秩判据对控制系统进行判别的例子，以加深读者对可观性的理解。

针对图 3.8 所示的卫星系统，卫星的绕地的半径为 $r(t)$，角速度为 $\omega_0(t)$，角度为 $\theta(t)$，其位置可以通过调节推力 $u_1(t)$和 $u_2(t)$实现，其状态空间方程为：

$$\dot{\boldsymbol{x}}(t) = \begin{bmatrix} 0 & 1 & 0 & 0 \\ 3\omega_0^2 & 0 & 0 & 2r_0\omega_0 \\ 0 & 0 & 0 & 1 \\ 0 & -\dfrac{2\omega_0}{r_0} & 0 & 0 \end{bmatrix} \boldsymbol{x}(t) + \begin{bmatrix} 0 & 0 \\ 1 & 0 \\ 0 & 0 \\ 0 & \dfrac{1}{r_0} \end{bmatrix} \boldsymbol{u}(t)$$

$$\boldsymbol{y}(t) = \begin{bmatrix} r(t) \\ \theta(t) \end{bmatrix} = \begin{bmatrix} 1 & 0 & 0 & 0 \\ 0 & 0 & 1 & 0 \end{bmatrix} \boldsymbol{x}(t)$$

若传感器只能测量半径 $r(t)$，即：

$$y_1(t) = \boldsymbol{C}_1 \boldsymbol{x}(t) = [1 \quad 0 \quad 0 \quad 0] \boldsymbol{x}(t)$$

则此时可观性矩阵为：

$$\mathcal{O}_1=\begin{bmatrix}\boldsymbol{C}_1\\\boldsymbol{C}_1\boldsymbol{A}\\\boldsymbol{C}_1\boldsymbol{A}^2\\\boldsymbol{C}_1\boldsymbol{A}^3\end{bmatrix}=\begin{bmatrix}1&0&0&0\\0&1&0&0\\3\omega_0^3&0&0&2r_0\omega_0\\0&-\omega_0^2&0&0\end{bmatrix}$$

故，$\text{rank}(\mathcal{O}_1)=3<n=4$，即只根据半径的测量结果，无法推算出卫星运行状态，此时系统不可观。

若传感器只能测量角度 $\theta(t)$，即：

$$y_2(t)=\boldsymbol{C}_2\boldsymbol{x}(t)=[0\quad 0\quad 1\quad 0]\boldsymbol{x}(t)$$

则此时 $\text{rank}(\mathcal{O}_2)=4=n$，即只根据角度的测量结果，可以计算卫星运行状态，此时系统可观。

由上例可见，传感器部署位置对系统的可观性的影响，此规律对供水管网同样适用。因此，本书将在第 6 章讨论水质传感器部署对供水管网水质模型可观性和状态估计指标的影响。

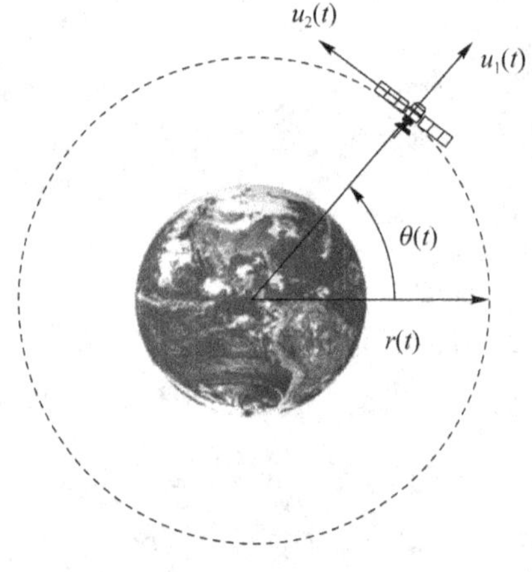

图 3.8　卫星系统[10]

3.5.3　对偶系统和对偶原则

可控性与可观性有其内在联系，而这种联系是由对偶原理确定的。此外，利用对偶关系可以把对系统可控性的分析转化为对其对偶系统可观性的分析，从而也构建了最优控制问题和最优估计问题之间的关系[5]。

下面定义对偶系统。若原系统为：

$$\begin{aligned}\dot{\boldsymbol{x}}(t)&=\boldsymbol{A}\boldsymbol{x}+\boldsymbol{B}\boldsymbol{u}\\\boldsymbol{y}&=\boldsymbol{C}\boldsymbol{x}+\boldsymbol{D}\boldsymbol{u}\end{aligned}$$

则其对偶系统为：

$$\begin{aligned}\dot{\boldsymbol{x}}_D&=\boldsymbol{A}^{\mathrm{T}}\boldsymbol{x}_D+\boldsymbol{C}^{\mathrm{T}}\boldsymbol{u}_D\\\boldsymbol{y}_D&=\boldsymbol{B}^{\mathrm{T}}\boldsymbol{x}_D+\boldsymbol{D}^{\mathrm{T}}\boldsymbol{u}_D\end{aligned}$$

由此定义，直接给出对偶定理，即：对偶系统恰好可控（可观），当且仅当原系统可观（可控）。对原系统而言，若可控性矩阵 $\boldsymbol{C}=[\boldsymbol{B}\quad \boldsymbol{AB}\quad \boldsymbol{A}^2\boldsymbol{B}\quad \cdots\quad \boldsymbol{A}^{n-1}\boldsymbol{B}]$ 的秩为 n，则系统状态为完全可控的。

对于对偶系统而言，其可观性矩阵 $\boldsymbol{O}_D=\begin{bmatrix}\boldsymbol{B}^{\mathrm{T}}\\ \boldsymbol{B}^{\mathrm{T}}\boldsymbol{A}^{\mathrm{T}}\\ \vdots\\ \boldsymbol{B}^{\mathrm{T}}\ (\boldsymbol{A}^{n-1})^{\mathrm{T}}\end{bmatrix}=\boldsymbol{C}$，故其秩也为 n，从而说明对偶系统为完全可观的。

同理可证，原系统的可观性与对偶系统的可控性等价。

3.6　最优控制理论

为了更好地帮助读者理解后续章节对供水管网的优化控制方法，本章已在第 3.1 节至第 3.5 节介绍了控制理论相关知识，即从动态系统的数学描述引入，逐步介绍线性系统、连续系统和离散系统的概念，并引出系统的状态空间表示，基于此，剖析系统的稳定性、可控性和可观性等属性。在此基础之上，本节将介绍优化理论及其相关概念，主要介绍最优控制问题及其数学描述和最优控制问题的分类。除此之外，本节还将介绍常见的最优控制方法，主要包括变分法、极小值原理法、动态规划法、线性二次型和 MPC 等。

3.6.1　最优控制理论简介

在军事、航空航天、导航制导、生产、经济活动等领域中，常需要对被控系统、被控过程施加某种控制作用，使某个性能指标达到最优，这种控制作用称为最优控制。例如，确定一个最优控制方式使空间飞行器由一个轨道转换到另一个轨道的过程中燃料消耗最少[8]。因此，最优控制是从一切可能的控制方案中寻找最优解的一门学科，而最优控制理论是从大量实际问题中提炼出来的理论，主要推动力是 20 世纪 50 年代中期发展起来的空间技术。随后，越来越多的学者和工程技术人员投身于这一领域的研究和开发，逐步形成了一套较为完整的最优控制理论体系[8,11,2,12]。可以说，最优控制理论的形成与发展奠定了现代控制理论的基础，是现代控制理论的核心理论之一。

最优控制理论研究的问题是求解一类带有约束条件的泛函极值问题，属于变分学的理论范畴[8]。然而，经典变分法只能解决容许控制属于开集的一类最优控制问题，但是，对于工程实践中所遇到的容许控制属于闭集的一类最优控制问题，经典变分法无能为力。因而，为了适应工程实践的需要，20 世纪 50 年代中期出现了现代变分理论。

在现代变分理论中，最常用的两种方法是动态规划和极小值原理。动态规划是美国学者贝尔曼于 1953—1957 年为了优化多级决策问题的算法而逐步创立的。贝尔曼依据最优性原理，发展了变分学中的哈密顿－雅可比理论，解决了控制有闭集约束的变分问题；而极小值原理是苏联科学院院士庞特里亚金于 1956—1958 年间逐步创立的[13,8]。庞特里亚金在力学哈密顿原理启发下，进行推测，并证明了极小值原理的结论，同样解决了控制有闭集约束的变分问题。动态规划与极小值原理是现代变分理论中的两种卓有成效的方法，推动了最优控制理论的发展[8,11]。

近年来，由于计算机的发展和完善，最优控制理论中的数值计算法逐渐形成。当性能指标比较复杂，或者不能用变量显函数表示时，可以采用直接搜索法，经过若干次迭代，搜索到最优解[12]。目前，常用的数值计算法有邻近极值法、梯度法、共轭梯度法及单纯形法等。同时，由于可以把计算机作为控制系统的一个组成部分，以实现在线控制，从而使最优控制理论的工程实现成为现实。因此，最优控制理论提出的求解方法，既是一种数学方法，又是一种计算机算法[8]。

总之，最优控制理论所研究的问题可以概括为：根据已建立的被控对象的时域数学模型或频域数学模型，选择一个容许的控制律，使得被控对象按预定要求运行，并使给定的某一性能指标达到最优值[8]。对于供水管网而言，也是延续类似的研究思路，首先获取供水管网这一被控对象的数学模型，一般采用机理建模的方法或者数值驱动的建模方法。在此基础之上，再根据某一性能指标设计响应的控制率，最终达到使得供水管网按照预定要求服务千家万户。显然，最优控制是最优化方法的一个应用，下面以最小燃耗问题为例说明最优控制理论的研究思路[12,8]。

最小燃耗问题是指为使飞船登月舱在月球表面软着陆，即登月舱到达月球表面时的速度为零，要寻求登月舱发动机推力的最优变化律，使燃料消耗最少，以便在完成登月考察任务后，登月舱有足够燃料离开月球与母船会合，从而返回地球，如图 3.9 所示[8]。

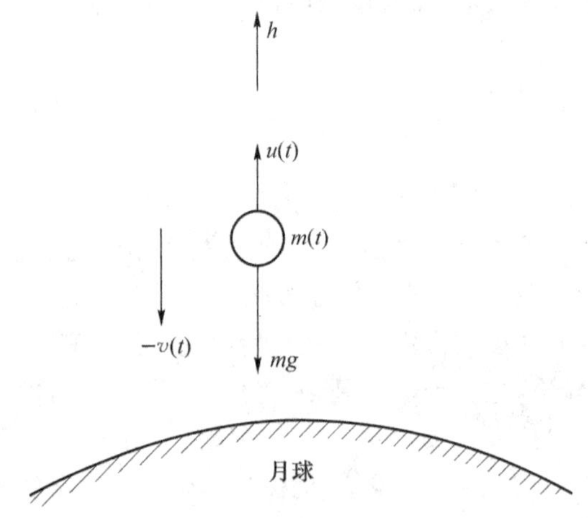

图 3.9　登月舱登月软着陆示意图[8]

假设飞船登月舱质量为 $m(t)$，高度为 $h(t)$，垂直速度为 $v(t)$，发动机推力为 $u(t)$，月球重力加速度为常数 g，飞船登月舱不含燃料时的质量为 M，登月舱所载燃料质量为 F。已知登月舱登月时的初始高度为 h_0，初始垂直速度为 v_0。登月舱在月球上实现软者陆的过程示意图如图 3.9 所示[8]。由图可列出登月舱的运动方程为：

$$\dot{h}(t)=v(t)$$

$$\dot{v}(t)=\frac{u(t)}{m(t)}-g$$

$$\dot{m}(t)=-ku(t)$$

系统的初始条件为：

$$h(0)=h_0$$
$$v(0)=v_0$$
$$m(0)=M+F$$

终端条件为：

$$h(t_f)=0$$
$$v(t_f)=0$$

其中，t_f 为登月舱发动机工作的终端时刻。此外，假设登月舱发动机最大推力为 $u_{\max}$，因此，控制约束条件为 $0\leqslant u(t)\leqslant u_{\max}$。为使燃料消耗量最小，因此，登月舱着陆时的质量被选为此系统要达到的性能指标，即最大化着陆质量 $J=m(t_f)$。

综上，登月舱的最优控制任务是：在满足控制约束条件下，寻求发动机推力最优变化律 $u^*(t)$，使登月舱由已知的初始状态（初态）转移到要求的终端状态（终态），并使 $J=m(t_f)$ 为最大，从而使登月过程中燃料消耗量最小。

从以上登月舱的最优控制的例子可以看出，在数学意义上，最优控制理论可以求解一类带有约束条件的泛函极值问题，即在一组约束为等式或不等式的条件下，使系统的目标函数达到极值，即最大值或最小值。在经济意义上，最优控制是在一定的人力、物力和财力资源条件下，使经济效果（如产值、利润）达到最大，或者等价地说，在完成规定的生产或经济任务下，使投入的人力、物力和财力等资源最小。

3.6.2 最优控制问题及其数学描述

从上一节例子可见，要求解最优控制问题，首先要建立系统的状态方程，然后分析状态变量所满足的初始条件和终端条件，之后确定性能指标的形式以及控制作用的容许范围等，最后采用相应的方法进行求解。本节给出最优控制问题的严格数学描述[13]。

首先，建立系统的状态方程 $\dot{\boldsymbol{x}}=\boldsymbol{f}(\boldsymbol{x}(t),\boldsymbol{u}(t),t)$，其中，$\boldsymbol{x}(t)$ 为 n 维状态向量，$\boldsymbol{u}(t)$ 为 p 维输入向量，$\boldsymbol{f}(\boldsymbol{x}(t),\boldsymbol{u}(t),t)$ 为 n 维向量函数（线性或者非线性）。

然后，由于一个动态系统的运动轨迹对应于 n 维状态空间中状态的转移，在最优控制中，系统初态 $\boldsymbol{x}(t_0)=\boldsymbol{x}_0$ 通常已知，但终端时刻 t_f 及其对应终端状态 $\boldsymbol{x}(t_f)$ 则需具体问题具体对待。例如，有的控制过程要求确切的终端时刻 t_f，即 t_f 固定；而有些则不要求，即 t_f 自由。类似地，有的控制过程要求终端状态 $\boldsymbol{x}(t_f)$ 属于一个目标集或满足特定的约束条件，即 $\boldsymbol{m}(\boldsymbol{x}(t_f),t_f)=\boldsymbol{0}$，亦或位于 n 维状态空间中确定的目标点，即 $\boldsymbol{x}(t_f)=\boldsymbol{x}_f$。此时，终端状态固定。若终态不受约束，则目标集扩展到整个 n 维空间，即终端状态自由[13]。

之后，最优控制的性能指标的一般数学形式为：

$$J(\boldsymbol{x}(t),\boldsymbol{u}(t),t)=h(\boldsymbol{x}(t_f),t_f)+\int_{t_0}^{t_f}g(\boldsymbol{x}(t),\boldsymbol{u}(t),t)\mathrm{d}t$$

显然，上述性能指标中包括两大部分：积分指标 $\int_{t_0}^{t_f}g(\boldsymbol{x}(t),\boldsymbol{u}(t),t)\mathrm{d}t$ 和终端指标 $h(\boldsymbol{x}(t_f),t_f)$。其中，积分指标可以理解为对状态和控制过程性能的度量，而终端指标则是对控制终态的性能度量。当一个最优控制问题同时包含这两种性能指标时，则该问题可称为波尔扎(Bolza)问题;当只存在终端指标时,则称为迈耶尔(Mayer)问题;当只包含积分指标时,则称为拉格朗日(Lagrange)问题。值得注意的是,性能指标 J 是函数 $\boldsymbol{u}(t)$ 的函数,也就是泛函,故目标函数 J 又称为性能泛函。

有些系统对输入范围有一定的要求,例如水流控制阀门的开合角度是受限的,控制作用 $\boldsymbol{u}(t)$ 应该处于容许范围 $\mathcal{U}$ 之中,即 $\boldsymbol{u}(t)\in\mathcal{U}$。当控制作用 $\boldsymbol{u}(t)$ 不受任何限制时,即属于一个开集。$\mathcal{U}$ 可称为容许集合,属于 $\mathcal{U}$ 的控制则称为容许控制。

如前所述,经典变分法只能解决容许控制属于开集的一类最优控制问题,而动态规划和极小值原理等现代变分理论控制有闭集约束的变分问题。故,最优控制问题的一般数学描述可以写为:

$$\text{minimize}_{\boldsymbol{x}(t),\boldsymbol{u}(t)} \quad J(\boldsymbol{x}(t),\boldsymbol{u}(t),t)=h(\boldsymbol{x}(t_f),t_f)+\int_{t_0}^{t_f} g(\boldsymbol{x}(t),\boldsymbol{u}(t),t)\mathrm{d}t \tag{3.4a}$$

$$\text{subject to} \quad \dot{\boldsymbol{x}}=\boldsymbol{f}(\boldsymbol{x}(t),\boldsymbol{u}(t),t) \tag{3.4b}$$

$$\boldsymbol{x}(t_0)=\boldsymbol{x}_0,\quad \boldsymbol{m}(\boldsymbol{x}(t_f),t_f)=\boldsymbol{0} \tag{3.4c}$$

$$\boldsymbol{u}(t)\in\mathcal{U} \tag{3.4d}$$

其中:$\boldsymbol{x}(t)$、$\boldsymbol{u}(t)$ 为优化变量;式(3.4a)为性能指标,即目标函数;式(3.4b)为系统动力学方程;式(3.4c)为初始和终端条件约束;式(3.4d)为容许控制范围约束。式(3.4a)~式(3.4d)也常被称为最优控制问题的 4 个基本元素。

3.6.3 最优控制问题分类及其解法

1. 最优控制问题分类

根据最优控制的一般数学描述(3.4),若按照有无约束可以将最优控制问题分为无约束最优控制与有约束最优控制问题。如果性能指标函数以外,对优化变量没有其他函数或变量约束,则称为无约束最优控制问题。反之,称为有约束最优控制问题。实际问题一般多为有约束最优控制问题。

若按照是否为线性可以将最优控制问题分为线性最优控制问题与非线性最优控制问题。当目标函数和所有约束条件均为线性的,则为线性最优控制问题;只要目标函数和约束条件中有一个是非线性的,即为非线性最优控制问题。由于非线性系统问题的求解难度远远大于线性系统问题,目前线性最优控制问题的研究较为成熟,而非线性最优控制仍然是当前的研究热点之一。

2. 最优控制问题解法

最优控制问题的求解方法主要分为两大类:解析法和数值法。对于系统模型具有简单、明确的数学解析表达式的最优控制问题,可以采用数学分析的方法,根据函数(泛函)极值的必要条件和充分条件求解出其最优解析解,此方法被称为解析法。但是对于一些无法用简单、明确的数学解析表达式表达其系统模型的最优控制问题,可以采用数值计算的思想,在经过一系列的迭代,逐步逼近最优解决。

此外,随着计算机算力的大规模应用,目前也出现了现代智能计算方法等数值解法,例如运用如模拟退火算法、遗传算法、PSO、蚁群算法等,直接进行搜索,这类方法主要解决大规模复杂优化问题中的 NP-难问题。

求解最优控制的方法可以分为变分法、极小值原理法、动态规划法、线性二次型和数值解法，其中前四种都是属于解析法。并且，变分法、极小值原理其理论基础是变分法和欧拉-拉格朗日方程，通过变分确定泛函的最小值。此外，线性二次型是上述方法在线性系统具有二次型目标函数的应用，属于一种特例解法。故，以下着重对变分法及其推导展开介绍，对于其他方法，本节将省略推导过程，而直接给出最终结果。

(1) 变分法

变分法是求解泛函极值的经典方法，可以确定容许控制为开集的最优控制问题，但是，变分法作为一种古典的求解最优控制的方法，只有能处理控制向量不受任何约束，其容许控制集合充满整个控制空间，且有等式约束条件下的最优控制问题。在许多实际控制问题中，控制函数的取值常常受到封闭性的边界限制，如水泵只具有开、关两种状态，阀门具有一定的开度等，古典变分法不适用。即便如此，变分法也是最优控制的基础理论，我们下面进行介绍。

最优控制问题 1(无约束条件)：求连续可微函数 $\boldsymbol{x}(t)\colon[t_0, t_f]\to\mathbb{R}^n$，满足初始条件 $\boldsymbol{x}(t_0)=\boldsymbol{x}_0$，在给定的终端时刻 t_f，达到给定的终端状态 $\boldsymbol{x}(t_f)=\boldsymbol{x}_f$，并最小化性能指标 $J(\boldsymbol{x})=\int_{t_0}^{t_f} g(\boldsymbol{x}(t), \dot{\boldsymbol{x}}(t), t)\mathrm{d}t$，此时，最优控制问题的数学描述为：

$$\text{minimize}_{\boldsymbol{x}(t),\boldsymbol{u}(t)} \quad J(\boldsymbol{x})=\int_{t_0}^{t_f} g(\boldsymbol{x}(t), \dot{\boldsymbol{x}}(t), t)\mathrm{d}t$$

其中，函数 g 取值于$\mathbb{R}$，二阶连续可微，J 是从 $[t_0, t_f]\to\mathbb{R}^n$ 的连续可微函数全体到$\mathbb{R}$的映射，是一个泛函。

欧拉(Euler)中提出了一种十分直观的几何方法，考虑一条曲线 $\boldsymbol{x}(t)\colon[t_0, t_f]$，使用 $\boldsymbol{x}(t_0), \boldsymbol{x}(t_1), \cdots, \boldsymbol{x}(t_N)=\boldsymbol{x}(t_f)$ 这 $N+1$ 个值的连线近似 $\boldsymbol{x}(t)$，利用微积分的方法给出了最简变分问题最优解的必要条件。后来，拉格朗日(Lagrange)提出了不依赖于几何结构的分析方法，Euler 将 Lagrange 的方法命名为变分法。

Lagrange 的思路是让自变量函数 $\boldsymbol{x}(t)$、$\dot{\boldsymbol{x}}(t)$在极值曲线 $\boldsymbol{x}^*(t)$、$\dot{\boldsymbol{x}}^*(t)$附近发生微小变分 $\delta\boldsymbol{x}$ 、$\delta\dot{\boldsymbol{x}}$，然后求得泛函 J 的增量 ΔJ，之后取 ΔJ 的线性主部为泛函的变分 δJ，即：

$$\delta J=\int_{t_0}^{t_f}\left[\frac{\partial g}{\partial \boldsymbol{x}}\delta\boldsymbol{x}+\frac{\partial g}{\partial \dot{\boldsymbol{x}}}\delta\dot{\boldsymbol{x}}\right]\mathrm{d}t$$

对上式的第二项作分部积分，可得：

$$\delta J=\int_{t_0}^{t_f}\left[\frac{\partial g}{\partial \boldsymbol{x}}-\frac{\mathrm{d}}{\mathrm{d}t}\left(\frac{\partial g}{\partial \dot{\boldsymbol{x}}}\right)\right]\delta\boldsymbol{x}\,\mathrm{d}t+\frac{\partial g}{\partial \dot{\boldsymbol{x}}}\delta\boldsymbol{x}\bigg|_{t_0}^{t_f}$$

泛函 J 取到极值的必要条件是 δJ 等于零。因 δx 任意，故可得欧拉-拉格朗日(Euler-Lagrange)方程：

$$\frac{\partial g}{\partial \boldsymbol{x}}(\boldsymbol{x}(t), \dot{\boldsymbol{x}}(t), t)-\frac{\mathrm{d}}{\mathrm{d}t}\left[\frac{\partial g}{\partial \dot{\boldsymbol{x}}}(\boldsymbol{x}(t), \dot{\boldsymbol{x}}(t), t)\right]=\boldsymbol{0}$$

其中，函数 g 在两个分量 $\boldsymbol{x}$、$\dot{\boldsymbol{x}}$ 上的偏导分别为：

$$\frac{\partial g}{\partial \boldsymbol{x}}=\begin{bmatrix}\dfrac{\partial g}{\partial x_1}\\ \dfrac{\partial g}{\partial x_2}\\ \vdots\\ \dfrac{\partial g}{\partial x_n}\end{bmatrix} \qquad \frac{\partial g}{\partial \dot{\boldsymbol{x}}}=\begin{bmatrix}\dfrac{\partial g}{\partial \dot{x}_1}\\ \dfrac{\partial g}{\partial \dot{x}_2}\\ \vdots\\ \dfrac{\partial g}{\partial \dot{x}_n}\end{bmatrix}$$

此外，需注意的是，若初态和终态固定，则最优解只需满足 Euler-Lagrange 方程即可；若初态和终态自由，则最优解还需满足横截条件：

$$\frac{\partial g}{\partial \dot{\boldsymbol{x}}}=\boldsymbol{0}$$

前面讨论泛函极值问题时，对极值轨迹 $\boldsymbol{x}^*(t)$ 没有附加任何约束条件。但在动态系统最优控制问题中，极值轨迹必须满足系统的状态方程，也就是要受到状态方程的约束。此外，终态也需要在目标集合内，因此考虑以下带有状态方程约束和终态约束的变分问题。

最优控制问题 2（最优控制问题 1＋状态方程和终态约束）：求连续可微函数 $\boldsymbol{x}(t)$：$[t_0,t_f]\to\mathbb{R}^n$，满足状态方程 $\dot{\boldsymbol{x}}=\boldsymbol{f}(\boldsymbol{x}(t),\boldsymbol{u}(t),t)$，初始条件 $\boldsymbol{x}(t_0)=\boldsymbol{x}_0$，在给定的终端时刻 t_f，终态在给定的目标集 $\boldsymbol{m}(\boldsymbol{x}(t_f),t_f)=\boldsymbol{0}$ 内，并最小化综合性能指标：

$$J=h(\boldsymbol{x}(t_f),t_f)+\int_{t_0}^{t_f}g(\boldsymbol{x}(t),\boldsymbol{u}(t),t)\mathrm{d}t$$

此时，最优控制问题的数学描述为：

$$\begin{aligned}\text{minimize}_{\boldsymbol{x}(t),\boldsymbol{u}(t)}\quad & J(\boldsymbol{x}(t),\boldsymbol{u}(t),t)=h(\boldsymbol{x}(t_f),t_f)+\int_{t_0}^{t_f}g(\boldsymbol{x}(t),\boldsymbol{u}(t),t)\mathrm{d}t\\ \text{subject to}\quad & \dot{\boldsymbol{x}}=\boldsymbol{f}(\boldsymbol{x}(t),\boldsymbol{u}(t),t),\\ & \boldsymbol{x}(t_0)=\boldsymbol{x}_0,\quad \boldsymbol{m}(\boldsymbol{x}(t_f),t_f)=\boldsymbol{0}\end{aligned}$$

其中，$\boldsymbol{u}(t)$ 为 p 维控制向量，并且不受约束，否则不能用变分法求解，而要用极小值原理或动态规划法求解。此外，$\boldsymbol{f}(\boldsymbol{x}(t),\boldsymbol{u}(t),t)$ 是 n 维连续可微的向量函数。

为求解上述问题，可以采用拉格朗日思想，引入两个待定的拉格朗日乘子向量函数 $\boldsymbol{\lambda}(t)\in\mathbb{R}^n$，$\boldsymbol{\gamma}(t)\in\mathbb{R}^r$，将有约束的优化问题转换为无约束的优化问题，即构建广义泛函：

$$\bar{J}=h(\boldsymbol{x}(t_f),t_f)+\boldsymbol{\gamma}^{\mathrm{T}}(t)\boldsymbol{m}(\boldsymbol{x}(t_f),t_f)+\int_{t_0}^{t_f}\{g(\boldsymbol{x}(t),\boldsymbol{u}(t),t)+\boldsymbol{\lambda}^{\mathrm{T}}(t)[\boldsymbol{f}(\boldsymbol{x},\boldsymbol{u},\boldsymbol{t})-\dot{\boldsymbol{x}}]\}\mathrm{d}t$$

引入哈密顿（Hamiltonian）函数 $\mathcal{H}(\boldsymbol{x},\boldsymbol{u},\boldsymbol{\lambda},t)=g(\boldsymbol{x},\boldsymbol{u},t)+\boldsymbol{\lambda}^{\mathrm{T}}\boldsymbol{f}(\boldsymbol{x},\boldsymbol{u},t)$，然后将广义泛函用哈密顿函数表示，则

$$\bar{J}=h(\boldsymbol{x}(t_f),t_f)+\boldsymbol{\gamma}^{\mathrm{T}}(t)\boldsymbol{m}(\boldsymbol{x}(t_f),t_f)+\int_{t_0}^{t_f}\{\mathcal{H}(\boldsymbol{x},\boldsymbol{u},\boldsymbol{\lambda},t)-\boldsymbol{\lambda}^{\mathrm{T}}(t)\dot{\boldsymbol{x}}\}\mathrm{d}t$$

对上式积分号内第二项作分部积分后，可得：

$$\begin{aligned}\bar{J}=&h(\boldsymbol{x}(t_f),t_f)+\boldsymbol{\gamma}^{\mathrm{T}}(t)\boldsymbol{m}(\boldsymbol{x}(t_f),t_f)-\boldsymbol{\lambda}^{\mathrm{T}}(t_f)\boldsymbol{x}(t_f)+\boldsymbol{\lambda}^{\mathrm{T}}(t_0)\boldsymbol{x}(t_0)\\&+\int_{t_0}^{t_f}\{\mathcal{H}(\boldsymbol{x},\boldsymbol{u},\boldsymbol{\lambda},t)+\dot{\boldsymbol{\lambda}}^{\mathrm{T}}(t)\boldsymbol{x}\}\mathrm{d}t\end{aligned}$$

然后，采取 Lagrange 的思路，让自变量函数 $\boldsymbol{x}(t)$、$\boldsymbol{u}(t)$ 相对于最优值 $\boldsymbol{x}^*(t)$、$\boldsymbol{u}^*(t)$ 的变分分别为 $\delta\boldsymbol{x}(t)$ 和 $\delta\boldsymbol{u}(t)$，然后求得广义泛函 $\bar{J}$ 的变分 $\delta\bar{J}$，即：

$$\delta\bar{J}=\delta\boldsymbol{x}^{\mathrm{T}}(t_f)\left[\frac{\partial h}{\partial\boldsymbol{x}(t_f)}+\frac{\partial\boldsymbol{m}^{\mathrm{T}}}{\partial\boldsymbol{x}(t_f)}\boldsymbol{\gamma}(t_f)\right]+\int_{t_0}^{t_f}\left[\delta\boldsymbol{x}^{\mathrm{T}}\left(\frac{\partial\mathcal{H}}{\partial\boldsymbol{x}}+\dot{\boldsymbol{\lambda}}\right)+\delta\boldsymbol{u}^{\mathrm{T}}\frac{\partial\mathcal{H}}{\partial\boldsymbol{u}}\right]\mathrm{d}t$$

广义泛函 $\bar{J}$ 取极小值的必要条件是：对任意的 $\delta\boldsymbol{x}$、$\delta\boldsymbol{u}$、$\delta\boldsymbol{x}(t_f)$，变分 $\delta\bar{J}$ 等于零，则

$$\dot{\boldsymbol{\lambda}}=-\frac{\partial\mathcal{H}}{\partial\boldsymbol{x}}$$

$$\dot{\boldsymbol{x}}=\frac{\partial\mathcal{H}}{\partial\boldsymbol{\lambda}}=\boldsymbol{f}(\boldsymbol{x},\boldsymbol{u},t)$$

$$0=\frac{\partial \mathcal{H}}{\partial \boldsymbol{u}}$$

$$\boldsymbol{\lambda}(t_f)=\frac{\partial h}{\partial \boldsymbol{x}(t_f)}+\frac{\partial \boldsymbol{m}^{\mathrm{T}}}{\partial \boldsymbol{x}(t_f)}\boldsymbol{\gamma}(t_f)$$

以上 4 个方程也经常被称为协态方程、状态方程、控制方程、横截条件。

经典变分法的具有一定的局限性，这是为因为广义泛函的必要条件中包含 $\dot{\boldsymbol{\lambda}}=-\frac{\partial \mathcal{H}}{\partial \boldsymbol{x}}$、$\frac{\partial \mathcal{H}}{\partial \boldsymbol{u}}=0$ 两项。而得出这两项条件，需作两个假设。第一，$\delta\boldsymbol{x}$、$\delta\boldsymbol{u}$ 是不受限制的，遍及整个向量空间，是一个开集；第二，$\dot{\boldsymbol{\lambda}}=-\frac{\partial \mathcal{H}}{\partial \boldsymbol{x}}$、$\frac{\partial \mathcal{H}}{\partial \boldsymbol{u}}=0$ 存在。

在实际系统中，对系统的状态和输入范围会有一定的要求，即 $\boldsymbol{x}(t)\in\mathcal{X}$、$\boldsymbol{u}(t)\in\mathcal{U}$。下面，以控制输入为例进行分析。一般而言，容许控制 $\boldsymbol{u}(t)\in\mathcal{U}$表现为 $|u_i(t)|\leqslant U_i, i=1,\cdots,p$。此时，$\boldsymbol{u}(t)$属于一个有界的闭集，当其在边界上取值时，$\delta\boldsymbol{u}$ 无法任意取值。因无法向边界外取值，导致$\frac{\partial \mathcal{H}}{\partial \boldsymbol{u}}=0$ 不一定是最优解的必要条件。

另外，$\frac{\partial \mathcal{H}}{\partial \boldsymbol{u}}=0$ 也不一定存在。例如，状态方程的右端 $\boldsymbol{f}(\boldsymbol{x},\boldsymbol{u},t)$ 对 $\boldsymbol{u}$ 的一阶偏导数可能不连续，导致对 $\mathcal{H}(\boldsymbol{x},\boldsymbol{u},\boldsymbol{\lambda},t)$对 $\boldsymbol{u}$ 的一阶偏导数不连续。

综上所述，经典变分法无法处理以上情况，接下来要介绍的、由苏联学者庞特里雅金(Pontryagin)提出极小值原理可以解决这一问题。

(2) Pontryagin 极小值原理

极小值原理是对经典变分法的扩展，可以解决经典变分法无法解决的最优控制问题，即：当系统状态、控制变量有约束，哈密顿函数不可微时，要用极小值原理。而利用极小值原理所得出的最优控制必要条件与利用变分法所得的条件的差别，仅在于用哈密顿函数在最优控制上取值的条件代替，可以看出，变分法可以作为极小值原理的特殊情况。

最优控制问题 3(最优控制问题 2+闭集约束)：求连续可微函数 $\boldsymbol{x}(t):[t_0,t_f]\to\mathbb{R}^n$，满足状态方程 $\dot{\boldsymbol{x}}=\boldsymbol{f}(\boldsymbol{x}(t),\boldsymbol{u}(t),t)$，初始条件 $\boldsymbol{x}(t_0)=\boldsymbol{x}_0$，在给定的终端时刻 t_f，终态在给定的目标集 $\boldsymbol{m}(\boldsymbol{x}(t_f),t_f)=\mathbf{0}$ 内，并最小化综合性能指标：

$$J=h(\boldsymbol{x}(t_f),t_f)+\int_{t_0}^{t_f}g(\boldsymbol{x}(t),\boldsymbol{u}(t),t)\mathrm{d}t$$

此时，最优控制问题的数学描述为：

$$\begin{aligned}
\text{minimize}_{\boldsymbol{x}(t),\boldsymbol{u}(t)}\quad & J(\boldsymbol{x}(t),\boldsymbol{u}(t),t)=h(\boldsymbol{x}(t_f),t_f)+\int_{t_0}^{t_f}g(\boldsymbol{x}(t),\boldsymbol{u}(t),t)\mathrm{d}t\\
\text{subject to}\quad & \dot{\boldsymbol{x}}=\boldsymbol{f}(\boldsymbol{x}(t),\boldsymbol{u}(t),t)\\
& \boldsymbol{x}(t_0)=\boldsymbol{x}_0,\quad \boldsymbol{m}(\boldsymbol{x}(t_f),t_f)=\mathbf{0}\\
& \boldsymbol{u}(t)\in\mathcal{U}
\end{aligned}$$

对求解该最优控制的具体推导过程，本节不再详细介绍。下面直接给出要求得最优控制 $\boldsymbol{u}^*$ 使 J 取极小值的必要条件，即 $\boldsymbol{x}(t)$、$\boldsymbol{u}(t)$、$\boldsymbol{\lambda}$ 和 t_f 满足下面的方程组：

$$\dot{\boldsymbol{\lambda}} = -\frac{\partial \mathcal{H}}{\partial \boldsymbol{x}}$$

$$\dot{\boldsymbol{x}} = \frac{\partial \mathcal{H}}{\partial \boldsymbol{\lambda}} = \boldsymbol{f}(\boldsymbol{x},\boldsymbol{u},t)$$

$$\min_{u\in\mathcal{U}} \mathcal{H}(\boldsymbol{x}^*,\boldsymbol{\lambda}^*,\boldsymbol{u},t) = \mathcal{H}(\boldsymbol{x}^*,\boldsymbol{\lambda}^*,\boldsymbol{u}^*,t)$$

$$\boldsymbol{\lambda}(t_f) = \frac{\partial h}{\partial \boldsymbol{x}(t_f)} + \frac{\partial \boldsymbol{m}^{\mathrm{T}}}{\partial \boldsymbol{x}(t_f)}\boldsymbol{\gamma}(t_f)$$

对比依据变分法求解到的必要条件,发现只是将$\frac{\partial \mathcal{H}}{\partial \boldsymbol{u}}=0$用上述方程组的第三个方程代替,其他无变化。由此可见,变分法和极小值原理的区别在于:极小值原理扩大了变分法的适用条件,能够处理控制受约束的问题;极小值原理是在确定$\mathcal{H}$关于$\boldsymbol{u}$的全局极小值,并不是对其求导并要求导数为零。这样,$\boldsymbol{u}$是可以分段连续函数,且并不要求$\boldsymbol{u}$可微。

Pontryagin 极小值原理的适用范围事实上囊括了控制变量连续或不连续的、有约束或无约束的非线性控制问题。不久之后,人们发现动态规划也可用于处理最优控制问题,在最优的性能指标关于初始状态和初始时间二阶连续可微的情况下可获得同样的结果,下面简要介绍动态规划的原理。

(3) 动态规划

动态规划是贝尔曼(Bellman)提出的一种非线性规划方法。它将一个多级决策问题化为一系列单级决策问题,从最后一级状态开始到初始状态为止,逆向递推求解最优决策,因此又称为多级决策理论。并且,动态规划法原理简明,适用于计算机求解。

在介绍动态规划之前,需先了解其理论基础,即 Bellman 所提的最优性原理。最优性原理阐述了多级决策过程的最优策略具有如下性质:不论初始状态和初始决策如何,其余的决策对于由初始决策所形成的状态来说,必定也是一个最优策略。换而言之,一个多级决策问题的最优策略具有如下性质[13-15]:当把其中任何一级及其状态作为初始级和初始状态时,不管初始状态是什么,以及达到这个初始状态的决策是什么,余下的决策对此初始状态必定构成最优策略。由此可见,最优性原理既给出了最优策略的必要条件,同时还蕴含了其所有子问题最优策略的充分条件。

下面不加证明地直接给出采用动态规划思想得到的哈密顿-雅可比-贝尔曼方程(Hamilton-Jacobi-Bellman,HJB)方程。

状态变量$\boldsymbol{x}(t):[t_0,t_f]\to\mathbb{R}^n$和控制变量$\boldsymbol{u}(t):[t_0,t_f]\to\mathbb{R}^m$都连续可微。被控对象的状态方程为$\dot{\boldsymbol{x}}(t)=f(\boldsymbol{x}(t),\boldsymbol{u}(t),t),t\in[t_0,t_f]$。终端状态自由,以泛函$J(\boldsymbol{u};\boldsymbol{x}(t),t)=h(\boldsymbol{x}(t_f),t_f)+\int_t^{t_f} g(\boldsymbol{x}(\tau),\boldsymbol{u}(\tau),\tau)\mathrm{d}\tau$为性能指标。若值函数$V(\boldsymbol{x},t)$二阶连续可微,则如下 HJB 方程是最优控制的充分必要条件,对$t\in[t_0,t_f]$,有:

$$-\frac{\partial V}{\partial t}(\boldsymbol{x}(t),t) = \min_{\boldsymbol{u}(t)\in\mathbb{R}^m} \mathcal{H}\left(\boldsymbol{x}(t),\boldsymbol{u}(t),\frac{\partial V}{\partial \boldsymbol{x}}(\boldsymbol{x}(t),t),t\right)$$

其边界条件为$V(\boldsymbol{x}(t_f),t_f)=h(\boldsymbol{x}(t_f),t_f)$,且$\mathcal{H}(\boldsymbol{x},\boldsymbol{u},\boldsymbol{\lambda},t)=\mathcal{G}(\boldsymbol{x}(t),\boldsymbol{u}(t),t)+\boldsymbol{\lambda}^{\mathrm{T}}f(\boldsymbol{x},\boldsymbol{u},t)$为 Hamiltonian 函数,$\boldsymbol{\lambda}=\frac{\partial V}{\partial \boldsymbol{x}}$。

可见,HJB 方程是关于值函数的偏微分方程,其中等式右侧的

$$\mathcal{H}\left(\boldsymbol{x}(t),\boldsymbol{u}(t),\frac{\partial V}{\partial \boldsymbol{x}}(\boldsymbol{x}(t),t),t\right)$$

不但和值函数 V 有关，还需对其求关于 $\boldsymbol{u}(t)$ 的极值，这使得 HJB 方程在非线性状态方程的情况下不易直接求解。但它是 $V(\boldsymbol{x},t)$ 的一阶偏微分方程并带有取极小的运算，因此求解非常困难，在一般情况下得不到解析解，只能用计算机求数值解。但面对状态变量和控制变量的数目多，且级数多的复杂问题时，会出现所谓的“维数灾难”，导致计算量和存储量巨大，一般计算机也无法求解。

对于线性系统及其线性二次型问题，可以得到解析解，而且求解结果与用变分法或极小值原理所得结果相同。这时，HJB 方程可归结为即将要介绍的黎卡提方程。在实际计算线性二次问题时，一般用直接求解黎卡提方程来求最优控制。

(4) 线性二次型最优控制

若所研究的系统是线性的，且性能指标为状态变量和控制变量的二次型函数，则该最优控制问题称为线性二次型(Linear Quadratic，LQ)问题[13]。线性二次型调节器(Linear Quadratic Regulator，LQR)是求解线性二次型问题常用的求解方法。

状态变量 $\boldsymbol{x}(t):[t_0,t_f]\to\mathbb{R}^n$ 和控制变量 $\boldsymbol{u}(t):[t_0,t_f]\to\mathbb{R}^p$ 都连续可微，且没有约束。状态方程为 $\dot{\boldsymbol{x}}(t)=\boldsymbol{A}(t)\boldsymbol{x}(t)+\boldsymbol{B}(t)\boldsymbol{u}(t)$，其中 $\boldsymbol{A}(t):[t_0,t_f]\to\mathbb{R}^n\times\mathbb{R}^n$ 和 $\boldsymbol{B}(t):[t_0,t_f]\to\mathbb{R}^n\times\mathbb{R}^p$ 都是关于时间的连续可微矩阵值函数。控制目标集具有固定的终端时刻 t_f 以及自由的终端状态。最小化二次型性能指标

$$J(\boldsymbol{u})=\frac{1}{2}\boldsymbol{x}^{\mathrm{T}}(t_f)\boldsymbol{H}\boldsymbol{x}(t_f)+\frac{1}{2}\int_{t_0}^{t_f}[\boldsymbol{x}^{\mathrm{T}}(t)\boldsymbol{Q}(t)\boldsymbol{x}(t)+\boldsymbol{u}^{\mathrm{T}}(t)\boldsymbol{R}(t)\boldsymbol{u}(t)]\mathrm{d}t$$

其中，$\boldsymbol{H}$ 和 $\boldsymbol{Q}(t)$ 是 $n\times n$ 的实对称半正定矩阵，$\boldsymbol{R}(t)$ 是 $p\times p$ 实对称正定矩阵，$\boldsymbol{Q}(t)$ 和 $\boldsymbol{R}(t)$ 都连续可微。

此时，最优控制问题的数学描述为：

$$\begin{aligned}\text{minimize}_{\boldsymbol{x}(t),\boldsymbol{u}(t)}\quad & J(\boldsymbol{u})\\ \text{subject to}\quad & \dot{\boldsymbol{x}}(t)=\boldsymbol{A}(t)\boldsymbol{x}(t)+\boldsymbol{B}(t)\boldsymbol{u}(t)\\ & \boldsymbol{x}(t_0)=\boldsymbol{x}_0\end{aligned}$$

对求解该最优控制的具体推导过程，本节不再详细介绍，本节仅介绍以下简化思路。因控制变量无约束，故也等同于采用变分法求解。我们引入协态变量 $\boldsymbol{\lambda}(t):[t_0,t_f]\to\mathbb{R}^n$，线性二次型最优控制具有如下形式的 Hamiltonian 函数：

$$\mathcal{H}(\boldsymbol{x},\boldsymbol{u},\boldsymbol{\lambda},t)=\frac{1}{2}\boldsymbol{x}^{\mathrm{T}}(t)\boldsymbol{Q}(t)x(t)+\frac{1}{2}\boldsymbol{u}^{\mathrm{T}}(t)\boldsymbol{R}(t)\dot{\boldsymbol{u}}(t)+\boldsymbol{\lambda}^{\mathrm{T}}(t)(\boldsymbol{A}(t)\boldsymbol{x}(t)+\boldsymbol{B}(t)\boldsymbol{u}(t))$$

根据最优解的必要条件，可以推导出协态方程为：

$$\dot{\boldsymbol{\lambda}}=-\frac{\partial\mathcal{H}}{\partial\boldsymbol{x}}=-[\boldsymbol{Q}(t)\boldsymbol{x}(t)+\boldsymbol{A}^{\mathrm{T}}(t)\boldsymbol{\lambda}(t)]$$

由于控制变量无约束，其驻点条件为：

$$0=\frac{\partial\mathcal{H}}{\partial\boldsymbol{u}}=\boldsymbol{R}(t)\boldsymbol{u}(t)+\boldsymbol{B}^{\mathrm{T}}(t)\boldsymbol{\lambda}(t)\tag{3.5}$$

因矩阵 $\boldsymbol{R}(t)$ 正定，故 $\boldsymbol{R}^{-1}(t)$ 存在，则控制方程为：

$$\boldsymbol{u}(t)=-\boldsymbol{R}^{-1}(t)\boldsymbol{B}^{\mathrm{T}}(t)\boldsymbol{\lambda}(t)$$

横截条件为：

$$\boldsymbol{\lambda}(t_f)=\frac{\partial h}{\partial \boldsymbol{x}(t_f)}=\frac{\partial}{\partial \boldsymbol{x}(t_f)}\left[\frac{1}{2}\boldsymbol{x}^{\mathrm{T}}(t_f)\boldsymbol{H}\boldsymbol{x}(t_f)\right]=\boldsymbol{H}\boldsymbol{x}(t_f)$$

从上式可见，协态 $\boldsymbol{\lambda}(t)$ 和状态 $\boldsymbol{x}(t)$ 在终端 t_f 时刻具有线性关系，故可假定所有时刻 $\boldsymbol{\lambda}(t)=\boldsymbol{K}(t)\boldsymbol{x}(t)$ 均成立，并将其代入式(3.5)后，再代入状态方程得：

$$\dot{\boldsymbol{x}}(t)=\boldsymbol{A}(t)\boldsymbol{x}(t)-\boldsymbol{B}(t)\boldsymbol{R}^{-1}(t)\boldsymbol{B}^{\mathrm{T}}(t)\boldsymbol{K}(t)\boldsymbol{x}(t) \tag{3.6}$$

此外，有：

$$\dot{\boldsymbol{\lambda}}(t)=\dot{\boldsymbol{K}}(t)\boldsymbol{x}(t)+\boldsymbol{K}(t)\dot{\boldsymbol{x}}(t)=-\boldsymbol{Q}(t)\boldsymbol{x}(t)-\boldsymbol{A}^{\mathrm{T}}(t)\boldsymbol{K}(t)\boldsymbol{x}(t)$$

将式(3.6)代入上式，可得：

$$[\dot{\boldsymbol{K}}(t)+\boldsymbol{K}(t)\boldsymbol{A}(t)-\boldsymbol{K}(t)\boldsymbol{B}(t)\boldsymbol{R}^{-1}(t)\boldsymbol{B}^{\mathrm{T}}(t)\boldsymbol{K}(t)+\boldsymbol{A}^{\mathrm{T}}(t)\boldsymbol{K}(t)+\boldsymbol{Q}(t)]\boldsymbol{x}(t)=0$$

上式对任意 $\boldsymbol{x}(t)$ 都应成立，故得出 $\boldsymbol{K}(t)$ 应满足 Ricatti 方程：

$$\dot{\boldsymbol{K}}(t)=-\boldsymbol{K}(t)\boldsymbol{A}(t)-\boldsymbol{A}^{\mathrm{T}}(t)\boldsymbol{K}(t)+\boldsymbol{K}(t)\boldsymbol{B}(t)\boldsymbol{R}^{-1}(t)\boldsymbol{B}^{\mathrm{T}}(t)\boldsymbol{K}(t)-\boldsymbol{Q}(t)$$

一般来说，无法给出 $\boldsymbol{K}(t)$ 的解析表达式，但可采用计算机求出 $\boldsymbol{K}(t)$ 的数值解。

Ricatti 方程其实是非线性矩阵微分方程，比较 $\boldsymbol{\lambda}(t)=\boldsymbol{K}(t)\boldsymbol{x}(t)$ 和横截条件 $\boldsymbol{\lambda}(t_f)=\boldsymbol{H}\boldsymbol{x}(t_f)$ 可知，若从 t_f 到 t_0 逆时间积分黎卡提微分方程，则可求出 $\boldsymbol{K}(t)$。因此，线性二次型最优控制问题的最优控制律为：

$$\boldsymbol{u}(t)=-\boldsymbol{R}^{\mathrm{T}}(t)\boldsymbol{B}^{\mathrm{T}}(t)\boldsymbol{K}(t)\boldsymbol{x}(t)$$

(5) 其他方法

以上介绍的经典方法也有一定的局限性，例如本节应用变分法推导出的 LQR 控制器就无法处理控制量有约束的场景。因此，学术界和工业界也提出不少方法去解决。常见的有模型预测控制（Model Predictive Control，MPC）和自适应动态规划方法等。此外，鉴于供水管网水质模型的复杂性，本节所介绍的针对连续或者离散线性系统的最优控制方法都无法直接应用，因此首先需要对供水管网水质模型进行建模，之后，再进行应用。例如，本书第 5 章利用 MPC 对水质进行调控，本节先对 MPC 做简单介绍。

MPC 诞生于工业界，在实践上走在理论之前。1973 年，壳牌石油公司在其炼油厂中应用了最早期的 MPC 算法，以改进广泛使用的 PID 控制器，应对多变量、有约束、需要优化性能等需求[16,13]。目前国际上已有不少书籍[17,18]对 MPC 进行详细介绍，我国学者席裕庚的《预测控制》(第 2 版)[19]是本领域的经典教材。

MPC 研究的问题往往假定已经处于“稳定点”附近，若没有发生扰动，只需实施预计的控制计划，状态轨迹与预期状态轨迹之差会保持在零附近。MPC 则负责排除干扰，保持稳定。MPC 方法主要包含如下三个环节。

① 预测模型：利用预测模型，刻画被控对象的动态系统。模型可能精确给定，也可能是对实际系统的近似，需要实时计算参数。

② 滚动优化：依据预测模型求解从当前时刻起一个时段内的开环最优控制，优化这一阶段内的控制性能。

③ 反馈校正：仅实施滚动优化中当前时刻的控制变量，此后不断地从环境获得反馈信息，修正预测模型，进入下一轮的滚动优化。

从最优控制的角度看，MPC 利用反馈信息校正包含状态方程、状态初值等在内的预测模型，在滚动优化中确定优化时段，设定性能指标，构造一个最优控制问题，求解其开环形式的最优控制率，并将该控制实施于系统中。过于复杂的预测模型会降低运算速度，影响系统的响应时间；而过于简单的模型又可能因为不够精确得到远离最优的控制策略。MPC 方法需要在精确和简单之间权衡。

相比传统最优控制的场景，滚动优化的过程强调时效性，也给最优控制的计算方法提出更高的要求，一般利用计算机求解。此外，LQR 可以应用在状态空间方程形式的线性系统；而 MPC 既可以是线性系统，也可以是非线性系统，不过为了计算的实时性、方便性等，一般会将非线性系统先进行线性化，然后再采用 MPC 进行求解。

本章小结

本章对控制理论相关基础知识进行阐述，主要包括一般的动态系统、线性系统及其状态空间表示、系统稳定性、可控性与可观性、最优控制理论等。

控制论是研究动物和机器内部的控制与通信的一般规律的学科，着重于研究过程中的数学关系。控制理论是控制论的一个子集。控制理论主要处理机器和工程过程中连续运行的动态系统的控制问题，旨在开发一种以最优动作控制系统的模型，以确保系统运行的稳定性，并驱使系统按照控制意图进行演化。由第 2 章可知，供水管网本质上是一个复杂系统，为了达到对水质进行建模和优化控制的目的，本书主要采用了现代控制理论的思想，故对线性系统以及最优控制理论展开讨论。

本章对一般的动态系统进行阐述后，给出线性定义，从而引出线性系统。线性系统虽然可以采用微分方程或差分方程进行表示，但是这种表示方法对系统内部的中间变量无法描述，因而不能包含系统的所有信息。因此，本章介绍了状态空间表示的概念，并给出其矩阵形式。随后，本章对线性系统的一系列性质进行了剖析，例如稳定性、可控性与可观性等，并且给出了判定稳定性、可控性与可观性的判据。

为了更好地帮助读者理解后续章节对供水管网的优化控制方法，本章还介绍了最优控制理论，给出了最优控制问题及其数学描述。并且，根据最优控制问题的一般数学描述，对最优控制问题进行了分类。最后，讨论了几类最优控制问题的经典求解方法，如变分法、极小值原理法、动态规划法、线性二次型和 MPC 等。

本章参考文献

[1] BENNETT S. A brief history of automatic control[J]. IEEE Control Systems Magazine, 1996, 16(3): 17-25. DOI:10.1109/37.506394.

[2] 黄一. 走马观花看控制发展简史[J]. 系统与控制纵横, 2021, 8(1): 19-43.

[3] BUSHNELL L G. On the History of Control[J]. IEEE Control Systems Magazine, 1996, 16(3): 14-14. DOI:10.1109/MCS.1996.506393.

[4] HEIJ C, RAN A, SCHAGEN F. Introduction to mathematical systems theory: Linear systems, identification and control [M]//Introduction to Mathematical

Systems Theory：Linear Systems，Identification and Control. Basel：Birkh? user Basel，2007. DOI:10.1007/978-3-7643-7549-2.
[5] 刘豹，唐万生. 现代控制理论[M]. 3版. 北京：机械工业出版社，2007.
[6] CHEN C T. Linear System Theory and Design[M]. New York，NY：Oxford University Press，Inc.，1998.
[7] GOODWIN G C，GRAEBE S F，SALGADO M E. Control System Design[M]. Upper Saddle River，NJ：Prentice Hall PTR，2000.
[8] 胡寿松，王执铨，胡维礼. 最优控制理论与系统[M]. 3版. 北京：科学出版社，2005.
[9] 高为炳. 运动稳定性基础[M]. 北京：高等教育出版社，1987.
[10] BRASLAVSKY J H. Control Systems Design[EB/OL]. The University of Newcastle，Australia.(2006-06-15)[2024-01-30]. https://www.eng.newcastle.edu.au/～jhb519/teaching/elec4410/.
[11] BRYSON A E. Optimal control-1950 to 1985[J]. IEEE Control Systems Magazine，1996，16(3)：26-33. DOI:10.1109/37.506395.
[12] 张洪钺，王青. 最优控制理论与应用(高等学校工科类研究生教学用书)[M]. 北京：高等教育出版社，2006.
[13] 张杰，王飞跃. 最优控制:数学理论与智能方法(上册)[M]. 北京：清华大学出版社，2017.
[14] BELLMAN R. Dynamic Programming[J]. Science，1966，153(3731)：34-37.
[15] 张润琦. 动态规划[M]. 北京：北京理工大学出版社，1989.
[16] GARCíA C E，PRETT D M，MORARI M. Model predictive control：Theory and practice—A survey[J]. Automatica，1989，25(3)：335-348. https://www.sciencedirect.com/science/article/pii/0005109889900022. DOI：https://doi.org/10.1016/0005-1098(89)90002-2.
[17] BORRELLI F，BEMPORAD A，MORARI M. Predictive Control for Linear and Hybrid Systems[M/OL]. Cambridge：Cambridge University Press，2017.[2024-03-30]. http://eprints.imtlucca.it/3725/1/9781107016880_toc.pdf. DOI：10.1017/9781139061759.
[18] RAWLINGS J B，MAYNE D Q，DIEHL M. Model predictive control：theory，computation and design[M]. Santa Barbara：Nob Hill Publishing，LLC，2020.
[19] 席裕庚. 预测控制[M]. 2版. 北京：国防工业出版社，2013.

第4章

面向控制理论的供水管网水质模型——状态空间表示

4.1 概　　述

供水管网设计的目标是向工业用户和家庭用户供应清洁水资源。为确保饮用水安全，水体离开自来水处理设施前需进行消毒处理。从第1章的介绍可知，供水管网中最常使用的消毒剂是氯，因为其价格低廉且在控制水媒疾病方面卓有成效。因此，根据美国环境保护署的法规，供水管网的全管道需保持最小的余氯浓度，以抑制微生物污染物对水造成的污染。此外，1974年的《安全饮用水法》及其1986年的修正案要求，在用户终端等用水连接节点必须至少能够测量出0.2 mg/L的余氯[1]。

但是，由于①复杂大规模管网具有各种类型的元件，时变的水力参数以及不确定的需水量；②氯和管道中的其他物质之间持续发生化学反应；③氯本身在管网中传输时会不断衰减，使得在供水管网中保持最低余氯量，或者说跟踪管网中的余氯浓度成为一项具有挑战性的任务。故，水质建模——可以从时间和空间的意义上模拟消毒剂（如氯）或其他物质在管网中的传播规律——变成一个重要而有意义的问题。

4.1.1 水质建模发展回顾

第2章的第2.3节已经对水质模型的类型、水质模型的求解做了阐述，本节继续补充水质模型的一些发展历史以及深入说明各类水质模型的优缺点。

在过去20年里，许多文献研究了氯基消毒剂在管网中的衰变和传输规律的水质建模问题，而氯基消毒剂的衰变和传输规律可用平流-反应动力学方程描述，且存在三种不同数值方法可以求解，即欧拉法[2]、拉格朗日法[3,4]以及欧拉-拉格朗日混合方法[5]。例如，广泛使用的水力、水质建模软件EPANET[6]采用的是基于拉格朗日的方法进行水质模拟。

值得注意的是，氯基消毒剂是由加氯站注入到管网中的，且充当水质模型的输入；同样地，安装在特定连接节点处用于检测消毒剂浓度的水质传感器会被视为水质模型的输出。而水质控制问题是将相应的控制算法或机制应用于构建的水质模型或者实际管网中（由加氯站实现），以达到控制水质的目的。关于水质控制问题的具体细节，本书将在第 5 章进一步讨论。

目前关于水质控制的大多数研究都存在一个共同的缺陷，即所使用的方法未能成功地构造出可以明确描述多输入（多个加氯站注入）和多输出（各关键连接节点余氯浓度）之间关系的模型。这意味着大多数水质建模其实不是为对接优秀的控制理论算法而生，而这恰恰阻碍了模型预测控制、状态估计或传感器部署算法等一系列先进控制算法在管网中的应用。为了克服上述缺陷，Zierolf 等人[7]推导出多输入-多输出（I/O）水质模型，并给出了多输入和多输出之间的明确关系。然而，此 I/O 模型并未考虑水塔等储水元件。之后，该模型得到了进一步的改进，添加了对水塔、多水源和质量输入的支持。但是，此模型更倾向于进行水质模拟，仍不是面向控制理论的水质模型。

由第 3 章第 3.3 节可知，除了上述在常规动态系统中建立特定输入和输出之间关系的 I/O 模型，另一个建模范式是采用控制理论的状态空间模型，即关联输入 $\boldsymbol{u}$、输出 $\boldsymbol{y}$ 和状态变量 $\boldsymbol{x}$，且由一阶微分方程（连续时间）或差分方程（离散时间）描述，刻画物理系统的一种数学模型。与 Zierolf 等人[7]提出的相对简单的 I/O 模型相比，控制理论中的状态空间模型可以捕捉系统中所有状态的演变规律。对于只能捕捉特定输入-输出关系的 I/O 模型而言，要想实现该效果将会十分复杂且烦琐，这是由于类似的 I/O 模型需要根据输入（加氯站）和输出（水质传感器）不断进行相应的调整，而一个状态空间模型便可涵盖所有的情况。对于线性动态系统，状态空间模型可以写为：

$$\boldsymbol{x}(t+\Delta t)=\boldsymbol{A}(t)\boldsymbol{x}(t)+\boldsymbol{B}(t)\boldsymbol{u}(t)$$
$$\boldsymbol{y}(t)=\boldsymbol{C}(t)\boldsymbol{x}(t)+\boldsymbol{D}(t)\boldsymbol{u}(t)$$

其中，$\boldsymbol{x}\in\mathbb{R}^{n_x}$ 系统状态向量，即所有管道离散段和管网元件中的余氯浓度，而且并不包括水力状态；$\boldsymbol{u}\in\mathbb{R}^{n_u}$ 包括系统的所有输入，即加氯站注入氯气的量；$\boldsymbol{y}\in\mathbb{R}^{n_y}$ 则代表系统传感器输出，即管网中选定位置的浓度；而 $\boldsymbol{A}$、$\boldsymbol{B}$、$\boldsymbol{C}$、$\boldsymbol{D}$ 则是根据时空中水化学性质和质量守恒律来模拟状态的演变规律的系统矩阵。注意 n_x、n_u、n_y 分别是决定系统维度的系统状态维数、系统输入维数、系统输出维数。

据作者所知，水质建模文献中未见水质状态空间模型，且所有与水质建模和水质控制相关的研究也都未报告或提出类似于上式的状态空间模型；目前有关水质控制的研究[8-11]均只是建立了一个没有对系统状态进行明确建模的 I/O 模型，这导致此类模型仅可捕捉到系统输出，却无法覆盖网络中所有的状态变量 $\boldsymbol{x}$。特别地，Zierolf 等人[7]做出如下声明：

> 由于系统的维度巨大，用状态空间表示的方式对管网中的余氯浓度进行建模会相当难以处理[7]。

本节的研究克服了这一挑战，并且向读者展示，采用状态空间表示的方式建模余氯浓度不仅可以实现模型的高保真度，而且具有计算上的可行性。

4.1.2 研究创新点

本章旨在构建面向控制理论和复杂网络理论的水质模型，此模型可描述具有任意网络拓扑和各式管网元件的供水管网余氯浓度变化规律。并且，构建的水质模型具有以下用途：第一，模拟消毒剂或单一化学物质在供水管网中的传播演化规律；第二，对水质进行调控，即在满足水质约束条件和优化水质目标的同时，指导加氯站进行近乎实时且最优的加氯操作，详见第 5 章；第三，优化供水管网可观性和状态估计指标，详见第 6 章。

本研究的创新之处在于：提出新型水质模型状态空间表示方法。具体而言，本章首次尝试为水质模拟建立面向控制理论的水质模型——不依赖任何水质模拟工具箱。数值仿真实验表明，此模型对于具有数百万个状态变量的中等规模供水管网，仍具有不错的精度。与模拟工具箱相比，所提的状态空间模型产生了几乎完全相同的水质模拟结果。

本章的其余小节安排如下：第 4.2 节呈现了各种管网元件的数学模型，完成面向控制理论的水质建模。此小节给出了具有状态空间表示形式、抽象且非线性的水质模型。第 4.3 节采用一阶反应模型，将非线性模型进行简化，从而提出相应的线性形式。第 4.4 节则介绍了仿真分析以验证所提方法的有效性。第 4.5 节讨论了所提方法的局限性和未来的研究方向。最后，相关的数学证明和其他重要推导过程在附录 A.3～ A.5 中给出。

4.2 面向控制理论的水质建模

供水管网可用有向图$\mathcal{G}=(\mathcal{W},\mathcal{L})$表示。图中的节点用集合$\mathcal{W}$表示，并且划分为$\mathcal{W}=\mathcal{J}\cup\mathcal{T}\cup\mathcal{R}$子集，其中集合$\mathcal{J}$、$\mathcal{T}$、$\mathcal{R}$分别是连接节点、水塔、水库。同样，图中的管段用集合$\mathcal{L}\subseteq\mathcal{W}\times\mathcal{W}$表示，并将其划分为$\mathcal{L}=\mathcal{P}\cup\mathcal{M}\cup\mathcal{V}$子集，其中$\mathcal{P}$、$\mathcal{M}$、$\mathcal{V}$代表管道、水泵、阀门。在此，令水泵和阀门的下游连接节点组成集合$\mathcal{D}$，则与水泵和阀门没有直接连接的连接节点以及水泵和阀门的上游连接节点可用集合 $\mathcal{W}\backslash\mathcal{D}$ 表示。

对于第 i 个连接节点，$\mathcal{N}_i$ 是其邻居连接节点的集合，并且可进一步划分为$\mathcal{N}_i=\mathcal{N}_i^{\text{out}}\cup\mathcal{N}_i^{\text{out}}$，其中集合$\mathcal{N}_i^{\text{in}}$ 和$\mathcal{N}_i^{\text{out}}$ 表示流入连接节点子集和流出连接节点子集。在此，连接节点、水库、水塔、管道、水泵和阀门的数量分别用符号 n_{J}、n_{R}、n_{TK}、n_{P}、n_{M}、n_{V} 表示。本书使用 Lax-Wendroff(L-W)数值法[12]求解管道中的平流－反应方程，L-W 数值法会把长度为 L_{ij} 的管道 ij 离散成 $s_{L_{ij}}$ 个网格或者离散段，供水管网中所有管道的总离散段数为 $n_{\text{S}}=\sum_{ij\in P}s_{L_{ij}}$。故，供水管网中所有顶点和边中余氯浓度都可用相应的变量表示，这些变量的个数分别是 $n_{\text{N}}=n_{\text{J}}+n_{\text{R}}+n_{\text{TK}}$和 $n_{\text{L}}=n_{\text{S}}+n_{\text{M}}+n_{\text{V}}$。

在介绍供水管网中各元件的水质模型之前，我们先规定本章所使用的符号系统。图 $\mathcal{G}$ 的连接矩阵用 $\boldsymbol{E}^{\mathcal{G}}$表示，需要注意的是，每个管道中的水流方向（以及由此导致的流入、流出连接节点分类）是任意的。因此，$\boldsymbol{E}^{\mathcal{G}}$由－1、0 和 1 组成，代表连接节点间是负向连接、无连接和正向连接。此外，$\boldsymbol{E}^{\mathcal{G}}$从不同的角度，可以写成行向量形式，即 $[\boldsymbol{E}_{\text{P}}^{\text{N}\,\text{T}}\ \boldsymbol{E}_{\text{M}}^{\text{N}\,\text{T}}\ \boldsymbol{E}_{\text{V}}^{\text{N}\,\text{T}}]$；亦可以写成列向量的形式，即 $\{\boldsymbol{E}_{\text{J}}^{\text{L}},\boldsymbol{E}_{\text{R}}^{\text{L}},\boldsymbol{E}_{\text{TK}}^{\text{L}}\}$。$\boldsymbol{E}^{\mathcal{G}}$的具体形式如下：

$$\boldsymbol{E}^{\mathcal{G}}=\begin{bmatrix}\boldsymbol{E}_{\text{J}}^{\text{P}} & \boldsymbol{E}_{\text{J}}^{\text{M}} & \boldsymbol{E}_{\text{J}}^{\text{V}}\\ \boldsymbol{E}_{\text{R}}^{\text{P}} & \boldsymbol{E}_{\text{R}}^{\text{M}} & \boldsymbol{E}_{\text{R}}^{\text{V}}\\ \boldsymbol{E}_{\text{TK}}^{\text{P}} & \boldsymbol{E}_{\text{TK}}^{\text{M}} & \boldsymbol{E}_{\text{TK}}^{\text{V}}\end{bmatrix} \tag{4.1}$$

其中，$\boldsymbol{E}_{\text{M}}^{\text{N}}$ 表示从节点(N)到水泵(M)的连接矩阵，其集总了从连接节点、水库、水塔到水泵的子连接矩阵 $\boldsymbol{E}_{\text{J}}^{\text{M}}$、$\boldsymbol{E}_{\text{R}}^{\text{M}}$、$\boldsymbol{E}_{\text{TK}}^{\text{M}}$。此外，$\boldsymbol{E}_{\text{J}}^{\text{M}\,\text{T}}=\boldsymbol{E}_{\text{M}}^{\text{J}}$ 和式(4.1)中的符号也有类似的含义，在此不一一赘述。同样地，我们定义从加氯站到连接节点的连接矩阵为：

$$\boldsymbol{E}_{\mathrm{N}}^{\mathrm{B}}=\begin{bmatrix}\boldsymbol{E}_{\mathrm{J}}^{\mathrm{b}} & 0 & 0\\ 0 & \boldsymbol{E}_{\mathrm{R}}^{\mathrm{b}} & 0\\ 0 & 0 & \boldsymbol{E}_{\mathrm{TK}}^{\mathrm{b}}\end{bmatrix} \tag{4.2}$$

值得注意的是：第一，加氯站只会安装在供水管网中的连接节点、水库、水塔处；第二，子矩阵 $\boldsymbol{E}_{\mathrm{J}}^{\mathrm{b}}$、$\boldsymbol{E}_{\mathrm{R}}^{\mathrm{b}}$、$\boldsymbol{E}_{\mathrm{TK}}^{\mathrm{b}}$ 是仅由二进制“0”和“1”组成的对角方阵，表示是否在特定的位置安装了加氯站，二进制“1”表示此位置安装了加氯站，而二进制“0”表示没有安装；第三，子矩阵的每一行或者每一列之和都应小于或等于 1，这样便可保证每个节点处最多只有一个加氯站；第四，供水管网中每种元件的加氯站总数为 $n_{\mathrm{bJ}}=\mathrm{Tr}(\boldsymbol{E}_{\mathrm{J}}^{\mathrm{b}})$、$n_{\mathrm{bR}}=\mathrm{Tr}(\boldsymbol{E}_{\mathrm{R}}^{\mathrm{b}})$、$n_{\mathrm{bTK}}=\mathrm{Tr}(\boldsymbol{E}_{\mathrm{TK}}^{\mathrm{b}})$，且供水管网中安装的加氯站总数为 $n_{\mathrm{B}}=\mathrm{Tr}(\boldsymbol{E}_{\mathrm{N}}^{\mathrm{B}})=n_{\mathrm{bJ}}+n_{\mathrm{bR}}+n_{\mathrm{bTK}}$。

表 4.1 定义了本章所用的符号和变量。物理量 c 表示余氯浓度，则 $c^{\mathrm{P}}(x,t)$ 是管道位置 x 在 t 时刻的余氯浓度值。符号中的上标代表特定的管网元件，即向量 $\boldsymbol{c}^{\mathrm{J}}$ 汇集了管网中所有连接节点的余氯浓度值，而向量 $\boldsymbol{q}^{\mathrm{P}}$ 则表示管网中所有管道的流量。

表 4.1　水质建模符号表示

符号	描述	维度
$\boldsymbol{q}^{\mathrm{P}},\boldsymbol{q}^{\mathrm{M}},\boldsymbol{q}^{\mathrm{V}}$	管道、水泵、水阀中的流量	$\mathbb{R}^{n_P},\mathbb{R}^{n_M},\mathbb{R}^{n_V}$
$\boldsymbol{q}^{\mathrm{L}}$	$\boldsymbol{q}^{\mathrm{L}}\triangleq\{\boldsymbol{q}^{\mathrm{P}},\boldsymbol{q}^{\mathrm{M}},\boldsymbol{q}^{\mathrm{V}}\}$ 合并向量(所有管段中的流量)	$\mathbb{R}^{n_Q}$
$\boldsymbol{q}^{\mathrm{D}}$	需水量(从连接节点流出)	$\mathbb{R}^{n_J}$
$\boldsymbol{q}_{\mathrm{J}}^{\mathrm{B}},\boldsymbol{q}_{\mathrm{R}}^{\mathrm{B}},\boldsymbol{q}_{\mathrm{TK}}^{\mathrm{B}}$	加氯站向连接节点、水库、水塔中注入消毒剂的流量向量	$\mathbb{R}^{n_J},\mathbb{R}^{n_R},\mathbb{R}^{n_{\mathrm{TK}}}$
$\boldsymbol{q}^{\mathrm{B}}$	$\boldsymbol{q}^{\mathrm{B}}\triangleq\{\boldsymbol{q}_{\mathrm{J}}^{\mathrm{B}},\boldsymbol{q}_{\mathrm{R}}^{\mathrm{B}},\boldsymbol{q}_{\mathrm{TK}}^{\mathrm{B}}\}$ 合并向量(加氯站注入消毒剂的流量向量)	$\mathbb{R}^{n_N}$
$\boldsymbol{c}^{\mathrm{J}},\boldsymbol{c}^{\mathrm{TK}},\boldsymbol{c}^{\mathrm{R}}$	连接节点、水库、水塔处的余氯浓度向量	$\mathbb{R}^{n_J},\mathbb{R}^{n_R},\mathbb{R}^{n_{\mathrm{TK}}}$
$\boldsymbol{c}^{\mathrm{N}}$	$\boldsymbol{c}^{\mathrm{N}}\triangleq\{\boldsymbol{c}^{\mathrm{J}},\boldsymbol{c}^{\mathrm{R}},\boldsymbol{c}^{\mathrm{TK}}\}$ 合并向量(余氯浓度向量)	$\mathbb{R}^{n_N}$
$\boldsymbol{c}^{\mathrm{P}},\boldsymbol{c}^{\mathrm{M}},\boldsymbol{c}^{\mathrm{V}}$	水管、水泵、水阀里的余氯浓度向量	$\mathbb{R}^{n_S},\mathbb{R}^{n_M},\mathbb{R}^{n_V}$
$\boldsymbol{c}^{\mathrm{L}}$	$\boldsymbol{c}^{\mathrm{L}}\triangleq\{\boldsymbol{c}^{\mathrm{P}},\boldsymbol{c}^{\mathrm{M}},\boldsymbol{c}^{\mathrm{V}}\}$ 合并向量(所有管段中的余氯浓度)	$\mathbb{R}^{n_L}$
$\boldsymbol{c}_{\mathrm{J}}^{\mathrm{B}},\boldsymbol{c}_{\mathrm{R}}^{\mathrm{B}},\boldsymbol{c}_{\mathrm{TK}}^{\mathrm{B}}$	加氯站向连接节点、水库、水塔中注入消毒剂的浓度向量	$\mathbb{R}^{n_J},\mathbb{R}^{n_R},\mathbb{R}^{n_{\mathrm{TK}}}$
$\boldsymbol{c}^{\mathrm{B}}$	$\boldsymbol{c}^{\mathrm{B}}\triangleq\{\boldsymbol{c}_{\mathrm{J}}^{\mathrm{B}},\boldsymbol{c}_{\mathrm{R}}^{\mathrm{B}},\boldsymbol{c}_{\mathrm{TK}}^{\mathrm{B}}\}$ 合并向量(加氯站注入消毒剂的浓度向量)	$\mathbb{R}^{n_N}$
$\boldsymbol{V}^{\mathrm{B}}$	$\boldsymbol{V}^{\mathrm{B}}\triangleq\{\boldsymbol{V}_{\mathrm{J}}^{\mathrm{B}},\boldsymbol{V}_{\mathrm{R}}^{\mathrm{B}},\boldsymbol{V}_{\mathrm{TK}}^{\mathrm{B}}\}$ 合并向量(加氯站注入消毒剂的容积向量)	$\mathbb{R}^{n_N}$
$\boldsymbol{V}^{\mathrm{TK}}$	水塔容积向量	$\mathbb{R}^{n_{\mathrm{TK}}}$
$\boldsymbol{r}^{\mathrm{P}},\boldsymbol{r}^{\mathrm{TK}}$	水管、水塔中的反应氯向量	$\mathbb{R}^{n_P},\mathbb{R}^{n_{\mathrm{TK}}}$
k^b,k^w	水体和管壁反应系数	—

在接下来的第 4.2 节和第 4.3 节，我们会推导形如 $\boldsymbol{x}(t+\Delta t)=\boldsymbol{f}(\boldsymbol{x}(t),\boldsymbol{u}(t),\boldsymbol{p}(t))$ 的水质模型，其中向量 $\boldsymbol{x}(t)$ 是状态变量，收集了管网中所有元件余氯浓度，$\boldsymbol{u}(t)$ 是控制变量，对应于加氯站的控制动作，即氯基消毒剂的注入量，而 $\boldsymbol{p}(t)$ 是随时间变化的参数(如流量、速度)；在时空中反应系统动力学的函数 $\boldsymbol{f}(\cdot)$ 根据采取反应模型的异同，可能会包含线性或非线性部分。

特别需注意的是，供水管网各元件的水质模型之间存在依赖关系，此问题留在第 4.2 节的最后进行讨论。将各管网元件的水质模型表示成为差分方程后，本章会根据相应的依赖关系在第 4.3 节中将其整理、归纳为控制理论中的状态空间表示。

4.2.1 质量守恒

水质模型描述的是污染物、消毒剂、DBPs、金属等化学成分或微生物物种随着水体穿越管网元件的移动情况。这种移动或时空演变规律遵守三个基本原则:第一,管道中物质的质量守恒,可以用溶质由于平流作用在长度迥异的管道中的传输,以及由于反应作用导致的衰减/增长表示;第二,连接节点处物质的质量守恒,用所有流入流量的完全混合和瞬时混合表示;第三,水塔中物质的质量守恒,用具有完全混合和瞬时混合以及增长/衰减反应的连续搅拌罐反应器(CSTRs)模型表示。值得一提的是,模拟软件包 EPANET 也是建立在这些基本原则之上的,这使得本章所提方法可以与之直接比较,从而使其有效性得到验证。接下来将介绍各管网元件的水质模型。

1. 管道中溶质的传输和反应过程

管道的水质建模包括通过一维平流-反应(1-D Advection-Reaction,1-D A-R)方程对溶质传输和反应过程进行建模。对于任何管道 ij,其中 i 和 j 是其上游和下游连接节点的索引,而 1-D A-R 方程可由偏微分方程表示,即

$$\partial_t c^{\mathrm{P}} = -v_{ij}(t)\partial_x c^{\mathrm{P}} + r_{ij}^{\mathrm{P}}(c^{\mathrm{P}}) \tag{4.3}$$

其中:$v_{ij}(t)$是管道 ij 的流速,等于流量 $q_{ij}(t)$除以横截面积;$r_{ij}^{\mathrm{P}}(c^{\mathrm{P}})=k_{ij}^{\mathrm{P}}(c^{\mathrm{P}})^n$ 是 n 阶溶质反应率,k_{ij}^{P}是反应常数。

本章采用图 4.1 所示的 Lax-Wendroff(L-W)方法[12]解式(4.3)方程——此方法已经被广泛接受并使用[13-15]。长度为 L_{ij} 的管道 ij 被分成 $s_{L_{ij}}$ 段,除首段和最终段外,任何一段的离散化形式由下式给出。

$$c_{ij}^{\mathrm{P}}(s,t+\Delta t) = \underline{\alpha}_{ij}(t)c_{ij}^{\mathrm{P}}(s-1,t) + \alpha_{ij}(t)c_{ij}^{\mathrm{P}}(s,t) + \bar{\alpha}_{ij}(t)c_{ij}^{\mathrm{P}}(s+1,t) + r_{ij}^{\mathrm{P}}(c_{ij}^{\mathrm{P}}(s,t)) \tag{4.4}$$

且上一段、当前段和下一段的系数为:

$$\underline{\alpha}_{ij}(t) = 0.5\alpha_{ij}(t)(1+\tilde{\alpha}_{ij}(t)) \tag{4.5a}$$

$$\alpha_{ij}(t) = 1-\tilde{\alpha}_{ij}^2(t) \tag{4.5b}$$

$$\bar{\alpha}_{ij}(t) = -0.5\alpha_{ij}(t)(1-\tilde{\alpha}_{ij}(t)) \tag{4.5c}$$

其中,$\tilde{\alpha}_{ij}(t)=\dfrac{v_{ij}(t)\Delta t}{\Delta x_{ij}}$,$\Delta t$ 和 Δx_{ij} 分别是图 4.1 中离散化时采用的时间步长和空间步长。L-W 数值法的稳定条件是 $\tilde{\alpha}_{ij}(t)\in(0,1]$。因此,水质的时间步长受 $\Delta t\leqslant\dfrac{\Delta x_{ij}}{|v_{ij}(t)|}$ 条件约束。

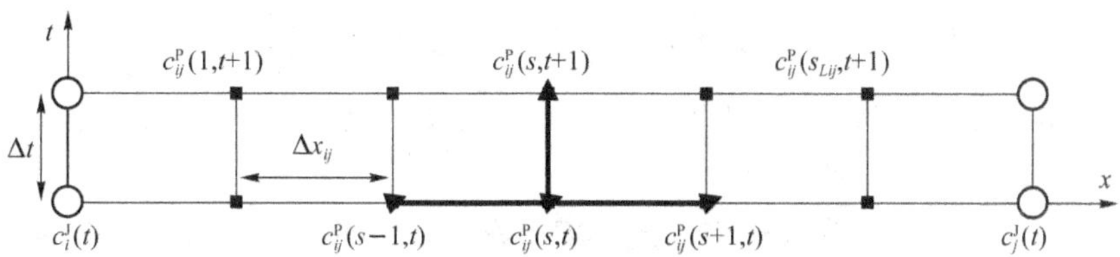

图 4.1 基于 L-W 数值法的管道时空离散化示意图

注 4.1 为了使 L-W 数值法中的空间离散化稳定而准确，计算出 $\Delta t_{ij}=\frac{\Delta x_{ij}}{|v_{ij}(t)|}$，$\forall ij\in P$ 后，找到其中的最小值作为 Δt 的最终值，即 $\Delta t=\min(\Delta t_{ij})$。

首段 $c_{ij}^{\mathrm{P}}(1,t+\Delta t)$ 和最终段 $c_{ij}^{\mathrm{P}}(s_{L_{ij}},t+\Delta t)$ 是式(4.4)的特例，可以写为：

$$c_{ij}^{\mathrm{P}}(1,t+\Delta t)=\underline{\alpha}_{ij}(t)c_i^{\mathrm{J}}(t)+\alpha_{ij}(t)c_{ij}^{\mathrm{P}}(1,t)+\bar{\alpha}_{ij}(t)c_{ij}^{\mathrm{P}}(2,t)+r_{ij}^{\mathrm{P}}(c_{ij}^{\mathrm{P}}(1,t)) \tag{4.6a}$$

$$c_{ij}^{\mathrm{P}}(s_{L_{ij}},t+\Delta t)=\bar{\alpha}_{ij}(t)c_{ij}^{\mathrm{P}}(s_{L_{ij}}-1,t)+\alpha_{ij}(t)c_{ij}^{\mathrm{P}}(s_{L_{ij}},t)+\bar{\alpha}_{ij}(t)c_j^{\mathrm{J}}(t)+r_{ij}^{\mathrm{P}}(c_{ij}^{\mathrm{P}}(s_{L_{ij}},t)) \tag{4.6b}$$

值得注意的是式(4.6)和式(4.4)不同，连接处的连接节点是作为管道的首段(最终段)的前段(后段)。在得出所有段的浓度后，我们可以把它们集中到向量 $\boldsymbol{c}_{ij}^{\mathrm{P}}(t+\Delta t)$ 中。为了帮助读者理解式(4.4)和式(4.6)的细节，附录 A.3 的例 A.1 给出了图 4.2 中管道离散为三段的详细推导过程。

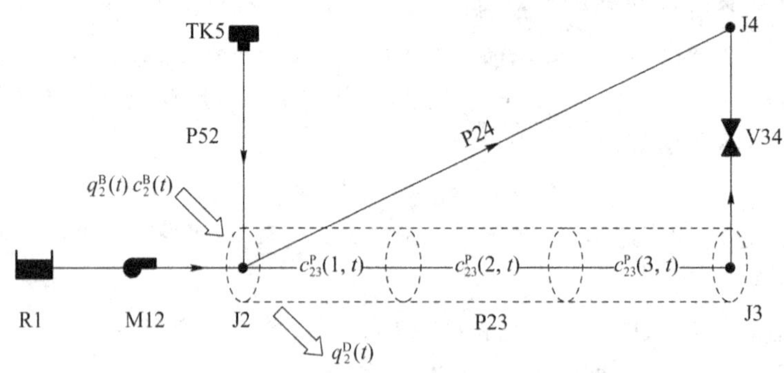

图 4.2 管道分为三段的离散化示例(仅分割、展示 P23 管道)

式(4.4)可以用矩阵-向量形式对所有管道进行归纳，归纳后的结果为：

$$\boldsymbol{c}^{\mathrm{P}}(t+\Delta t)=\boldsymbol{A}_{\mathrm{P}}^{\mathrm{N}}(t)\boldsymbol{c}^{\mathrm{N}}(t)+\boldsymbol{A}_{\mathrm{P}}^{\mathrm{P}}(t)\boldsymbol{c}^{\mathrm{P}}(t)+\boldsymbol{r}^{\mathrm{P}}(\boldsymbol{c}^{\mathrm{P}}(t)) \tag{4.7}$$

其中，向量 $\boldsymbol{c}^{\mathrm{P}}(t)\triangleq\{\boldsymbol{c}_1^{\mathrm{P}}(t),\cdots,\boldsymbol{c}_{n_{\mathrm{P}}}^{\mathrm{P}}(t)\}$ 囊括了管网中 n_{P} 个管道的所有网格点的余氯浓度，而表 4.1 中 $\boldsymbol{c}^{\mathrm{N}}(t)$ 则集中了所有连接节点、水塔、水库的余氯浓度；从式(4.6)推导出的矩阵 $\boldsymbol{A}_{\mathrm{P}}^{\mathrm{N}}(t)$ 中每个元素代表从所有连接节点、水塔、水库到所有管道中各个分段的浓度贡献；矩阵 $\boldsymbol{A}_{\mathrm{P}}^{\mathrm{P}}(t)$ 汇集了式(4.5)中的 L-W 系数代表管道中前一时刻对当前时刻的浓度贡献；

注 4.2 已推导出 $\mathcal{P}$ 集合中所有管道的余氯浓度差分方程表示。

2. 连接节点处的溶质质量守恒

当假设 4.1 成立，在 t 时刻，连接节点 i 处的溶质质量守恒可写为：

$$q_i^{\mathrm{B}}(t)c_i^{\mathrm{B}}(t)+\sum_{k=1}^{|\mathcal{N}_i^{\mathrm{in}}|}q_{ki}(t)c_{ki}(t)=q_i^{\mathrm{D}}(t)c_i^{\mathrm{J}}(t)+\sum_{j=1}^{|\mathcal{N}_i^{\mathrm{out}}|}q_{ij}(t)c_{ij}(t) \tag{4.8}$$

其中：$\{ki:k\in\mathcal{N}_i^{\mathrm{in}}\}$ 和 $\{ij:j\in\mathcal{N}_i^{\mathrm{out}}\}$ 代表流入和流出连接节点 i 的管段集合；$c_{ki}(t)$ 和 $c_{ij}(t)$ 分别是管段 ki 和管段 ij 的浓度。

假设 4.1 连接节点处和采用连续搅拌罐反应器(CSTRs)模型的水塔中的溶质混合是完全且瞬时的。

在文献[13,16-18]中，假设 4.1 被广泛使用，这意味着：第一，从加氯站注入的消毒剂溶质会立即作用于连接节点和水塔罐体，无任何时延；第二，从连接节点或者水塔中流出的溶质浓度，无论是流向用户还是流向类似水泵、管道或阀门的下游环节，均是一致的。

请注意，到目前为止，还只能获取集合 $\mathcal{W}\backslash\mathcal{D}$ 中连接节点的浓度差分方程，例如图 4.2 中阀门 V34 的上游连接节点 J3∈ $\mathcal{W}\backslash\mathcal{D}$ 的浓度差分方程。对于类似于图 4.2 中的水泵 M12 和阀门 V34 的下游连接节点 J2、J4 属于集合 $\mathcal{D}$ 中的连接节点浓度差分方程，只有在 4.2.1 小节中明确管网元件间的依赖关系后才能得到；关于图 4.2 中 J3 处的浓度差分方程的推导细节，详见附录 A.3 中的例 A.2。

在推导出单个连接节点处的浓度差分方程后，现在考虑所有的连接节点，我们可以将式(4.8)写成其矩阵形式，即：

$$\begin{aligned}&\boldsymbol{q}_{\mathrm{J}}^{\mathrm{B}}(t+\Delta t)\circ\boldsymbol{c}_{\mathrm{J}}^{\mathrm{B}}(t+\Delta t)+\boldsymbol{q}_{\mathrm{J}}^{\mathrm{in}}(t+\Delta t)\circ(\mathrm{diag}(\boldsymbol{S}_{\mathrm{J}}^{\mathrm{in}})\boldsymbol{c}^{\mathrm{L}}(\boldsymbol{s}_{\mathrm{L}},t+\Delta t))\\&=(\boldsymbol{q}_{\mathrm{J}}^{\mathrm{out}}(t+\Delta t)+\boldsymbol{q}^{\mathrm{D}}(t+\Delta t))\circ\boldsymbol{c}^{\mathrm{J}}(t+\Delta t)\end{aligned}\tag{4.9}$$

其中：$\boldsymbol{q}^{\mathrm{D}}$ 是需水量向量，包含所有连接节点的需水量；向量 $\boldsymbol{q}_{\mathrm{J}}^{\mathrm{in}}(t+\Delta t)$ 和向量 $\boldsymbol{q}_{\mathrm{J}}^{\mathrm{out}}(t+\Delta t)$ 分别是流入量和流出量，由 $\mathrm{diag}(\boldsymbol{S}_{\mathrm{J}}^{\mathrm{in}})\boldsymbol{q}^{\mathrm{L}}(\boldsymbol{s}_{\mathrm{L}},t+\Delta t)$ 和 $\boldsymbol{S}_{\mathrm{J}}^{\mathrm{out}}\boldsymbol{q}^{\mathrm{L}}(1,t+\Delta t)$ 定义。向量 $\boldsymbol{q}_{\mathrm{J}}^{\mathrm{out}}(t+\Delta t)$ 中的每个元素是相应连接节点所有流出量的总和；选择矩阵 $\boldsymbol{S}_{\mathrm{J}}^{\mathrm{in}}$ 和 $\boldsymbol{S}_{\mathrm{J}}^{\mathrm{out}}$ 来自式(4.1)中的 $\boldsymbol{E}_{\mathrm{J}}^{\mathrm{L}}$ 矩阵，详见附录 A.3 中的例 A.3。

此外，$\boldsymbol{c}^{\mathrm{L}}(\boldsymbol{s}_{\mathrm{L}},t+\Delta t)\in\mathbb{R}^{n_{\mathrm{Q}}}$ 只包含管道中最终段的余氯浓度，类似地，$\boldsymbol{q}^{\mathrm{L}}(1,t+\Delta t)$ 只包含管道首段的余氯浓度；$\boldsymbol{q}_{\mathrm{J}}^{\mathrm{B}}=\boldsymbol{E}_{\mathrm{J}}^{\mathrm{B}}\boldsymbol{q}^{\mathrm{B}}$ 和 $\boldsymbol{c}_{\mathrm{J}}^{\mathrm{B}}=\boldsymbol{E}_{\mathrm{J}}^{\mathrm{B}}\boldsymbol{c}^{\mathrm{B}}$ 是连接节点处加氯站的注入流量向量和浓度向量，其中式(4.2)中的 $\boldsymbol{E}_{\mathrm{J}}^{\mathrm{B}}$ 矩阵描述安装了加氯站的连接节点位置。这里，$\boldsymbol{c}^{\mathrm{L}}(\boldsymbol{s}_{\mathrm{L}},t+\Delta t)$——$\boldsymbol{c}^{\mathrm{L}}(t+\Delta t)$的子向量——包含每个管道最终段的余氯浓度 $\boldsymbol{c}^{\mathrm{P}}(\boldsymbol{s}_{\mathrm{L}},t+\Delta t)$、管网中所有水泵中的余氯浓度 $\boldsymbol{c}^{\mathrm{M}}(t+\Delta t)$、管网中所有阀门中的余氯浓度 $\boldsymbol{c}^{\mathrm{V}}(t+\Delta t)$。

将哈达玛德乘法和除法均以矩阵乘法形式表示后，可得矩阵形式，即：

$$\boldsymbol{c}^{\mathrm{J}}(t+\Delta t)=\boldsymbol{A}_{\mathrm{J}}^{\mathrm{J}}(t+\Delta t)\boldsymbol{c}^{\mathrm{J}}(t)+\boldsymbol{A}_{\mathrm{J}}^{\mathrm{L}}(t+\Delta t)\boldsymbol{c}^{\mathrm{L}}(t)+\boldsymbol{B}^{\mathrm{J}}(t+\Delta t)\boldsymbol{c}^{\mathrm{B}}(t+\Delta t)+\boldsymbol{R}^{\mathrm{J}}(t+\Delta t)\boldsymbol{r}(\boldsymbol{x}(t))\tag{4.10}$$

其中，矩阵 $\boldsymbol{A}_{\mathrm{J}}^{\mathrm{J}}$、$\boldsymbol{A}_{\mathrm{J}}^{\mathrm{L}}$、$\boldsymbol{B}^{\mathrm{J}}$ 分别代表连接节点、管段、增氯泵对 $\boldsymbol{c}^{\mathrm{J}}(t+\Delta t)$的贡献矩阵。此外，$\boldsymbol{R}^{\mathrm{J}}$ 代表非线性反应项 $\boldsymbol{r}(\boldsymbol{x}(t))$的影响，$\boldsymbol{r}(\boldsymbol{x}(t))$会在后续的第 4.3.1 小节定义并进行详细说明。关于连接节点矩阵形式的推导细节，详见附录 A.4。

3. 水塔中的溶质质量守恒

水塔在管网中具有一定的缓冲作用，即用户需水量较低时进行储水；用户需水量较高时，进行排空。水塔 i 中的溶质质量守恒表示为：

$$\begin{aligned}V_i^{\mathrm{TK}}(t+\Delta t)c_i^{\mathrm{TK}}(t+\Delta t)=&\left(V_i^{\mathrm{TK}}(t)-\Delta t\sum_{j=1}^{|\mathcal{N}_i^{\mathrm{out}}|}q_{ij}(t)\right)c_i^{\mathrm{TK}}(t)+V_i^{\mathrm{B}}(t+\Delta t)c_i^{\mathrm{B}}(t+\Delta t)\\&+\Delta t\left(\sum_{k=1}^{|\mathcal{N}_i^{\mathrm{in}}|}q_{ki}(t)c_{ki}(s_{L_{ki}},t)+r_i^{\mathrm{TK}}(c^{\mathrm{TK}}(t))\right)\end{aligned}\tag{4.11}$$

其中的变量和符号已在表 4.1 中定义。式(4.11)具有明确的物理意义：水塔中 $t+\Delta t$ 时刻的溶质质量等于当前时刻 t 的溶质质量加上 Δt 时间段内由于加氯站、连接节点流入、连接节点流出和水塔中发生化学反应带来的溶质质量改变之和。值得一提的是，水塔中的溶质混合具有瞬时性，详见假设 4.1。所以，式(4.11)中应该使用 $c_i^{\mathrm{B}}(t+\Delta t)$，而非 $c_i^{\mathrm{B}}(t)$，因为只有当前时刻的 c_i^{B} 值会对 $c_i^{\mathrm{TK}}(t+\Delta t)$ 产生影响。

在推导出单个水塔的浓度动力学方程后，现在可以考虑管网中的所有水塔浓度动力学方程。我们可以将式(4.11)写成相应的矩阵形式，即：

$$\boldsymbol{V}^{\mathrm{TK}}(t+\Delta t)\circ\boldsymbol{c}^{\mathrm{TK}}(t+\Delta t)=(\boldsymbol{V}^{\mathrm{TK}}(t)-\Delta t\boldsymbol{q}_{\mathrm{TK}}^{\mathrm{out}}(t))\circ\boldsymbol{c}^{\mathrm{TK}}(t)+\boldsymbol{V}_{\mathrm{TK}}^{\mathrm{B}}(t+\Delta t)\circ\boldsymbol{c}_{\mathrm{TK}}^{\mathrm{B}}(t+\Delta t)+\Delta t(\boldsymbol{q}_{\mathrm{TK}}^{\mathrm{in}}(t)\circ\boldsymbol{c}^{\mathrm{P}}(t)+\boldsymbol{r}^{\mathrm{TK}}(\boldsymbol{c}^{\mathrm{TK}}(t))) \tag{4.12}$$

其中，大部分变量的含义和连接节点方程中的变量含义类似，就不一一赘述，只就新出现的变量进行介绍：$\boldsymbol{q}_{\mathrm{TK}}^{\mathrm{in}}$ 和 $\boldsymbol{q}_{\mathrm{TK}}^{\mathrm{out}}$。$\boldsymbol{q}_{\mathrm{TK}}^{\mathrm{in}}$ 和 $\boldsymbol{q}_{\mathrm{TK}}^{\mathrm{out}}$ 分别是流入子向量和流出子向量，可以将流量向量 $\boldsymbol{q}^{\mathrm{L}}$ 与选择矩阵 $\boldsymbol{E}_{\mathrm{TK}}^{\mathrm{L}}$ 中的子矩阵相乘得到。而且 $\boldsymbol{c}_{\mathrm{TK}}^{\mathrm{B}}=\boldsymbol{E}_{\mathrm{TK}}^{\mathrm{B}}\boldsymbol{c}^{\mathrm{B}}$，其中式(4.2)中的 $\boldsymbol{E}_{\mathrm{TK}}^{\mathrm{B}}$ 表示管网中所有安装了加氯站的水塔的连接矩阵；关于图 4.2 中水塔 TK5 处的浓度差分方程推导细节，详见附录 A.3 中的例 A.4。

采用类似化简式(4.9)的方法对式(4.12)化简后，可得到所有水塔浓度差分方程对应的矩阵形式，即：

$$\boldsymbol{c}^{\mathrm{TK}}(t+\Delta t)=\boldsymbol{A}_{\mathrm{TK}}^{\mathrm{TK}}(t)\boldsymbol{c}^{\mathrm{TK}}(t)+\boldsymbol{A}_{\mathrm{TK}}^{\mathrm{P}}(t)\boldsymbol{c}^{\mathrm{P}}(t)+\boldsymbol{B}^{\mathrm{TK}}(t+\Delta t)\boldsymbol{c}^{\mathrm{B}}(t+\Delta t)+\boldsymbol{R}^{\mathrm{TK}}(t)\boldsymbol{r}(\boldsymbol{x}(t)) \tag{4.13}$$

其推导细节详见附录 A.5。

4. 水库处的溶质质量守恒方程

假设水库中的余氯浓度始终恒定，即：

$$c_i^{\mathrm{R}}(t+\Delta t)=c_i^{\mathrm{R}}(t) \tag{4.14}$$

考虑所有水库后，相应的矩阵形式为：

$$\boldsymbol{c}^{\mathrm{R}}(t+\Delta t)=\boldsymbol{c}^{\mathrm{R}}(t) \tag{4.15}$$

图 4.2 中水库 R1 处的浓度差分方程推导过程，见附录 A.3 中的例 A.5。

注 4.3 到此为止，与水泵和阀门没有连接的连接节点、水泵和阀门的上游连接节点，即集合 $\mathcal{W}\backslash\mathcal{D}$ 中的连接节点、所有水塔和水库的浓度差分方程均已得到；对于水泵和阀门的下游连接节点，即属于集合 $\mathcal{D}$ 的连接节点的浓度差分方程，需在推导出水泵和阀门的浓度差分方程后才可得到，而水泵和阀门的浓度差分方程会在接下来的小节进行介绍。最后，连接节点、水塔、水库中溶质质量守恒方程对应的矩阵形式为式(4.10)、式(4.13)、式(4.15)。

5. 水泵和阀门中的溶质质量守恒

在一般情况下，可以认为理想的水泵和阀门的长度为零，即理想的水泵和阀门没有物理长度，也就不储水。因此，可以令水泵或阀门处的溶质浓度直接等同于其上游连接节点的溶质浓度，对应的矩阵形式可以写为：

$$\boldsymbol{c}^{\mathrm{M}}(t+\Delta t)=\boldsymbol{S}_{\mathrm{M}}^{\mathrm{N}}\boldsymbol{c}^{\mathrm{N}}(t+\Delta t) \tag{4.16}$$

$$\boldsymbol{c}^{\mathrm{V}}(t+\Delta t)=\boldsymbol{S}_{\mathrm{V}}^{\mathrm{N}}\boldsymbol{c}^{\mathrm{N}}(t+\Delta t) \tag{4.17}$$

其中所有的变量都已在表 4.1 中定义，在此不再一一进行说明，选择矩阵 $\boldsymbol{S}_{\mathrm{M}}^{\mathrm{N}}$ 和 $\boldsymbol{S}_{\mathrm{V}}^{\mathrm{N}}$ 可通过将式(4.1)中连接节点-水泵连接矩阵 $\boldsymbol{E}_{\mathrm{M}}^{\mathrm{N}}$ 和连接节点－阀门连接矩阵 $\boldsymbol{E}_{\mathrm{V}}^{\mathrm{N}}$ 中的－1 改变为 0 后直接获得，详见附录 A.3 中的例 A.6。

当水泵 ij 的上游节点是水库，即水泵直接连接水库 i 时，意味着水泵 ij 中的溶质浓度与水库 i 中的溶质浓度相同。此种情况下，式(4.16)可直接改写为式(4.18a)。

当水泵 ij 的上游节点是连接节点，即水泵直接连接连接节点 i 时，意味着水泵 ij 中的溶质浓度与连接节点 i 中的溶质浓度相同。在此种情况下，式(4.16)可直接改写为式(4.18b)。

$$c_{ij}^{\mathrm{M}}(t+\Delta t)=c_i^{\mathrm{R}}(t+\Delta t)=c_i^{\mathrm{R}}(t)=c_{ij}^{\mathrm{M}}(t) \tag{4.18a}$$

$$c_{ij}^{\mathrm{M}}(t+\Delta t)=c_i^{\mathrm{J}}(t+\Delta t) \tag{4.18b}$$

其中，每个 $c_i^{\mathrm{J}}(t+\Delta t)$ 均可直接从第 4.2.1 小节中的式(4.10)得到。从溶质传输的角度来看，水泵和阀门之间没有任何本质区别，唯一的区别是：在实际的供水管网中，阀门的下游通常会直接连接连接节点和水塔，而水泵并不会。附录 A.3 中的例 A.7 对此进行了详细阐述。

考虑到水泵所有连接情况，可以发现 $\boldsymbol{c}^{\mathrm{M}}(t+\Delta t)$ 总可以用前一时刻 t 连接节点和管段(管道、阀门等)中的浓度表示。在实际的供水管网中，水泵连接到连接节点或水库时，其相应的连接矩阵为式(4.1)中的 $\boldsymbol{E}_{\mathrm{J}}^{\mathrm{M}}$ 和 $\boldsymbol{E}_{\mathrm{R}}^{\mathrm{M}}$。此外，已知连接节点和水库溶质质量守恒方程的矩阵形式为式(4.10)和式(4.15)，所以水泵溶质质量守恒方程的矩阵形式可直接通过将选择矩阵($\boldsymbol{S}_{\mathrm{J}}^{\mathrm{M}}$ 和 $\boldsymbol{S}_{\mathrm{R}}^{\mathrm{M}}$)与式(4.10)、式(4.15)相乘得到。

同理，阀门处的溶质质量守恒方程矩阵形式也可直接通过将选择矩阵 $\boldsymbol{S}_{\mathrm{J}}^{\mathrm{V}}$、$\boldsymbol{S}_{\mathrm{TK}}^{\mathrm{V}}$ 与式(4.10)、式(4.13)相乘得到。将其表示为矩阵形式的符号系统将会在第 4.3.1 小节介绍，所以水泵和阀门处的溶质质量守恒方程的矩阵形式会在该小节给出。

注 4.4 集合 $\mathcal{M}\cup\mathcal{V}$ 中所有水泵和阀门的浓度差分方程已推导出。

从注 4.2、注 4.3、注 4.4 可以看出，一个管网元件的浓度(差分)方程可能会依赖于另一个管网元件的浓度方程，本书将这种在水质建模过程中管网元件中溶质浓度出现相互依赖的性质称为浓度依赖性。例如，类似水泵或阀门等管段中的浓度依赖其上游连接节点的浓度，而其下游连接节点则反过来依赖水泵或阀门等管段中的浓度。这意味着列出所有管网元件的浓度方程具有特定的顺序，而此顺序可以用浓度依赖树来表示，接下来将讨论浓度依赖性的细节。

4.2.2 基于依赖树的管网元件差分方程推导

本节整理并明确 4.2.1 小节所介绍的依赖关系，将获取供水管网中各元件浓度差分方程的具体步骤整理为算法 4.1，并且用图 4.2 中的示例进行详细阐述；详见附录 A.3 中的例 A.8。

从例 A.8 的依赖树可以看出，获取管网元件差分方程的顺序是唯一且固定的，即 $\mathcal{P}\rightarrow\mathcal{W}\backslash\mathcal{D}\rightarrow\mathcal{M}\cup\mathcal{V}\rightarrow\mathcal{D}$，详见图 A.4。此顺序可以写成算法 4.1 中的步骤。在此算法中，总持续时间为 T_d，且对于每个时间步长 t，需要更新 $E_{\mathcal{G}}$，并将分配的水流方向替换为真实的水流方向，见算法 4.1 中的步骤 2～3。当获取到所有管网元件的浓度方程后，可以通过步骤 4～7 将其写成矩阵形式。接下来，我们讨论如何根据这些方程的矩阵形式推导出整个管网的状态空间形式。

算法 4.1:所有供水管网元素的离线、时变差分方程

输入:供水管网拓扑和参数

输出:所有管网元件的浓度差分方程

while $t \leqslant T_d$ **do**

　在 t 时刻,运行水力模拟获取每个管道中的水流方向

　根据水流方向更新 $\boldsymbol{E}_{\mathcal{G}}$

　通过式(4.4)获取集合 $\mathcal{P}$ 中每根管道的 $c_{ij}(s,t+\Delta t)$

　通过式(4.8)、式(4.11)或式(4.14)获取集合 $\mathcal{W}\backslash\mathcal{D}$ 中每个连接节点的 $c_i(t+\Delta t)$

　通过式(4.18)获取集合 $\mathcal{M}\cup\mathcal{V}$ 中每个水泵和阀门的 $c_{ij}(t+\Delta t)$,并且构建其矩阵形式,即式(4.16)和式(4.17)

　通过式(4.8)或式(4.11)获取集合$\mathcal{D}$中每个连接节点的 $c_i(t+\Delta t)$,并且构建对应的矩阵形式,即式(4.10)、式(4.13)、式(4.15)

　$t=t+\Delta t$

end while

已知所有管网元件的浓度差分方程,将在第 4.3 节推导状态空间形式所需的矩阵$\boldsymbol{A}(t)$和 $\boldsymbol{B}(t)$。

4.3　水质模型的状态空间表示

本节将介绍适用于水质控制研究且面向控制理论的状态空间模型。具体而言,本节会呈现由一组输入、输出和状态变量组成的一阶差分方程的数学模型。

首先,假定连接矩阵 $\boldsymbol{E}_{\mathrm{N}}^{\mathrm{B}}$ 为预设的且与时间无关;其次,在一个水质控制时间域内,通常假定所有水力变量都已知[9],例如已知流量 $\boldsymbol{q}^{\mathrm{L}}$、需水量 $\boldsymbol{q}^{\mathrm{D}}$、水塔容积 $\boldsymbol{V}^{\mathrm{TK}}$ 等。这是因为与水质模拟相比,水力模拟的时间尺度要小得多。但是,这一假设在实际供水管网中会非常棘手,因为一般来说,大部分水力变量不可直接测量。幸运的是,水力状态估计可以用来获取流量 $\boldsymbol{q}^{\mathrm{L}}$、需水量 $\boldsymbol{q}^{\mathrm{D}}$、水塔容积 $\boldsymbol{V}^{\mathrm{TK}}$,甚至是管道粗糙度系数;详见文献[19,20]。此外,从加氯站注入的流量和相应的体积也假定是已知的,且 $\boldsymbol{V}^{\mathrm{B}}=\boldsymbol{q}^{\mathrm{B}}$,即加氯站会花费单位时间将溶质注入供水管网中。

接下来的章节中会首先定义状态向量和输入向量,然后说明第 4.2 节中的矩阵形式的质量守恒方程,即式(4.7)、式(4.10)、式(4.13)、式(4.15)、式(4.16)和式(4.17)如何进一步构成状态空间形式。

4.3.1　非线性状态空间表示

系统状态 $\boldsymbol{x}(t)$是包含了所有管网元件浓度变量的向量,且定义为:

$$\boldsymbol{x}(t) \triangleq \{\boldsymbol{c}^{\mathrm{N}}(t), \boldsymbol{c}^{\mathrm{L}}(t)\} = \{\boldsymbol{c}^{\mathrm{J}}(t), \boldsymbol{c}^{\mathrm{R}}(t), \boldsymbol{c}^{\mathrm{TK}}(t), \boldsymbol{c}^{\mathrm{P}}(t), \boldsymbol{c}^{\mathrm{M}}(t), \boldsymbol{c}^{\mathrm{V}}(t)\}$$

其中，向量 $\boldsymbol{x}$ 的维度（长度）是所有节点（连接节点、水塔、水库）、管段（管道、水泵、阀门）中变量的维度总和，即 $n_x=n_N+n_L$。

由于假设 4.1，本节将代表 t 时刻系统输入的向量 $\boldsymbol{u}(t)$ 定义为 $\boldsymbol{c}^{\mathrm{B}}(t+\Delta t)$ 而不是 $\boldsymbol{c}^{\mathrm{B}}(t)$。也就说，如果溶质混合是瞬时完成的，那么在 t 和 $t+\Delta t$ 时刻发生在连接节点处或水塔的消毒剂注入可以被视为同一"时刻"。因此，控制变量仍然定义为 $\boldsymbol{u}(t)\triangleq\boldsymbol{c}^{\mathrm{B}}(t+\Delta t)$，且其维度和 $\boldsymbol{c}^{\mathrm{B}}$ 向量的维度相同，即 $n_u=n_{\mathrm{N}}$。

管道和水塔中浓度的反应速率向量定义为：

$$\boldsymbol{r}(\boldsymbol{x}(t))\triangleq\{\boldsymbol{r}^{\mathrm{TK}}(\boldsymbol{c}^{\mathrm{TK}}(t)),\boldsymbol{r}^{\mathrm{P}}(\boldsymbol{c}^{\mathrm{P}}(t))\} \tag{4.19}$$

本章还定义 $\boldsymbol{R}_r$ 为彰显非线性 $\boldsymbol{r}(\boldsymbol{x}(t))$ 是如何影响水质动力学的指标矩阵，即水塔和管道的反应速率可能影响 $\boldsymbol{x}$，且每个管网元件都有对应的子指标矩阵，$\boldsymbol{R}_r$ 向量中元素的细节将在后续段落讨论。有了上述定义，接下来阐述如何将式(4.7)、式(4.10)、式(4.13)、式(4.15)、式(4.16)和式(4.17)写成紧凑且面向控制理论的状态空间形式，即图 4.3 所示的非线性差分方程(Nonlinear Difference Equation，NDE)。

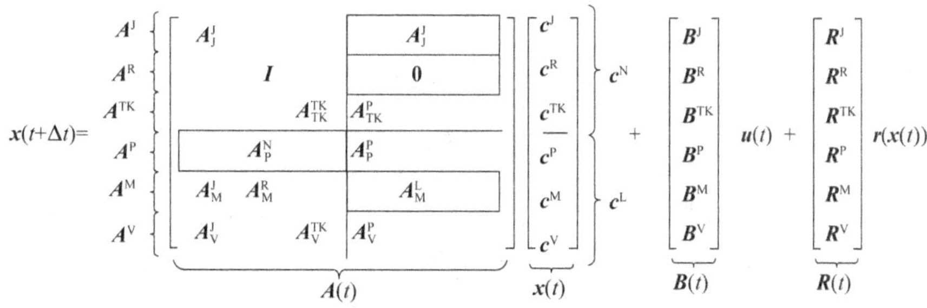

图 4.3　非线性差分方程中的矩阵分块示意图

可以观察到，除了式(4.16)和式(4.17)之外，所有的矩阵形式都是第 4.2 节中的差分方程形式，所以只需要进行简单的整理，把其贡献矩阵移到图 4.3 中正确的位置即可。这里以连接节点处的浓度差分方程为例，式(4.10)可以改写为：

$$\boldsymbol{c}^{\mathrm{J}}(t+\Delta t)=[\boldsymbol{A}_{\mathrm{J}}^{\mathrm{J}}\quad \boldsymbol{0}\quad \boldsymbol{0}\quad \boldsymbol{A}_{\mathrm{J}}^{\mathrm{L}}]\boldsymbol{c}^{\mathrm{J}}(t)+\boldsymbol{B}^{\mathrm{J}}\boldsymbol{u}(t)+[\boldsymbol{0}\quad \boldsymbol{R}_{\mathrm{J}}^{\mathrm{P}}]\boldsymbol{r}(\boldsymbol{x}(t))$$

令 $\boldsymbol{A}^{\mathrm{J}}=[\boldsymbol{A}_{\mathrm{J}}^{\mathrm{J}}\quad \boldsymbol{0}\quad \boldsymbol{0}\quad \boldsymbol{A}_{\mathrm{J}}^{\mathrm{L}}]$，$\boldsymbol{R}^{\mathrm{J}}=[\boldsymbol{0}\quad \boldsymbol{R}_{\mathrm{J}}^{\mathrm{P}}]$。把该等式放置到图 4.3 中公式的第一(块)行。请注意，$\boldsymbol{R}_{\mathrm{J}}^{\mathrm{P}}\in\mathbb{R}^{n_J\times n_{\mathrm{S}}}$ 中的元素是指从管道中的分段到连接节点的反应速率，详细见例 A.2中的 $R_3^{\mathrm{J}}(t+\Delta t)$——$\boldsymbol{R}_{\mathrm{J}}^{\mathrm{P}}$ 中的一个典型元素。

类似地，水库公式(4.15)、水塔公式(4.13)和管道公式(4.7)被放置到图 4.3 中公式的第二、第三和第四行。

因为水库中没有衰减，也没有任何成分可以对其产生影响，故水库 $\boldsymbol{R}^{\mathrm{R}}$ 的指标矩阵为零；水塔和管道的指标矩阵为 $\boldsymbol{R}^{\mathrm{TK}}=[\boldsymbol{I}_{n_{\mathrm{TK}}}\quad \boldsymbol{0}]$ 和 $\boldsymbol{R}^{\mathrm{P}}=[\boldsymbol{0}\quad \boldsymbol{I}_{n_{\mathrm{S}}}]$。

至于水泵公式(4.16)，从式(4.18)已经知道其取决于上游连接节点的浓度。因此，$\boldsymbol{A}^{\mathrm{M}}$ 是通过从 $\boldsymbol{A}^{\mathrm{J}}$ 和 $\boldsymbol{A}^{\mathrm{R}}$ 中选择特定的(块)行组成的，并可通过选择矩阵 $\boldsymbol{S}_{\mathrm{M}}^{\mathrm{N}}$ 来完成，即：

$$\boldsymbol{A}^{\mathrm{M}}=[\boldsymbol{A}_{\mathrm{M}}^{\mathrm{J}}\quad \boldsymbol{A}_{\mathrm{M}}^{\mathrm{R}}\quad \boldsymbol{0}\quad \boldsymbol{A}_{\mathrm{M}}^{\mathrm{L}}]=[\boldsymbol{S}_{\mathrm{M}}^{\mathrm{J}}\quad \boldsymbol{S}_{\mathrm{M}}^{\mathrm{R}}]\begin{bmatrix}\boldsymbol{A}^{\mathrm{J}}\\ \boldsymbol{A}^{\mathrm{R}}\end{bmatrix}=[\boldsymbol{S}_{\mathrm{M}}^{\mathrm{J}}\boldsymbol{A}_{\mathrm{J}}^{\mathrm{J}}\quad \boldsymbol{S}_{\mathrm{M}}^{\mathrm{R}}\quad \boldsymbol{0}\quad \boldsymbol{S}_{\mathrm{M}}^{\mathrm{J}}\boldsymbol{A}_{\mathrm{J}}^{\mathrm{L}}]$$

$$\boldsymbol{B}^{\mathrm{M}}=[\boldsymbol{S}_{\mathrm{M}}^{\mathrm{J}}\quad \boldsymbol{S}_{\mathrm{M}}^{\mathrm{R}}]\begin{bmatrix}\boldsymbol{B}^{\mathrm{J}}\\ \boldsymbol{B}^{\mathrm{R}}\end{bmatrix},\quad \boldsymbol{R}^{\mathrm{M}}=[\boldsymbol{S}_{\mathrm{M}}^{\mathrm{J}}\quad \boldsymbol{S}_{\mathrm{M}}^{\mathrm{R}}]\begin{bmatrix}\boldsymbol{R}^{\mathrm{J}}\\ \boldsymbol{R}^{R}\end{bmatrix}$$

与水泵类似，阀门对应式(4.17)中的子矩阵 $\boldsymbol{A}^{\mathrm{V}}$、$\boldsymbol{B}^{\mathrm{V}}$、$\boldsymbol{R}^{\mathrm{V}}$ 可以表示为：

$$\boldsymbol{A}_{\mathrm{V}}^{\mathrm{J}}=\boldsymbol{S}_{\mathrm{V}}^{\mathrm{J}}\boldsymbol{A}_{\mathrm{J}}^{\mathrm{J}},\quad \boldsymbol{A}_{\mathrm{V}}^{\mathrm{TK}}=\boldsymbol{S}_{\mathrm{V}}^{\mathrm{TK}}\boldsymbol{A}_{\mathrm{TK}}^{\mathrm{TK}},\quad \boldsymbol{A}_{\mathrm{V}}^{\mathrm{P}}=\boldsymbol{S}_{\mathrm{V}}^{\mathrm{P}}\boldsymbol{A}_{\mathrm{TK}}^{\mathrm{P}}$$

$$\boldsymbol{B}^{\mathrm{V}}=\begin{bmatrix}\boldsymbol{S}_{\mathrm{V}}^{\mathrm{J}} & \boldsymbol{S}_{\mathrm{M}}^{\mathrm{TK}}\end{bmatrix}\begin{bmatrix}\boldsymbol{B}^{\mathrm{J}}\\ \boldsymbol{B}^{\mathrm{TK}}\end{bmatrix},\quad \boldsymbol{R}^{\mathrm{V}}=\begin{bmatrix}\boldsymbol{S}_{\mathrm{V}}^{\mathrm{J}} & \boldsymbol{S}_{\mathrm{M}}^{\mathrm{TK}}\end{bmatrix}\begin{bmatrix}\boldsymbol{R}^{\mathrm{J}}\\ \boldsymbol{R}^{\mathrm{TK}}\end{bmatrix}$$

此外，由于供水管网的拓扑结构、用户需水量缓慢变化导致水力状态随之缓慢变化，最终导致 $\boldsymbol{A}(t)$ 和 $\boldsymbol{B}(t)$ 也随时间变。并且由于反应速率模型 $\boldsymbol{r}(\cdot)$ 可能是非线性的，所以 NDE 模型，即图 4.3 中的公式可能是非线性的。

4.3.2 单一化学物质的反应模型——状态空间表示

本节使用单一化学物质的一阶反应模型[13,5,17]来描述消毒剂在主流水体和管壁上的衰减情况，并且

$$k_{ij}^{\mathrm{P}}=k_{ij}^{b}+\frac{k_{ij}^{w}k_{ij}^{f}}{D_{ij}(k_{ij}^{w}+k_{ij}^{f})},\quad k_{ij}^{\mathrm{TK}}=k_{ij}^{b}$$

其中：k_{ij}^{b} 和 k_{ij}^{w} 已在表 4.1 中定义；k_{ij}^{f} 是主流水体和管壁之间的质量传递系数；D_{ij} 为管道直径。对于水塔而言，只存在主反应常数，所以反应率可表示为：

$$\boldsymbol{r}^{\mathrm{P}}(\boldsymbol{c}^{\mathrm{P}}(t))=\boldsymbol{k}^{\mathrm{P}}\circ\boldsymbol{c}^{\mathrm{P}}(t)$$

$$\boldsymbol{r}^{\mathrm{TK}}(\boldsymbol{c}^{\mathrm{TK}}(t))=\boldsymbol{k}^{\mathrm{TK}}\circ\boldsymbol{c}^{\mathrm{TK}}(t)$$

采用一阶反应模型后，非线性差分方程即图 4.3 中 $\boldsymbol{R}_r(t)\boldsymbol{r}(\boldsymbol{x}(t))$ 的元素可以整合到矩阵 $\boldsymbol{A}$ 中。例如，式(4.7)和式(4.13)中的矩阵可写为：

$$\boldsymbol{A}_{\mathrm{P}}^{\mathrm{P}}(t)=\boldsymbol{A}_{\mathrm{P}}^{\mathrm{P}}(t)+\mathrm{diag}(\boldsymbol{k}^{\mathrm{P}})$$

$$\boldsymbol{A}_{\mathrm{TK}}^{\mathrm{TK}}(t)=\boldsymbol{A}_{\mathrm{TK}}^{\mathrm{TK}}(t)+\mathrm{diag}(\boldsymbol{k}^{\mathrm{TK}})$$

最终，线性差分方程(LDE)可直接写成：

$$\text{LDE:}\quad \boldsymbol{x}(t+\Delta t)=\boldsymbol{A}(t)\boldsymbol{x}(t)+\boldsymbol{B}(t)\boldsymbol{u}(t)\tag{4.20}$$

为了验证所提出的 LDE 模型〔式(4.20)〕的有效性，可将 LDE 模型模拟的结果与 EPANET[21]水质模型的结果进行对比，对比结果见第 4.4 节。此外，基于状态空间表示的水质模型，第 5 章会介绍相应的模型控制算法以对水质进行控制，第 6 章则继续讨论在何处安装传感器以提高可观性和状态估计指标。

注 4.5 图 4.3 中的公式和式(4.20)中的 $\boldsymbol{A}(t)$ 矩阵是不同的，前者不包含反应速率，而后者包含线性一阶反应速率模型。后续仿真分析章节会给出一些例子加以说明。

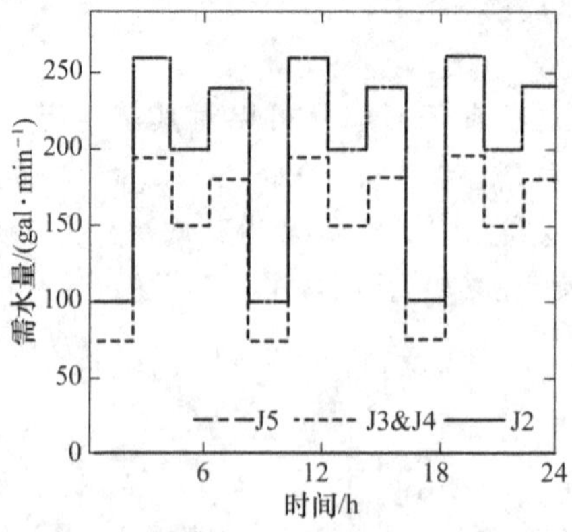

图 4.4 24 h 内所有连接节点需水量变化曲线(需水量剖面)

给出以上 LDE 模型，并结合安装在供水管网中的水质传感器，水质模型可重新变为离散时间状态空间模型，其形式为：

$$\boldsymbol{x}(k+1)=\boldsymbol{A}(k)\boldsymbol{x}(k)+\boldsymbol{B}(k)\boldsymbol{u}(k) \tag{4.21a}$$

$$\boldsymbol{y}(k)=\boldsymbol{C}(k)\boldsymbol{x}(k)+\boldsymbol{D}(k)\boldsymbol{u}(k) \tag{4.21b}$$

其中，$\boldsymbol{x}(k)\in\mathbb{R}^{n_x}$ 是状态向量，向量 $\boldsymbol{u}(k)\in\mathbb{R}^{n_u}$ 和 $\boldsymbol{y}(k)\in\mathbb{R}^{n_y}$ 是系统输入和输出（即供水管网安装了 n_u 个和 n_y 个水质余氯浓度检测传感器），系统矩阵 $\boldsymbol{A}(k)$、$\boldsymbol{B}(k)$、$\boldsymbol{C}(k)$ 和 $\boldsymbol{D}(k)$ 是时变矩阵。其中状态矩阵 $\boldsymbol{A}(k)$ 代表没有任何加氯站安装的情况下的纯粹系统动态；输入矩阵 $\boldsymbol{B}(k)$ 中的元素代表加氯站的安装位置以及加氯站对系统状态的影响强度，并且位置和加氯强度是假设已知的；输出矩阵 $\boldsymbol{C}(k)$ 表示传感器的安装位置；前馈矩阵 $\boldsymbol{D}(k)$ 则描述了从输入到输出的直接关系或路径，例如，一些加氯站配备了内置的浓度传感器（即加氯站和传感器都在同一位置），以准确计算氯的注入量。此外，需注意的是，式(4.21)中使用了标准的离散时间符号系统，即时间步长 $t+\Delta t$ 被替换成离散步长 $k+1$。

请注意，以上系统矩阵通常根据用户需水量曲线以半小时到几小时的频率进行更新，例如图 4.4 中的用户需水量是每 2 h 变化一次）。换句话说，在用户需水量曲线的特定时间段（所有连接节点/用户的需水量均无变化），系统矩阵会保持不变，离散时间线性时变系统〔式(4.21)〕退化为离散时间线性时不变(DT-LTI)系统，即：

$$\boldsymbol{x}(k+1)=\boldsymbol{A}\boldsymbol{x}(k)+\boldsymbol{B}\boldsymbol{u}(k) \tag{4.22a}$$

$$\boldsymbol{y}(k)=\boldsymbol{C}\boldsymbol{x}(k)+\boldsymbol{D}\boldsymbol{u}(k) \tag{4.22b}$$

为了简洁起见，本书将一般的 n_x 阶 DT-LTI 系统〔式(4.22)〕表示为四元组 $(\boldsymbol{A},\boldsymbol{B},\boldsymbol{C},\boldsymbol{D})$ 的形式。这样，DT-LTV 系统〔式(4.21)〕则由不同的 DT-LTI 系统构成。例如，在时间跨度为 24 h 的供水管网中，用户需水量以每 2 h 频率更新的情况下，其 DT-LTV 模型可由 12 个不同的 DT-LTI 系统表示。

4.4 仿真分析

本节以 3 个仿真案例（说明性的三节点管网、Net1 管网（环状）和 Net3 管网[21,22]）来说明所提方法的适用性。

本节进行的所有仿真模拟实验均在搭载 Intel(R) Xeon(R) CPU E5-1620 v3 @3.50 GHz 处理器的 Windows 10 Enterprise 上进行，并采用标准的 EPANET Matlab Toolkit[23] 完成。

4.4.1 仿真设置和验证指标

3 个测试网络的拓扑结构如图 4.5 所示，即三节点管网、Net1 管网（环状）和 Net3 管网。测试各个网络的目的不尽相同，其中的三节点管网较为简单，设计此仿真案例是为了清楚地展现所提方法的具体技术细节；而测试具有环状拓扑结构的 Net1 管网（环状）是为了说明所提方法对环状拓扑结构的适用性；最后的 Net3 管网则用于可扩展性测试，以展示所提方法在较大网络中具有一定的可扩展性。

图 4.5(a)所示的三节点管网是为简化问题而自行设计的网络，包括 1 个连接节点、1 条

管道、1台水泵、1个水塔和1个水库。图4.5(b)所示的Net1管网(环状)[21,22]则由9个连接节点、1个水库、1个水塔、12条管道和1台水泵组成。图4.5(c)所示的Net3管网[21]由92个连接节点、2个水库、3个水塔、117条管道和2台水泵组成,用于可扩展性测试。所测试的网络均安装了两种类型的加氯站:质量加氯站(图中标记为五角星)和浓度加氯站(图中标记为三角形)。质量加氯站可以以特定速率,即质量速率,注入一定量的氯,而浓度加氯站则可以注入固定浓度的氯[21]。

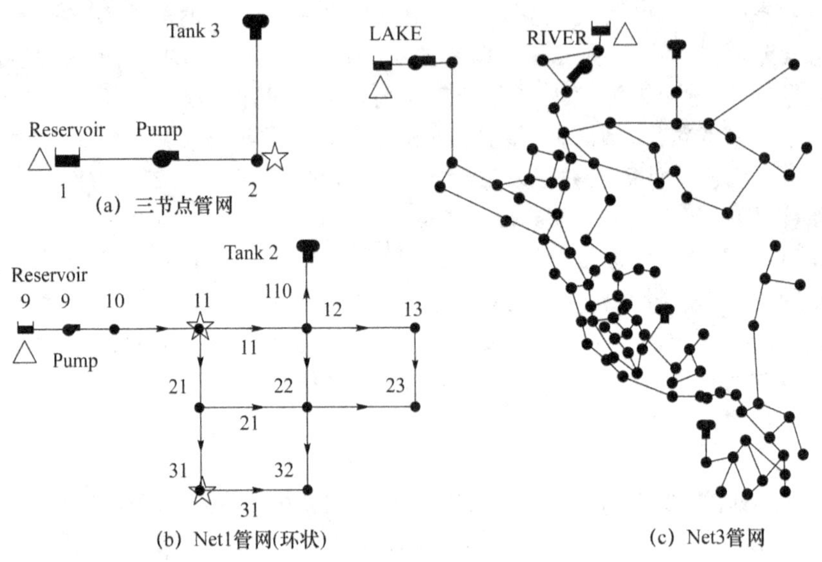

图4.5 安装有质量型加氯站(五角星)和浓度型加氯站(三角形)的测试网络

本数值研究中设计实验的核心思想是:给标准的EPANET软件和本节所提的水质模型状态空间形式设置相同参数输入,然后比较二者的输出差异,以期证明所提LDE模型的准确性。值得一提的是,由于所提算法需将管道分割成若干段,因此在t时刻,管道ij的整体浓度值以管道所有段的浓度平均值计算,即:

$$c_{ij}^{\mathrm{P}}(t)=\frac{\sum_{s=1}^{s_{L_{ij}}} c_{ij}^{\mathrm{P}}(s,t)}{s_{L_{ij}}}$$

LDE模型的准确性由相对误差 $\mathrm{RE}=\frac{\|\boldsymbol{y}_e\|_2}{y}\times 100\%$ 验证,其中 $\boldsymbol{y}$ 和 $\hat{\boldsymbol{y}}$ 分别是EPANET和LDE模型的输出,而绝对误差 $\boldsymbol{y}_e$ 则被定义为 $\boldsymbol{y}-\hat{\boldsymbol{y}}$。本节假设测量矩阵 $\boldsymbol{C}$ 是单位阵以保证向量 $\boldsymbol{x}$ 中每个元素的可访问性。

4.4.2 三节点管网

图4.5(a)中的三角形即1号水库处安装了浓度型加氯站(充当浓度源),并向管网提供0.8 mg/L的余氯,即 $c_1^{\mathrm{R}}=0.8$ mg/L。而其他管网元件处的初始余氯浓度均为0 mg/L。此外,在2号连接节点处安装了一个质量型加氯站,该连接节点随着需水量变量曲线消耗对应量的水。此供水管网中的唯一管道(23号管道)被分割成150段,即 $s_{L_{23}}=150$。本节通过模

拟软件包 EPANET 来验证 LDE 模型的正确性和可用性,为此,必须保持仿真设置的参数完全相同,例如保持余氯源头浓度为 $c_1^{\mathrm{R}}=0.8$ mg/L 以及完全相同的需水量曲线。

执行算法 4.1 后,24 h 内的所有系统矩阵 $\boldsymbol{A}(t)\in\mathbb{R}^{104\times104}$ 和 $\boldsymbol{B}(t)\in\mathbb{R}^{104\times1}$ 均可得到。但是由于维度大,不易在此呈现。为了让读者能一窥系统矩阵的样貌,本节将 LDE 模型〔式(4.20)〕中的管道离散段数设置为 3,即 $s_{\mathrm{L}_{23}}=3$。当时间步长设置为 $\Delta t=5$ s,水力模拟时间 $t=0:300$ s,$\boldsymbol{x}(t+\Delta t)=\boldsymbol{A}\boldsymbol{x}(t)+\boldsymbol{B}\boldsymbol{u}(t)$ 中的 $\boldsymbol{A}$、$\boldsymbol{B}$ 矩阵块示例如图 4.6 所示。图 4.6 中的 $\boldsymbol{c}^{\mathrm{P}}(t)\triangleq\{\boldsymbol{c}^{\mathrm{P}}(1,t),\boldsymbol{c}^{\mathrm{P}}(2,t),\boldsymbol{c}^{\mathrm{P}}(3,t)\}$ 和 $\boldsymbol{u}(t)\triangleq\{\boldsymbol{c}_{\mathrm{J}}^{\mathrm{B}}(t+\Delta t)\}$ 是前一时刻的已知量。

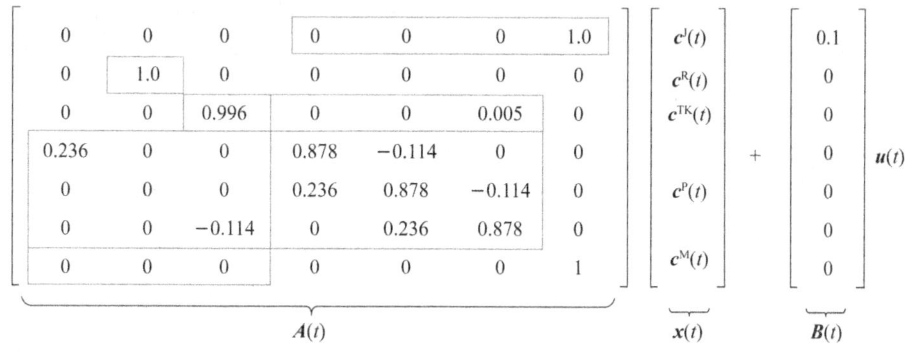

图 4.6　$\boldsymbol{A}$、$\boldsymbol{B}$ 矩阵块示例图

接下来,我们验证所提 LDE 模型〔式(4.20)〕在此小型网络上的有效性。

首先通过只在此三节点管网中的 1 号水库处设置浓度加氯站来验证 LDE 模型的有效性,即 $c_1^{\mathrm{R}}=0.8$ mg/L,而在 2 号连接节点处安装质量型加氯站。在这种情况下,质量型加氯站的输入或注入,即 LDE 模型〔式(4.20)〕中的 $\boldsymbol{u}$ 始终为零,这意味着 $\boldsymbol{B}$ 不会生效。换句话说,本实验目前只针对 $\boldsymbol{x}(k+1)=\boldsymbol{A}\boldsymbol{x}(k)$ 进行测试。

图 4.7 和图 4.8 显示了 1 440 min(24 h)内的 2 号连接节点、23 号管道和 3 号水塔的余氯浓度比较结果。可以看出,LDE 和 EPANET 呈现出类似的趋势,但有细微的差异(误差)。为了清楚地查看细节,前 40 min 的数据已被放大,以便更好地进行比较。为了量化误差,也在图 4.9 中显示相应的相对误差 RE 且 LDE 模型和 EPANET 之间的相对误差在三节点管网的稳定状态下徘徊在 0.5%左右。

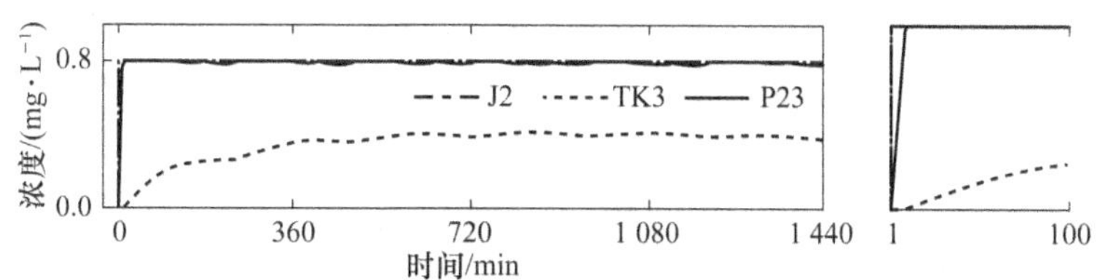

图 4.7　EPANET 软件中,三节点管网中只在 1 号水库处安装浓度型加氯站且 $c_1^{\mathrm{R}}=0.8$ mg/L 情况下,2 号连接节点、3 号水塔和 23 号管道在[0,1 440]min 内余氯浓度值变化情况,其中前 100 分钟数据已放大以便观察

值得一提的是,离散化时,相对误差会随着管道离散段数增加而逐渐变小。当然,相对误差不会无限减小,在减小到一定程度后,增加管道离散段数也无济于事。这是因为此时误差主要是由于采用的离散化方法导致的,如果需要进一步减少误差,需要采用精度更高的数

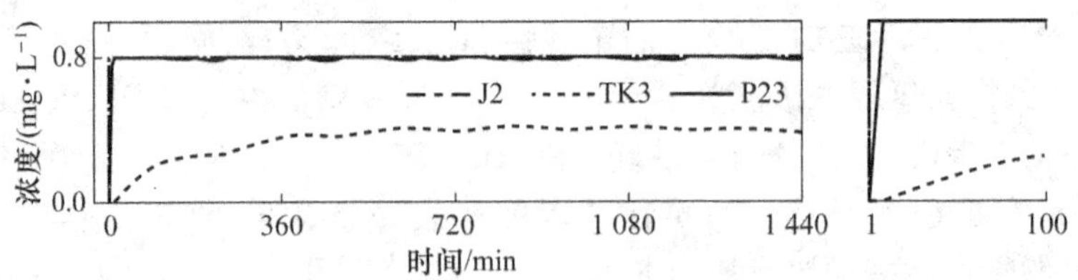

图 4.8　LDE 模型中，三节点管网中只在 1 号水库处安装浓度型加氯站且 $c_1^R=0.8$ mg/L 情况下，2 号连接节点、3 号水塔和 23 号管道在[0，1 440]min 内余氯浓度值变化情况，其中前 100 min 数据已放大以便观察

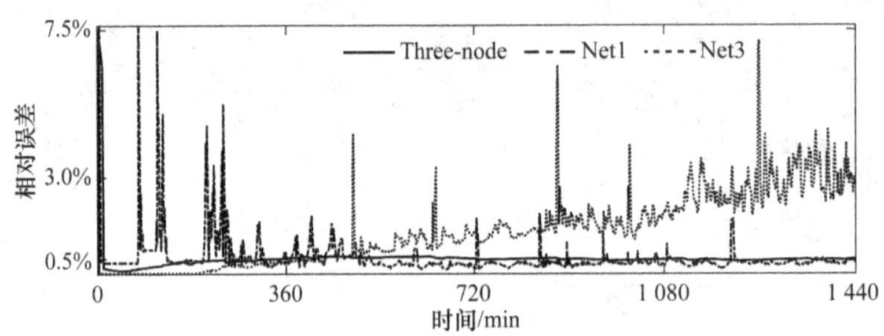

图 4.9　EPANET 和 LDE 之间的相对误差

值解法，感兴趣的读者可以进行尝试。

接下来，我们通过让 2 号连接节点的质量型加氯站在每个时间步长注入随机数量的氯来验证 LDE 模型中在加入输入矩阵 $\boldsymbol{B}$ 时的正确性，如图 4.10 所示。在此种情况下，会测试整个 LDE 模型 $\boldsymbol{x}(k+1)=\boldsymbol{A}\boldsymbol{x}(k)+\boldsymbol{B}\boldsymbol{u}(k)$。比较 EPANET(图 4.11)和 LDE 模型(图 4.12)的结果，可以看出，所提的 LDE 模型还是比较准确的。在此种情况下的相对误差和没有输入矩阵情况的相对误差(图 4.9)相似，因此不再赘述。

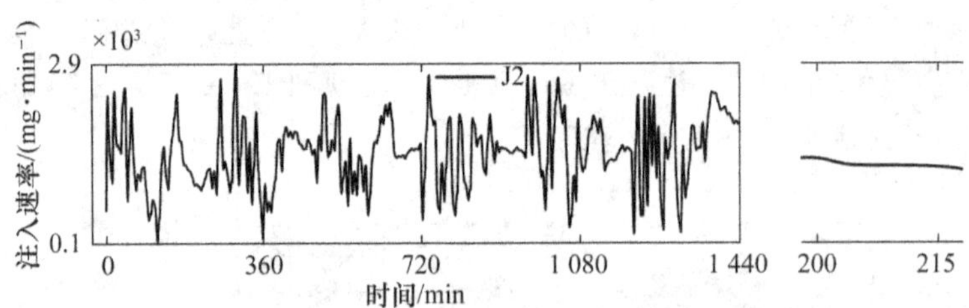

图 4.10　安装在 2 号连接节点处质量型加氯站的随机加氯速率

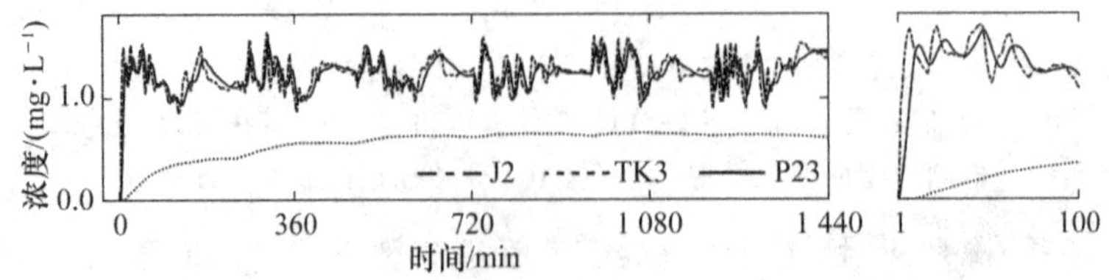

图 4.11　EPANET 软件中，在[0，1 440]min 内 2 号连接节点处、3 号水塔和 23 号管道中的余氯浓度变化情况，其中前 100 min 数据已放大以便观察

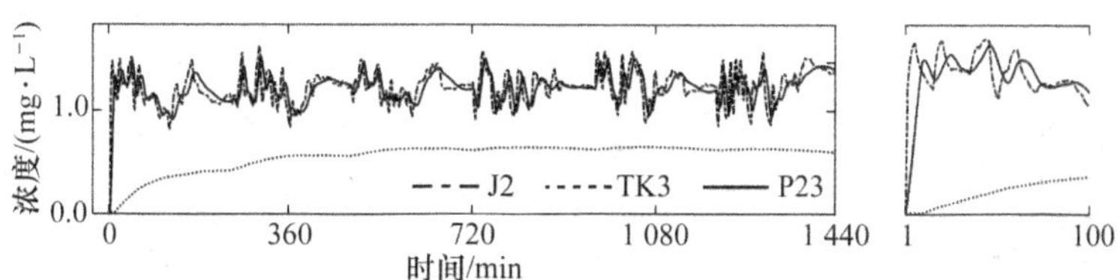

图 4.12 LDE 模型中,在[0,1 440]min 内 2 号连接节点处、3 号水塔和 23 号管道中的余氯浓度变化情况,其中前 100 min 数据已放大以便观察

4.4.3 Net1 管网(环状)

Net1 管网(环状)的基本参数已在前文介绍,就不再赘述。这里,只在 9 号水库安装浓度加氯站以充当整个管网的余氯源且 $c_9^R=1.0$ mg/L,如图 4.5(b)中的三角形,其他部分的初始氯浓度为 0.0 mg/L。此外,为使模型紧凑小巧,必须对系统维度进行控制。为此,需给 12 条不同长度的管道不同的段数,如图 4.13 所示。例如,长度为 5 280 ft 的 21 号管道被分成 106 段。而 Net1 管网(环状)中所有管道的总长度为 63 530 ft,共被分为 $n_S=1\ 270$ 段。在包含其他管网元件后,此系统的 LDE 模型〔式(4.20)〕维度最终为 $n_x=1\ 282$。也就是说,应用算法 4.1 后,$\boldsymbol{A}$ 是一个$\mathbb{R}^{1\,282\times 1\,282}$的矩阵。

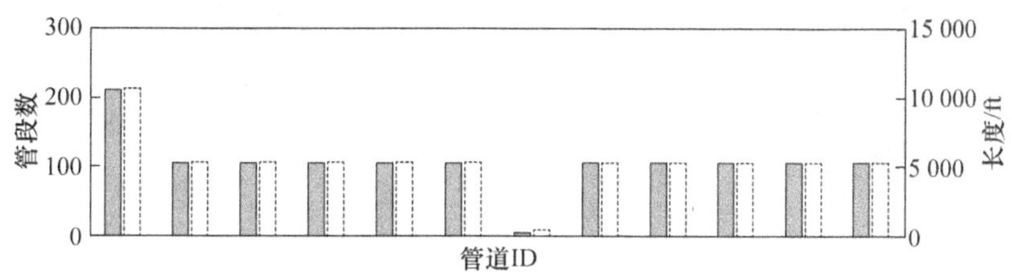

图 4.13 Net1 管网(环状)中 12 条管道的段数和相应的管道长度(管道 ID 省略)

类似三节点管网,接下来通过与 EPAENT 比较验证所提 LDE 模型〔式(4.20)〕在环状管网中的有效性。

因 Net1 管网(环状)较三节点管网复杂,在图中展示 Net1 管网(环状)中所有节点和管段的余氯浓度随时间变化的趋势图较为烦琐,故在相应的图 4.16、图 4.17 和图 4.18、图 4.19 只显示特定连接节点 J11、J22、J31 和特定管道 P21、P31、P110 的浓度值变化情况,而其他节点和管段的结果,只通过绘制其范围区和平均值加以比较。

从 EPANET 和所提 LDE 模型输出的 24 h 浓度曲线来看:第一,无论是从范围区和平均值的角度,还是从特定连接节点或管道的数值来看,二者的结果都很接近;第二,L-W 数值法在离散 PDE 方面仍有一定的缺陷,即会产生意想不到的振荡,详见[70,140]min 的放大区域。此外,为展现特定管道中余氯浓度变化的场景,本仿真在图 4.14 呈现 Net1 管网(环状)中被分割为 106 段的 21 号管道在 24 h 内的时空离散化结果;在图 4.15 被分割为 12 段的 110 号管道在 24 h 内的时空离散化结果。

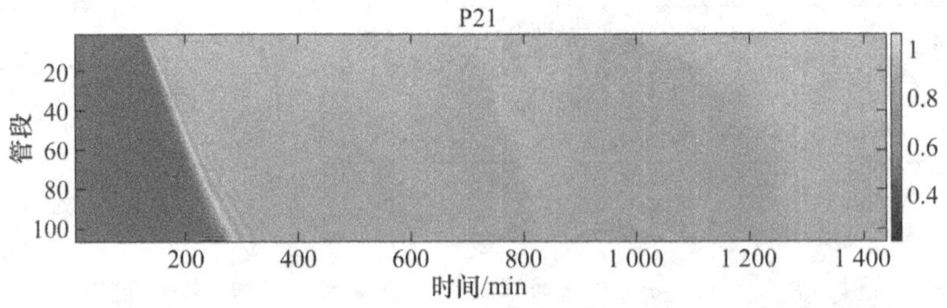

图 4.14 彩图

图 4.14 采用 L-W 数值法，Net1 管网(环状)中 21 号管道时空离散化结果

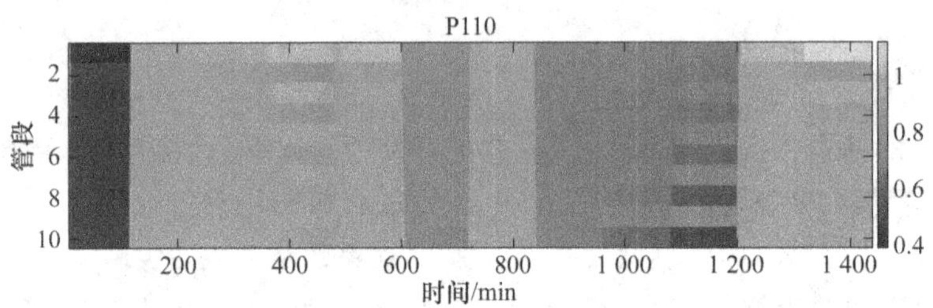

图 4.15 彩图

图 4.15 采用 L-W 数值法，Net1 管网(环状)中 110 号管道时空离散化结果

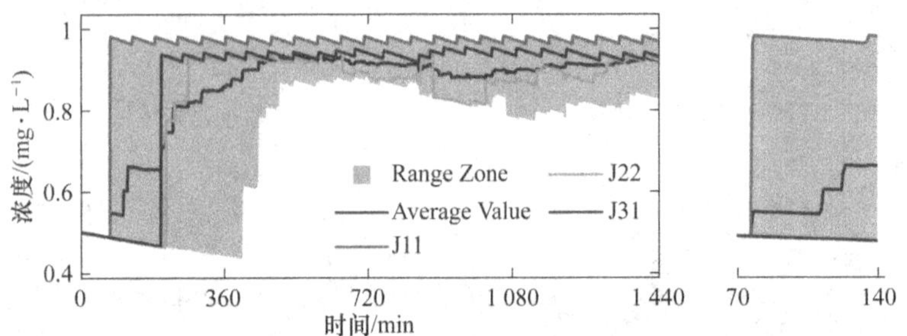

图 4.16 彩图

图 4.16 Net1 管网(环状)中，只在 9 号水库处安装浓度型加氯站且 $c_9^R=0.8$ mg/L 情况下，11 号、22 号、31 号连接节点在[0,1 440]min 内的余氯浓度值变化情况，此结果来自 EPANET 软件，且[70,140]min 的数据已放大以便观察

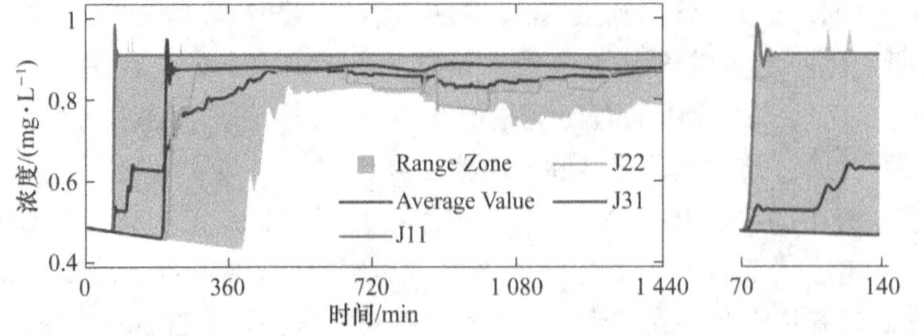

图 4.17 彩图

图 4.17 Net1 管网(环状)中，只在 9 号水库处安装浓度型加氯站且 $c_9^R=0.8$ mg/L 情况下，11 号、22 号、31 号连接节点在[0,1 440]min 内的余氯浓度值变化情况，此结果来自 LDE 模型，且[70,140]min 的数据已放大以便观察

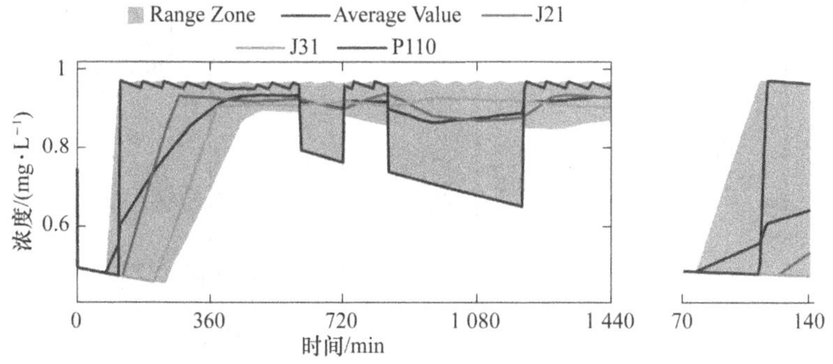

图 4.18 彩图

图 4.18 Net1 管网(环状)中,只在 9 号水库处安装浓度型加氯站且 $c_9^{R}=0.8$ mg/L 情况下,21 号、31 号、110 号管道在[0,1 440]min 内余氯浓度值变化情况,此结果来自 EPANET 软件,且[70,140]min 的数据已放大以便观察

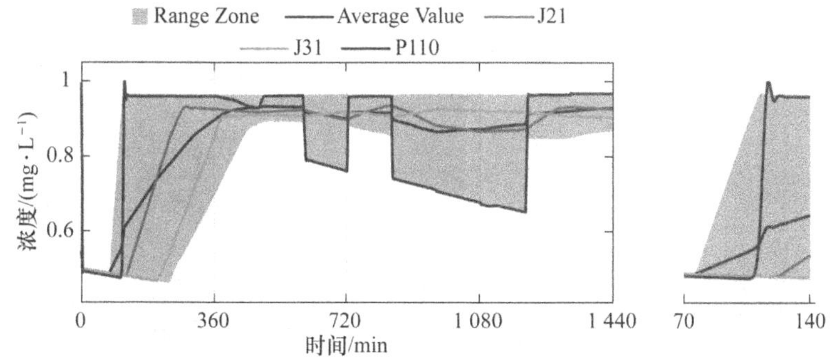

图 4.19 彩图

图 4.19 Net1 管网(环状)中,只在 9 号水库处安装浓度型加氯站且 $c_9^{R}=0.8$ mg/L 情况下,21 号、31 号、110 号管道在[0,1 440]min 内余氯浓度值变化情况,此结果来自 LDE 模型,且[70,140]min 的数据已放大以便观察

图 4.9 验证了所提 LDE 模型在环状网 Net1 网络的有效性。从图中可以看出最大误差为 7%,这是 L-W 数值法的“超调”(缺陷)造成的。当 L-W 数值法稳定时,相对误差稳定在[0.5%,1%]。故可得出如下结论:对于复杂的且带有环状网络的供水管网,所提的 LDE 仍具有较高的精度。接下来,用稍大规模的网络来继续测试所提 LDE 的可扩展性。

4.4.4 Net3 大型管网

Net3 大型管网 [21] 的拓扑结构如图 4.5(c)所示,在 LAKE 和 RIVER 节点处各安装一个浓度型加氯站(标记为三角形),以保证出水浓度保持在 0.5 mg/L;管网中其他组成部分的初始氯浓度均设为 0 mg/L。同样地,为保持模型的紧凑性和提供运行效率,本仿真案例为 117 条不同长度的管道分配了不同的离散段数,详见图 4.20、图 4.21、图 4.22。故,总长度为 217 848 ft 的 117 条管道,离散为 $n_S=29\ 275$ 段。再加上如连接节点和水塔等其他管网元件处的余氯浓度变量,此系统的最终维度 n_x 达到 29 374,即运行算法 4.1,$\boldsymbol{A}$ 是一个 $\mathbb{R}^{29\,374\times 29\,374}$ 维的矩阵。

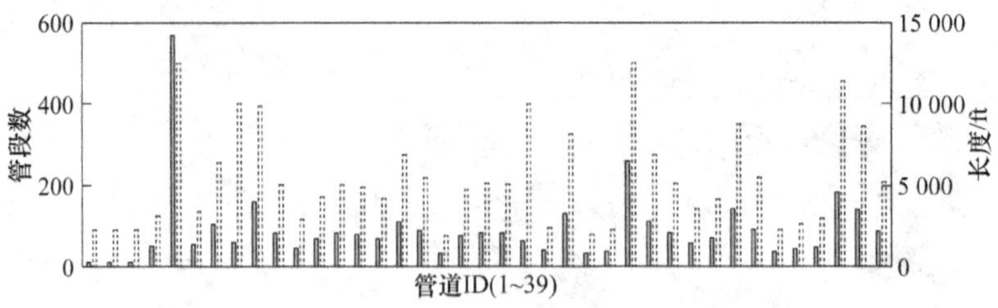

图 4.20　Net3 大型管网中，117 条管道(1～39)的段数和相应的管道长度

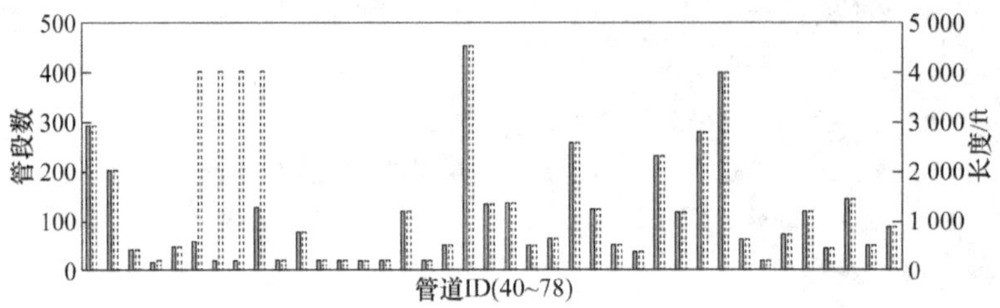

图 4.21　Net3 大型管网中，117 条管道(40～78)的段数和相应的管道长度

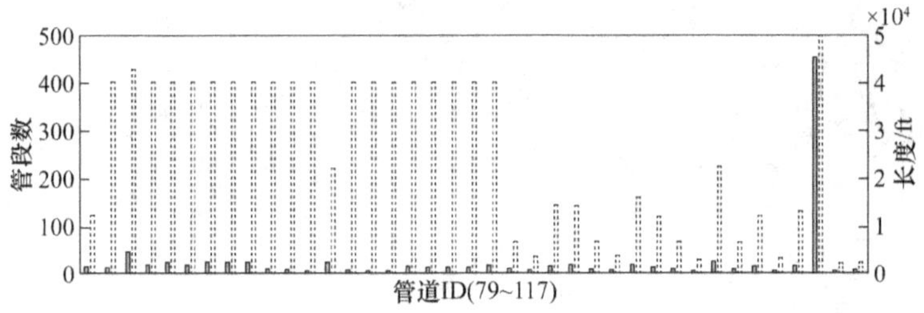

图 4.22　Net3 大型管网中，117 条管道(79～117)的段数和相应的管道长度

与 Net1 环状管网仿真得到的结果相似，从以下三个方面可以看出所提 LDE 在大规模 Net3 管网中的有效性。第一，图 4.23、图 4.24 和图 4.25、图 4.26 分别展示了 EPANET 软件和所提 LDE 模型输出的所有节点和管段的浓度范围和平均值，二者十分接近；第二，图 4.23、图 4.24 和图 4.25、图 4.26 也绘制了特定节点和管道(J35、J105、J117、P111、P131 和 P277)在 24 h 内余氯浓度值变化曲线，显而易见，EPANET 和所提模型的输出结果也十分接近；第三，图 4.9 显示了 24 h 小时内所有管网元件的相对误差，其中最大误差为 7.4%，而 L-W 数值法稳定时，相对误差保持在[0.5%，3%]区间。

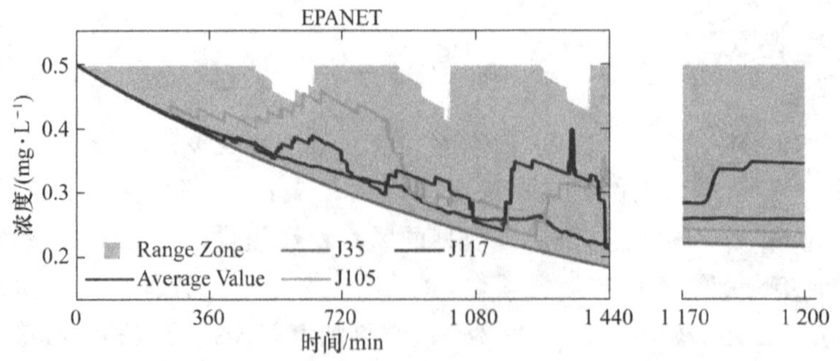

图 4.23　Net3 大型管网中，35 号、105 号、117 号连接节点在[0，1 440]min 内的余氯浓度值变化情况，此结果来自 EPANET 软件，且[1 170，1 200]min 的数据已放大以便观察

图 4.23 彩图

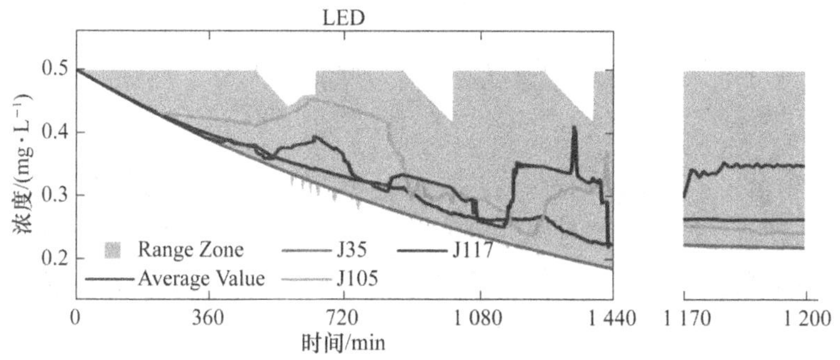

图 4.24 彩图

图 4.24 Net3 大型管网中,35 号、105 号、117 号连接节点在[0,1 440]min 内的余氯浓度值变化情况,此结果来自 LDE 模型,且[1 170,1 200]min 的数据已放大以便观察

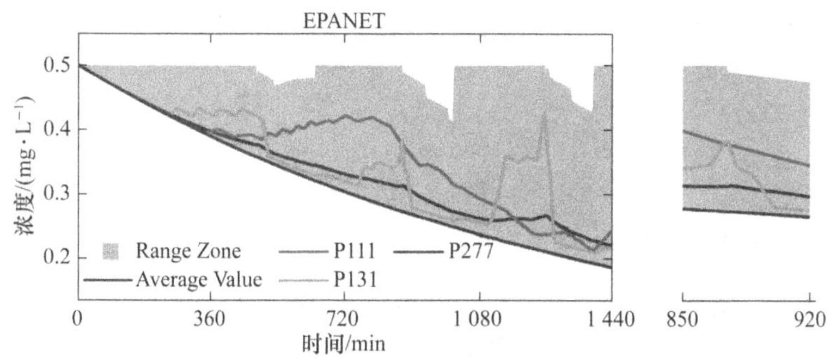

图 4.25 彩图

图 4.25 Net3 大型管网中,111 号、131 号、277 号管道在[0,1 440]min 内的余氯浓度值变化情况,此结果来自 EPANET 软件,且[1 170,1 200]min 的数据已放大以便观察

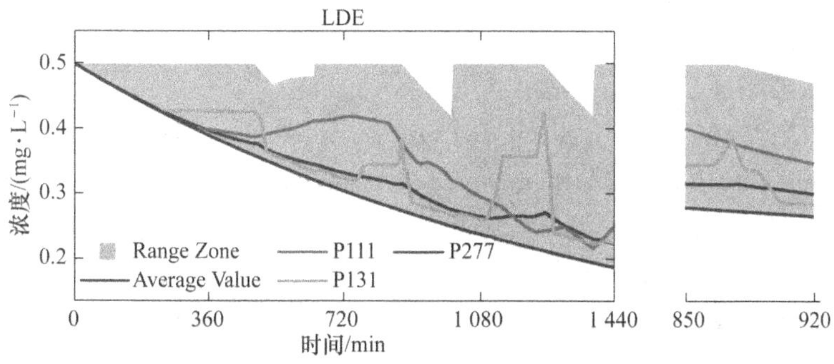

图 4.26 彩图

图 4.26 Net3 大型管网中,111 号、131 号、277 号管道在[0,1 440]min 内的余氯浓度值变化情况,此结果来自 LDE 模型,且[1 170,1 200]min 的数据已放大以便观察

根据测试结果,可得出如下结论:所提出的 LDE 模型具有可扩展性,且在考虑相对大规模的网络时,仍可保持高保真度。

本章小结

面向供水管网，本章提出了一个面向控制理论，具有状态空间表示形式且高保真的供水管网水质动力学模型。仿真测试表明此种形式的水质模型具有准确性和可扩展性。此外，本模型为控制工程学术界提供了一个可计算水质动力学中时变状态空间矩阵的工具，以便测试可在供水管网中应用的潜在控制理论和技术。

当然，所提模型具有一定的局限性。首先，该研究只关注管网中单一化学物质的反应模型。多化学物质反应模型将包括非线性差分方程，将会使得系统维度更大。其次，用于离散化偏微分方程的方法（L-W 数值法）引入了负值和振荡，会使得结果不太准确和合理。为此，有兴趣的读者，未来的研究工作可从如下方面进行扩展：第一，研究多化学物质反应模型，并将其表示为状态空间模型；第二，寻找并探索全新的偏微分方程离散化方法，在提高精度的同时，尽量避免离散结果中出现的振荡。

本章参考文献

[1] H.R. 13002—93rd Congress: Safe Drinking Water Act[EB/OL]. (1974-02)[2024-01-30]. https://www.govtrack.us/congress/bills/93/hr13002.

[2] ROSSMAN L A, BOULOS P F, ALTMAN T. Discrete volume-element method for network water-quality models [J]. Journal of Water Resources Planning and Management, 1993, 119(5): 505-517.

[3] LIOU C, KROON J. Modeling the propagation of waterborne substances in distribution networks[J]. Journal-American Water Works Association, 1987, 79(11): 54-58.

[4] BOULOS P F, ALTMAN T, JARRIGE P A, et al. An event-driven method for modelling contaminant propagation in water networks[J]. Applied Mathematical Modelling, 1994, 18(2): 84-92. DOI:10.1016/0307-904x(94)90163-5.

[5] BASHA H, MALAEB L. Eulerian - Lagrangian method for constituent transport in water distribution networks[J]. Journal of Hydraulic Engineering, 2007, 133(10): 1155-1166.

[6] ROSSMAN L A, CLARK R M, GRAYMAN W M. Modeling chlorine residuals in drinking-water distribution systems [J]. Journal of Environmental Engineering, 1994, 120(4): 803-820.

[7] ZIEROLF M L, POLYCARPOU M M, UBER J G. Development and autocalibration of an input-output model of chlorine transport in drinking water distribution systems[J]. IEEE Transactions on Control Systems Technology, 1998, 6(4): 543-553. DOI:10.1109/87.701351.

[8] POLYCARPOU M M, UBER J G, WANG Z, et al. Feedback control of water quality[J]. IEEE Control Systems Magazine, 2002, 22(3): 68-87. DOI:10.1109/mcs.2002.1004013.

[9] WANG Z, POLYCARPOU M M, UBER J G, et al. Adaptive control of water quality in water distribution networks[J]. IEEE Transactions on Control Systems Technology, 2005, 14(1): 149-156. DOI:10.1109/tcst.2005.859633.

[10] CHANG T. Robust model predictive control of water quality in drinking water distribution systems[D]. Birmingham: University of Birmingham, 2003.

[11] DUZINKIEWICZ K, BRDYS M, CHANG T. Hierarchical model predictive control of integrated quality and quantity in drinking water distribution systems [J]. Urban Water Journal, 2005, 2(2): 125-137.

[12] LAX P D, WENDROFF B. Difference schemes for hyperbolic equations with high order of accuracy[J]. Communications on Pure and Applied Mathematics, 1964, 17(3): 381-398.

[13] ROSSMAN L A, BOULOS P F. Numerical methods for modeling water quality in distribution systems: A comparison[J]. Journal of Water Resources Planning and Management, 1996, 122(2): 137-146.

[14] MORAIS A. Fast and robust solution methods for the water quality equations[D/OL]. Delft University of Technology, 2012. https://diamhomes.ewi.tudelft.nl/~kvuik/numanal/morais_afst.pdf.

[15] FABRIE P, GANCEL G, MORTAZAVI I, et al. Quality modeling of water distribution systems using sensitivity equations [J]. Journal of Hydraulic Engineering, 2010, 136(1): 34-44.

[16] HELBLING D E, VANBRIESEN J M. Modeling residual chlorine response to a microbial contamination event in drinking water distribution systems[J]. Journal of Environmental Engineering, 2009, 135(10): 918-927.

[17] SHANG F, UBER J G, ROSSMAN L A, et al. EPANET multi-species extension user's manual[EB]. Risk Reduction Engineering Laboratory, US Environmental Protection Agency, Cincinnati, Ohio, 2011. (2011-2-22)[2024-01-30]. https://cfpub.epa.gov/si/si_public_file_download.cfm? p_download_id=500759&Lab=NHSRC

[18] BOULOS P F, LANSEY K E, KARNEY B W. Comprehensive water distribution systems analysis handbook for engineers and planners[M]. Denver, CO: American Water Works Association, 2006.

[19] TSHEHLA K S, HAMAM Y, ABU-MAHFOUZ A M. State estimation in water distribution network: A review[C]//2017 IEEE 15th International Conference on Industrial Informatics (INDIN). IEEE; IEEE, 2017: 1247-1252. DOI:10.1109/indin.2017.8104953.

[20] WANG S, TAHA A F, SELA L, et al. State Estimation in Water Distribution Networks through a New Successive Linear Approximation[C/OL]//IEEE 58th

Conference on Decision and Control, Nice, France. IEEE, 2019: 5474-5479. [2024-01-30]. https://arxiv.org/pdf/1909.03182.pdf. DOI: 10.1109/cdc40024.2019.9029744.

[21] ROSSMAN L A, et al. EPANET 2: users manual[EB/OL]. Cincinnati, OH: U.S. Environmental Protection Agency; US Environmental Protection Agency. Office of Research; Development, 2000. (2000-09-01) [2024-01-30]. https://nepis.epa.gov/Adobe/PDF/P1007WWU.pdf.

[22] SHANG F, UBER J G, POLYCARPOU M M. Particle backtracking algorithm for water distribution system analysis [J]. Journal of Environmental Engineering, 2002, 128(5): 441-450.

[23] ELIADES D G, KYRIAKOU M, VRACHIMIS S, et al. EPANET-MATLAB Toolkit: An Open-Source Software for Interfacing EPANET with MATLAB[C]// Proc. 14th International Conference on Computing and Control for the Water Industry (CCWI). The Netherlands, 2016: 8. DOI: 10.5281/zenodo.831493.

第5章 模型预测控制在实时水质调控中的有效性

5.1 概　　述

第4章提到，在饮用水离开水处理厂进入供水管网之前，通常要进行化学消毒以确保处理后的水具有微生物安全性。目前世界范围内的自来水公司大都依赖氯基消毒剂，这是因为氯基消毒剂具有很强的抗菌活性，而且价格低廉。水处理厂通常还会使用加氯站二次加氯，并对余氯浓度进行常规监测，以验证整个水网是否保持足够的余氯，防止处理后的饮用水在通过供水管网的管道时再次受到微生物的污染。

目前，许多国家的州和联邦法规也规定要保持可检出的余氯含量。例如，根据美国的地表水处理法案(SWTR)，自来水公司必须在整个供水管网中保持可检出浓度的余氯[1]，许多州对最低余氯浓度规定了更严格的数值阈值[2]。

然而，在全管网中确定适当的加氯剂量以确保管网中有足够的余氯，具有相当的挑战性。尤其是在供水管网的远端，即水龄最高的地方，此问题会更加棘手。此外，如果在处理厂集中使用大剂量的氯基消毒剂可能会面临多种问题，包括消毒过程中形成的过量消毒副产品，以及会自来水出现异味等[3,4]。因此，可以在供水管网的多个位置分别加入较小剂量的消毒剂，即二次加氯，以保持整个水网的消毒剂浓度均匀[5]。相对于集中加氯，该方法更为科学，但是加氯位置以及所加剂量大小较难把控，处理实施难度更大。为了无需在自来水厂、水库等水源处加大消毒剂剂量或在管网中安装额外的加氯站，也能够解决关键末端节点消毒剂浓度过低的问题，近期还有学者提出对管网中的节点流出量进行调节[6]，关于在供水管网中对水质进行实时控制水质的更多解决方法，详见文献[7]。

5.1.1 水质控制问题发展介绍

大量的文献研究对优化加氯站的注入剂量或注入调度等水质控制问题(Water Quality Control，WQC)进行了研究，大体可分为两类：基于优化的方法或基于输入-输出(I/O)模型的方法。

目前，为解决水质控制问题，学术界已经提出了包括线性规划(Linear Programming，LP)、二次规划(Quadratic Programming，QP)、启发式算法，如遗传算法(Genetic

Algorithm,GA)以及多目标优化算法在内的各式各样的基于优化的方法。例如,Boccelli 等人[8]提出一种方法在满足余氯约束范围的同时使注入的总消毒剂剂量最小。Boccelli 等人采用线性叠加原理,通过多次注入消毒剂,将水质控制问题建模为线性规划问题。后来,研究[9]在 Boccelli 等人的工作的基础上进一步扩展,将加氯站位置作为决策变量,形成了一个混合整数线性规划(Mixed-Integer Linear Programming,MILP)问题。文献[10]为优化消毒剂注入速率,提出了一种线性最小二乘法,解决了相应的水质控制问题。Munavalli 和 Kumar [11]在加氯站位置已知的情况下,以加氯站注入消毒剂的注入速率为优化变量,使用遗传算法来解决对应的优化问题。

Ostfeld 和 Salomons [12]采用遗传算法,同时优化水泵的调度、加氯站位置和运行,并结合多化学物质水质模拟,将消毒副产物(Disinfection By-Product,DBP)的浓度水平纳入约束中[13]。此外,多目标优化也经常用于解决水质控制问题,例如 Prasad 等人[14]使用多目标遗传算法(NSGA-II)最小化总消毒剂剂量,同时在规定的余氯残留限度内最大化需水量。关于在供水管网中进行加氯优化相关的且较为全面的文献综述,详见 Islam 等人[15]和 Mala-Jetmarova 等人[16]的研究工作。

从这些研究中可以看出,水质调节问题可总结为两个主要部分:水质建模和水质控制。水质建模描述了氯基消毒剂在管网中衰减和传输的时空规律,而水质控制是将相应的算法或机制应用于水质模型以达到相应的控制目标。理论上,水质控制问题可通过大量的控制算法进行,其基本概念包括反馈控制、自适应控制和模型预测控制(MPC)。

但上述大多数研究的共同缺点是,所提方法未能建立面向控制理论的水质模型,即明确地描述多个输入(加氯站注入)和多输出(各种关键连接节点浓度)之间的关系。这就意味着,现存的大多数水质模型不是为应用先进控制理论算法而设计,这严重阻碍了将最前沿的控制算法用于水质控制问题的角度。

第 4 章提到的在输入和输出之间给出明确关系的输入-输出模型(I/O 模型)克服了上述缺点,该 I/O 模型首先由 Zierolf 等人[17]开发,然后由文献[18,19]对其进行了扩展以包含水库等供水管网元件。尽管 I/O 模型仍然不是一个面向控制理论的模型,但由于它给出了输入和输出之间的显式关系,对于控制来说它是友好的,且在与上述的控制算法(包括自适应控制 [20,21]和 MPC[22,23])相结合之后,可以应用于水质控制问题。

但是,I/O 模型需要根据输入(加氯站)和输出(水质传感器)的不同位置组合进行调整和更新。换句话说,一旦加氯站和水质传感器的位置发生变化,必须对整个过程进行重新建模,并根据更新后的 I/O 模型,再重新开发相应的控制算法。即,整个过程只囊括了特定输入-输出关系,过于复杂、烦琐。

为避免上述的缺点,本书已开发了一个面向控制理论的 LDE 模型,详细情况见第 4 章。与目前存在的 I/O 模型相比,该 LDE 模型以控制理论为导向的,同时也捕捉到了系统中所有物理状态的演变;不仅如此,该模型还对管网中所有元件的内部状态进行了建模,而不是只捕捉输入-输出关系;此外,LDE 模型与输入(加氯站)和输出(水质传感器)的位置变化无关。

LDE 模型还可以转换为等效的 I/O 模型,但由于 I/O 模型不能捕捉内部状态,且逆向过程十分复杂,甚至不可能,因此 LDE 模型比 I/O 模型更通用,只需要建模一次便可以用于传统或高级控制算法。本章尝试将模型预测控制应用于 LDE 模型,并证明最优模型预测在水质模型控制中也具有可扩展性。

5.1.2 研究创新点

为此，本章旨在基于 LDE 模型构建可扩展的控制算法，且此控制算法可以近乎实时地决定加氯站最优的消毒剂注入剂量，同时满足第 4 章中所提出的、基于控制理论和网络理论构建的时变状态空间水质模型的相关约束，并可以优化相关指标。换句话说，本章不是依靠仿真技术，而是通过将 MPC 算法与可扩展的、面向控制理论的水质建模方法相结合，提出一种解决水质调控问题的新方法。所设计的模型和所得出的最优控制律则是根据网络结构和预测余氯浓度的未来演变规律确定。

本章的创新之处在于：根据第 4 章推导出的状态空间模型，通过模型预测算法将实时水质调控问题描述为具有约束的二次规划问题。由于所建立的二次规划问题维度较高，并且为了便于实时实现，本章利用简单的变换展示无须求解大规模优化问题而获得二次规划问题的解析解的一些方法。简而言之，本章所提控制算法可以做到即插即用(plug-and-play)，即系统操作员只需测量某些连接节点的余氯浓度，所提控制算法便可立刻给出最优消毒剂注入量，并通过闭环反馈控制的方式，利用安装在管网中的加氯站实现最终的实时调控。仿真研究表明，基于 LDE 模型预测控制的水质控制方法在需水量不确定、反应速率系数不确定和影响管网余氯浓度的未知扰动不确定的供水管网上，具有一定的应用潜力。

本章的其余部分组织如下。第 5.2 节详细介绍模型预测控制算法，并构建相应的线性规划问题。基于以上结果，第 5.3 节介绍具有可扩展性控制算法，将维度较高、具有数百万变量的线性规划问题转化为维度较低、具有较少变量的二次规划问题。第 5.4 节进行仿真分析以证实所提算法的有效性。第 5.5 节进行总结，并给出本章所提方法的局限性以及未来可能的研究方向。最后，本章中所有的证明和详细推导过程均在附录中给出。

5.2 即插即用模型预测控制算法简介

由于对供水管网进行加氯消毒具有一定的运行成本，且过量的加入消毒剂也会有一定的副作用，所以水质控制问题的最终目标是保证所有节点饮用水中的余氯浓度处于所要求的安全浓度范围内的同时，尽可能减少所注入的消毒剂剂量。模型预测控制技术对参数不确定性和预测错误均具有不错的鲁棒性，故本章研究中采用模型预测算法实现上述目标。

在讨论具体的水质控制目标函数和约束条件之前，需要说明的是，本章所介绍的模型预测控制问题是针对第 4 章中的单一化学物反应模型设计，即：

$$\boldsymbol{x}(t+1)=\boldsymbol{A}(t)\boldsymbol{x}(t)+\boldsymbol{B}(t)\boldsymbol{u}(t)$$
$$\boldsymbol{y}(t)=\boldsymbol{C}(t)\boldsymbol{x}(t)+\boldsymbol{D}(t)\boldsymbol{u}(t)$$

其中，系统状态变量 $\boldsymbol{x}(t)$ 是一个汇集所有节点和所有管段的浓度向量，即：

$$\boldsymbol{x}(t)\triangleq\{\boldsymbol{c}^{\mathrm{N}}(t),\boldsymbol{c}^{\mathrm{L}}(t)\}=\{\boldsymbol{c}^{\mathrm{J}}(t),\boldsymbol{c}^{\mathrm{R}}(t),\boldsymbol{c}^{\mathrm{TK}}(t),\boldsymbol{c}^{\mathrm{P}}(t),\boldsymbol{c}^{\mathrm{M}}(t),\boldsymbol{c}^{\mathrm{V}}(t)\}$$

此外，供水管网的水力、水质模型和模型预测控制具有的不同时间尺度，表 5.1 中列举了对不同时间尺度的详细描述，而图 5.1 则阐述了它们之间的关系。值得注意的是，持续时

间 T_d、需水量模式步长 T_n、水力时间步长 T_h 的定义和 EPANET 软件中的定义完全相同。例如，另 $1T_d=12T_n=24T_h$ 以及 $T_h=1$ h 的含义是：求解一个持续 24 h 时长的水力问题，且用户需水量每 2 h 变化一次，水力时间步长为 1 h。

表 5.1　水质控制问题中的时间尺度

符号	描述
T_d，T_n，T_h	仿真持续时长（水质控制问题时间段）；需水量模式时间步长；水力时间步长
T_p，T_c，Δt	模型预测控制的预测时间域；模型预测控制的控制时间域；（L-W 数值法中的）水质时间步长

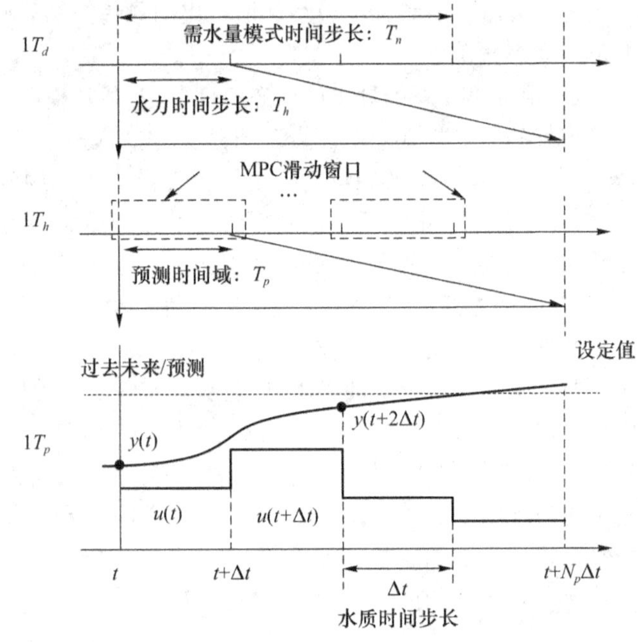

图 5.1　水质控制问题中不同时间尺度之间的关系以及离散模型预测控制（MPC）方案的示例（$T_d=N_1T_h=N_2T_p=N_p\Delta t$，其中 N_1、N_2、N_p 均为整数）

考虑一个从时刻 $t=0$ 到 $t=T_d$ 的水质控制问题，且该问题受所有节点和管段中余氯浓度具有上下限约束：$c^{\min}=0.2$ mg/L 和 $c^{\max}=4$ mg/L，即：

$$\boldsymbol{x}(t)\in[\boldsymbol{c}^{\min},\boldsymbol{c}^{\max}] \tag{5.1}$$

约束条件(5.1)可以简明地表述为：

$$\text{Constraints:}\quad \boldsymbol{x}^{\min}\leqslant\boldsymbol{x}(t)\leqslant\boldsymbol{x}^{\max} \tag{5.2}$$

其中，$\boldsymbol{x}^{\min}$ 和 $\boldsymbol{x}^{\max}$ 分别是模型的上、下限。

至于优化目标，需要解决的控制问题是使注入的氯基消毒剂总量最小或加氯站运行注入消毒剂的成本最小，同时，确保所有节点和管段的余氯浓度 $\boldsymbol{x}(t)$ 保持在上述预先规定的范围内。考虑到以上因素，预测时间域 T_p 内的水质控制问题（WQC）可写为：

$$\text{WQC-MPC:}\quad \text{minimize}_{\boldsymbol{x}(t),\boldsymbol{u}(t)}\quad J(\boldsymbol{u}(t))=\lambda\sum_{t=0}^{N_p-1}\boldsymbol{q}^{\mathrm{B}}(t)^{\mathrm{T}}\boldsymbol{u}(t) \tag{5.3}$$
$$\text{subject to}\quad \text{LDE}(4.20),\text{Constraints}(5.2)$$

其中：λ 是单位氯基消毒剂的注入成本（元/mg）；$\boldsymbol{q}^{\mathrm{B}}(t)$ 是与 $\boldsymbol{u}(t)$ 维度相匹配的流量向量。

对于上述优化问题需读者注意以下五点。

第一，由第 4 章中注 4.1 决定的水质时间步长 Δt 在不同的水力时间步中是不同的，但在同一水力时间步 T_h 中，Δt 保持不变，且有 $T_h=\frac{N_p}{N_1}\Delta t$(如图 5.1 所示)。同样，LDE 模型中的矩阵 $\boldsymbol{A}(t)$和 $\boldsymbol{B}(t)$也随着水力动力学的时间尺度的变化而变化。

第二，假设已知初始余氯浓度 $\boldsymbol{x}(t=0)$，则优化变量为 $\{\boldsymbol{x}(t)\}_{t=1}^{N_p}$，$\{\boldsymbol{u}(t)\}_{t=0}^{N_p-1}$。即，在 N_p-1时刻的输入 $\boldsymbol{u}(N_p-1)$会驱动水质模型中的 N_p 时刻的状态 $\boldsymbol{x}(N_p)$。

第三，式(5.3)中并没有涉及测量模型，这也是模型预测控制的一个默认假设，即所有的状态均是可用传感器进行测量。

第四，约束条件(5.2)是硬约束，这可能会导致 WQC-MPC (5.3)无解，此问题将会在第 5.3 节使用"软化"的方式进行解决。

第五，在当前预测时间域 T_p 中的 WQC-MPC 优化问题求解完毕后，模型预测窗口会滑向下一个时间段，继续求解相应的 WQC-MPC 优化问题(如图 5.1 所示)。此外，求解得到的控制序列 $\boldsymbol{u}(t)$是一个包含 N_p 个时间步长的 $n_u\times N_p$ 矩阵，此矩阵需进一步整合、压缩为一个较大的时间步长加氯站注入量，以匹配类似于注入频率等加氯站注入消毒剂的能力。此外，WQC-MPC (5.3)是一个线性规划(LP)问题，优化变量的数量由 N_p、n_x 和 n_u 决定。当每个节点都安装加氯站时，即最坏情况发生时，优化变量的维度为：

$$N_p(n_x+n_u)=N_p(2n_{\mathrm{N}}+n_{\mathrm{L}}) \tag{5.4}$$

其中，$n_{\mathrm{N}}=n_{\mathrm{J}}+n_{\mathrm{R}}+n_{\mathrm{TK}}$且 $n_{\mathrm{L}}=n_{\mathrm{S}}+n_{\mathrm{M}}+n_{\mathrm{V}}$。

从式(5.4)中可以看到出，对于任意给定的管网，WQC-MPC(5.3)优化问题中的变量数量主要由预测时间域 T_p、管道数量 n_{P}、管道离散段数 s_{L} 决定。例如，若一个有 $n_{\mathrm{P}}=15$ 条管道的供水管网，每条管道离散为 $s_{\mathrm{L}}=500$ 段，当 $\Delta t=1$ s 时，预测时间域取 $T_p=5$ min(等效为 $N_p=300$ 个时间步长)，那么对于此小规模管网，WQC-MPC (5.3)的优化变量数量也将超过 225 万个。即使该优化问题是线性规划，对大多数求解器也很棘手。接下来，本章尝试引入可即插即用的模型预测控制算法，通过理论分析的方式，达到减少计算量的目的。并且，该方法可移除模型预测算法内置的默认假设，即所有的状态(包括管道离散段)都可通过传感器测量得到，最终实现近乎实时的模型预测控制，以完成对水质的实时调控。

5.3 可扩展的水质模型预测控制实时实现

由于平流反应动力学的时空离散化，WQC-MPC(5.3)优化问题的维度随着管道和管道离散段数的增加而迅速扩大。此外，采用的 L-W 数值法决定了水质模拟的时间步长需为秒级才能达到高保真的要求，因此要求水质调控算法可根据管网的水质状况进行近乎实时的控制。即使是只有几十条管道和节点的微型网络，线性规划(5.3)也会有数百万个变量，而且其中大部分变量都是状态变量，即 $\boldsymbol{x}(t)$。简而言之，由于时间步长是以秒为量级，那么 WQC-MPC(5.3)此线性规划问题需在几分之一秒内求解出结果，才可能使模型预测控制的调控可以达到准实时的要求。

为此，本节就如何将 WQC-MPC (5.3)优化问题从一个具有数百万变量约束的线性规划问题(LP)转化为一个变量数量级较少甚至具有解析解的二次规划问题(QP)。而所采用方法的核心思想是消除对状态变量 $\boldsymbol{x}(t)$ 依赖的同时，将状态约束(5.2)建模为二次规划目标函数中的"软约束"。此方法是控制理论科学中的经典方法[24]，然而将其应用到水质控制问题属首次尝试。

5.3.1 水质模型预测控制问题的快速求解方法

首先，将差分方程改写为：

$$\boldsymbol{x}(t+1)=\boldsymbol{A}\boldsymbol{x}(t)+\boldsymbol{B}\boldsymbol{u}(t) \tag{5.5a}$$

$$\boldsymbol{y}(t)=\boldsymbol{C}\boldsymbol{x}(t) \tag{5.5b}$$

在式(5.5)中，我们做了两个简化，以方便简明扼要地推导全新的模型预测控制：第一，令 $\Delta t=1$；第二，记 $\boldsymbol{A}(t):=\boldsymbol{A}$ 且 $\boldsymbol{B}(t):=\boldsymbol{B}$。这里需注意的是，此简化并不意味着 Δt 是 1 s，相反，它只是意味着一个单位时间步。此外，式(5.5)中还包括一个测量模型，其中 $\boldsymbol{C}$ 是只包含 0 或者 1 的矩阵，该矩阵实时对测量余氯浓度水质传感器的位置进行编码。然而，L-W 数值法只是虚拟地对管道进行分段，因此在实际管网中，无法为管道中的每一个管道离散段安装传感器。因此，管道中余氯浓度可以通过 LDE 模型〔式(4.20)〕进行估计。

下面，令

$$\Delta\boldsymbol{x}(t+1)=\boldsymbol{x}(t+1)-\boldsymbol{x}(t)$$

$$\Delta\boldsymbol{u}(t+1)=\boldsymbol{u}(t+1)-\boldsymbol{u}(t)$$

为可以量化相应变化率的辅助状态变量和辅助输入变量，则可将式(5.5)改写为：

$$\begin{bmatrix}\Delta\boldsymbol{x}(t+1)\\ \boldsymbol{y}(t+1)\end{bmatrix}=\begin{bmatrix}\boldsymbol{A} & \boldsymbol{0}\\ \boldsymbol{CA} & \boldsymbol{I}_{n_y}\end{bmatrix}\begin{bmatrix}\Delta\boldsymbol{x}(t)\\ \boldsymbol{y}(t)\end{bmatrix}+\begin{bmatrix}\boldsymbol{B}\\ \boldsymbol{CB}\end{bmatrix}\Delta\boldsymbol{u}(t)$$

$$\boldsymbol{y}(t)=\begin{bmatrix}\boldsymbol{0} & \boldsymbol{I}_{n_y}\end{bmatrix}\begin{bmatrix}\Delta\boldsymbol{x}(t)\\ \boldsymbol{y}(t)\end{bmatrix}$$

或者，写成如下简单形式：

$$\boldsymbol{x}_a(t+1)=\boldsymbol{\Phi}_a\boldsymbol{x}_a(t)+\boldsymbol{\Gamma}_a\Delta\boldsymbol{u}(t) \tag{5.6a}$$

$$\boldsymbol{y}(t)=\boldsymbol{C}_a\boldsymbol{x}_a(t) \tag{5.6b}$$

其中，$\boldsymbol{x}_a(t)=\{\Delta\boldsymbol{x}(t),\boldsymbol{y}(t)\}\in\mathbb{R}^{n_x+n_y}$，$\boldsymbol{\Gamma}_a\in\mathbb{R}^{n_x+n_x\times n_u}$，$\boldsymbol{C}_a\in\mathbb{R}^{n_y\times n_x+n_y}$。

在式(5.6)中，$\boldsymbol{x}_a(t)$ 表示"增强的状态变量"，此变量为移除原 WQC-MPC (5.3)优化问题中的变量 $\boldsymbol{x}(t)$ 铺平了道路。与传统模型预测控制方案类似，$\boldsymbol{x}_a(t)$ 默认是给定且已知的，因此将预测时间域内 N_p 个时间步的等式重新整理，组成：

$$\begin{bmatrix}\boldsymbol{C}_a\boldsymbol{x}_a(t+1)\\ \boldsymbol{C}_a\boldsymbol{x}_a(t+2)\\ \vdots\\ \boldsymbol{C}_a\boldsymbol{x}_a(t+N_p)\end{bmatrix}=\begin{bmatrix}\boldsymbol{C}_a\boldsymbol{\Phi}_a\\ \boldsymbol{C}_a\boldsymbol{\Phi}_a^2\\ \vdots\\ \boldsymbol{C}_a\boldsymbol{\Phi}_a^{N_p}\end{bmatrix}\boldsymbol{x}_a(t)+\begin{bmatrix}\boldsymbol{C}_a\boldsymbol{\Gamma}_a & & & \\ \boldsymbol{C}_a\boldsymbol{\Phi}_a\boldsymbol{\Gamma}_a & \boldsymbol{C}_a\boldsymbol{\Gamma}_a & & \\ \vdots & & \ddots & \\ \boldsymbol{C}_a\boldsymbol{\Phi}_a^{N_p-1}\boldsymbol{\Gamma}_a & \cdots & \boldsymbol{C}_a\boldsymbol{\Phi}_a\boldsymbol{\Gamma}_a & \boldsymbol{C}_a\boldsymbol{\Gamma}_a\end{bmatrix}\begin{bmatrix}\Delta\boldsymbol{u}(k)\\ \Delta\boldsymbol{u}(t+1)\\ \vdots\\ \Delta\boldsymbol{u}(t+N_p-1)\end{bmatrix}$$

或写为：

$$\boldsymbol{y}_p=\boldsymbol{W}\boldsymbol{x}_a+\boldsymbol{Z}\Delta\boldsymbol{u}_p \tag{5.7}$$

其中，$\boldsymbol{y}_p \in \mathbb{R}^{n_y N_p}$ 且 $\Delta \boldsymbol{u}_p \in \mathbb{R}^{n_u N_p}$。

式(5.7)本质上是将差分方程动力学归纳为一个具有已知 $\boldsymbol{x}_a$ 和预先确定 $\boldsymbol{Y}$、$\boldsymbol{W}$、$\boldsymbol{Z}$ 矩阵的单一等式约束；而向量 $\boldsymbol{u}_p$ 是需要在 N_p 时间步长中要求解的量，即新的优化变量。

新状态变量 $\boldsymbol{x}_a(t)=\begin{bmatrix}\Delta \boldsymbol{x}(t)\\ \boldsymbol{y}(t)\end{bmatrix}$ 由两部分组成，且这两部分在 LDE 模型和已安装的水质传感器协助下，可以很容易地估计计算。只要 LDE 模型〔式(4.20)〕是准确的且初始值 $\boldsymbol{x}(0)$ 给定，第一部分 $\Delta \boldsymbol{x}(t)$〔或等价的 $\boldsymbol{x}(t)$〕可以从 LDE 模型〔式(4.20)〕的 $\boldsymbol{x}(t+1)=\boldsymbol{A}\boldsymbol{x}(t)+\boldsymbol{B}\boldsymbol{u}(t)$ 得到，第二部分 $\boldsymbol{y}(t)$ 其实是传感器输出。因此，在所提出的方法中，$\boldsymbol{x}_a$ 可看作已知量。

此处需要的另一个工具是式(5.3)给出的目标函数上附加软约束以取代式(5.2)中给出的 $\boldsymbol{x}(t)$ 的上下限约束。为此，将 $\boldsymbol{y}^{\text{ref}}$ 定义为一个恒定的、预先确定的设定值，该设定值是在安装了传感器节点处的理想余氯浓度。为简单起见，可将 $\boldsymbol{y}^{\text{ref}}$ 设定为规定最小余氯浓度和最大余氯浓度的平均值。

鉴于以上推导，可附加一个目标函数将 WQC-MPC (5.3)优化问题写成无约束的二次规划问题：

$$\text{minimize}_{\Delta \boldsymbol{u}_p}\ \widetilde{J}(\Delta \boldsymbol{u}_p)=\frac{1}{2}(\boldsymbol{y}^{\text{ref}}-\boldsymbol{y}_p)^{\mathrm{T}}\boldsymbol{Q}(\boldsymbol{y}^{\text{ref}}-\boldsymbol{y}_p)+\frac{1}{2}\Delta \boldsymbol{u}_p^{\mathrm{T}}\boldsymbol{R}\Delta \boldsymbol{u}_p+\boldsymbol{b}^{\mathrm{T}}\Delta \boldsymbol{u}_p \tag{5.8}$$

其中，附加目标函数有三方面的作用：第一，最小管网元件中的余氯浓度与参照向量定义的余氯浓度的偏差；第二，平滑控制量；第三，最小化加氯站注入氯基消毒剂的成本（注入成本）。$\boldsymbol{b}=\lambda \boldsymbol{q}^{\mathrm{B}}(t)\otimes \boldsymbol{1}_{N_p}$ 类似于 WQC-MPC 优化问题中的成本函数，其中 $\otimes$ 表示 Kronecker 张量积，$\boldsymbol{1}_{N_p}$ 是一个 N_p 为的全 1 向量；矩阵 $\boldsymbol{Q}=\boldsymbol{Q}^{\mathrm{T}}$ 和 $\boldsymbol{R}=\boldsymbol{R}^{\mathrm{T}}$ 是权重矩阵，决定了测量值偏离设定值的程度和控制输入的平滑度。因此，矩阵 $\boldsymbol{Q}$、$\boldsymbol{R}$ 和 $\boldsymbol{b}$ 对最终解会有极大影响，这三个矩阵的值需要根据三个优化目标的重要性来调整。例如，可以设置一个相对较大的 $\boldsymbol{Q}$ 将有助于快速准确地达到设定值，但控制的平稳性和加氯站注入氯基消毒剂的成本将不能保证。

式(5.8)中唯一的优化变量是 $\Delta \boldsymbol{u}_p$，因为 $\boldsymbol{y}_p$ 可以用式(5.7)中的 $\boldsymbol{W}\boldsymbol{x}_a+\boldsymbol{Z}\Delta \boldsymbol{u}_p$ 代替。替换后，可得：

$$\begin{aligned}
\widetilde{J}(\Delta \boldsymbol{u}_p)&=\frac{1}{2}(\boldsymbol{y}^{\text{ref}}-\boldsymbol{y}_p)^{\mathrm{T}}\boldsymbol{Q}(\boldsymbol{y}^{\text{ref}}-\boldsymbol{y}_p)+\frac{1}{2}\Delta \boldsymbol{u}_p^{\mathrm{T}}\boldsymbol{R}\Delta u_p+\boldsymbol{b}^{\mathrm{T}}\Delta \boldsymbol{u}_p\\
&=\frac{1}{2}(\boldsymbol{y}^{\text{ref}}-\boldsymbol{W}\boldsymbol{x}_a-\boldsymbol{Z}\Delta \boldsymbol{u}_p)^{\mathrm{T}}\boldsymbol{Q}(\boldsymbol{y}^{\text{ref}}-\boldsymbol{W}\boldsymbol{x}_a-\boldsymbol{Z}\Delta \boldsymbol{u}_p)+\frac{1}{2}\Delta \boldsymbol{u}_p^{\mathrm{T}}\boldsymbol{R}\Delta \boldsymbol{u}_p+\boldsymbol{b}^{\mathrm{T}}\Delta \boldsymbol{u}_p\\
&=\frac{1}{2}(-\boldsymbol{y}^{\text{refT}}\boldsymbol{Q}\boldsymbol{Z}\Delta \boldsymbol{u}_p+\boldsymbol{x}_a^{\mathrm{T}}\boldsymbol{W}^{\mathrm{T}}\boldsymbol{Q}\boldsymbol{Z}\Delta \boldsymbol{u}_p-\Delta \boldsymbol{u}_p^{\mathrm{T}}\boldsymbol{Z}^{\mathrm{T}}\boldsymbol{Q}\boldsymbol{y}^{\text{ref}}+\Delta \boldsymbol{u}_p^{\mathrm{T}}\boldsymbol{Z}^{\mathrm{T}}\boldsymbol{Q}\boldsymbol{W}\boldsymbol{x}_a\\
&\quad+\Delta \boldsymbol{u}_p^{\mathrm{T}}\boldsymbol{Z}^{\mathrm{T}}\boldsymbol{Q}\boldsymbol{Z}\Delta \boldsymbol{u}_p)+\frac{1}{2}\Delta \boldsymbol{u}_p^{\mathrm{T}}\boldsymbol{R}\Delta \boldsymbol{u}_p+\boldsymbol{b}^{\mathrm{T}}\Delta \boldsymbol{u}_p+\text{ConstantTerms}
\end{aligned}$$

整理后，

$$\widetilde{J}(\Delta \boldsymbol{u}_p)=\frac{1}{2}\Delta \boldsymbol{u}_p^{\mathrm{T}}(\boldsymbol{Z}^{\mathrm{T}}\boldsymbol{Q}\boldsymbol{Z}+\boldsymbol{R})\Delta \boldsymbol{u}_p+(\boldsymbol{b}^{\mathrm{T}}-\boldsymbol{y}^{\text{refT}}\boldsymbol{Q}\boldsymbol{Z}+\boldsymbol{x}_a^{\mathrm{T}}\boldsymbol{W}^{\mathrm{T}}\boldsymbol{Q}\boldsymbol{Z})\Delta \boldsymbol{u}_p+\text{constants}$$

对上述二次规划问题应用无约束最优化的一阶必要条件，可求出 $\Delta \boldsymbol{u}_p$ 的最优值。即，令 $\dfrac{\partial \widetilde{J}(\Delta \boldsymbol{u}_p)}{\partial \Delta \boldsymbol{u}_p}=\boldsymbol{0}$，可得：

$$\Delta \boldsymbol{u}_p^* = (\boldsymbol{Z}^{\mathrm{T}}\boldsymbol{Q}\boldsymbol{Z}+\boldsymbol{R})^{-1}(\boldsymbol{b}-\boldsymbol{Z}^{\mathrm{T}}\boldsymbol{Q}(\boldsymbol{y}^{\mathrm{ref}}-\boldsymbol{W}\boldsymbol{x}_a)) \tag{5.9}$$

式(5.9)中给出的最优控制律具有即插即用特性，即无须求解优化问题便可以立即在管网中使用。具体而言，在时间步 t 测量出 $\boldsymbol{x}_a$ 后，最优值 $\Delta \boldsymbol{u}_p^*$ 便可直接得到，并可从 $\Delta \boldsymbol{u}_p^*$ 中提取出原优化问题的最优余氯注入值 $\boldsymbol{u}^*(t)$，而无须求解原始大规模优化问题。此处，唯一需要计算的是式(5.9)中的大规模矩阵-向量乘积，而此部分也可以使用稀疏矩阵有效地进行计算，而不是使用迭代的内点方法求解 WQC-MPC (5.3)线性规划问题。此外，控制律(5.9)等式的右侧绝大部分可预先计算并存储，其中唯一计算的变量是 $\boldsymbol{x}_a$。

注 5.1 $\boldsymbol{Q}=\boldsymbol{Q}^{\mathrm{T}}$ 和 $\boldsymbol{R}=\boldsymbol{R}^{\mathrm{T}}$ 是正定权重矩阵，式(5.8)中无约束最小化的二阶必要条件也得到了满足，这是因为对所有 $\boldsymbol{Z}$ 值，矩阵 $\boldsymbol{Z}^{\mathrm{T}}\boldsymbol{Q}\boldsymbol{Z}+\boldsymbol{R}$ 可逆且正定。

5.3.2 严格保证状态/输入向量满足上下限约束的潜在解决方案

第 5.3.1 节的推导过程会自然而然地引出另一个问题，即鉴于最优控制律(5.9)仅仅会对参考浓度的偏差进行最小化，那么能否保证状态向量 $\boldsymbol{x}$ 和控制输入向量 $\boldsymbol{u}$ 满足原问题的上下限约束？不幸的是，尽管高度可扩展的控制律(5.9)有其优点，但是从理论上，本方法不能保证不违反约束条件(5.2)，仿真结果对此进行了详细的探索。即便如此，本节仍然可以通过将状态和输入的约束转化为优化变量 $\Delta \boldsymbol{u}_p$ 的约束来解决此问题。

首先，对系统状态变量 $\boldsymbol{x}$ 施加约束可以转换为对 $\boldsymbol{y}_p$ 施加上下限约束。当然，此约束最终也会反映到唯一的优化变量 $\Delta \boldsymbol{u}_p$ 上。为研究此方法在实际供水管网实施的可行性，需要提醒读者的是，$\boldsymbol{y}_p$ 囊括了模型预测控制在整个控制时间域内的所有 $\boldsymbol{x}_a(t)$，而 $\boldsymbol{x}_a(t)$ 又汇集了 $\Delta \boldsymbol{x}(t)$ 和测量值 $\boldsymbol{y}(t)$。可想而知，对 $\boldsymbol{y}_p^{\min} \leqslant \boldsymbol{y}_p \leqslant \boldsymbol{y}_p^{\max}$ 的约束，本质上是在“模拟”约束条件(5.2)。因此，施加在 $\boldsymbol{y}_p$ 上的约束可写为：

$$\begin{bmatrix} -\boldsymbol{y}_p \\ \boldsymbol{y}_p \end{bmatrix} \leqslant \begin{bmatrix} -\boldsymbol{y}_p^{\min} \\ \boldsymbol{y}_p^{\max} \end{bmatrix}$$

而 $\boldsymbol{y}_p$ 又可以写为 $\boldsymbol{y}_p=\boldsymbol{W}\boldsymbol{x}_a+\boldsymbol{Z}\Delta \boldsymbol{u}_p$，因此可得：

$$\begin{bmatrix} -\boldsymbol{Z} \\ \boldsymbol{Z} \end{bmatrix} \Delta \boldsymbol{u}_p \leqslant \begin{bmatrix} -\boldsymbol{y}_p^{\min}+\boldsymbol{W}\boldsymbol{x}_a \\ \boldsymbol{y}_p^{\max}-\boldsymbol{W}\boldsymbol{x}_a \end{bmatrix} \tag{5.10}$$

其次，对控制输入 $\boldsymbol{u}$ 的约束也可以采用求解类似于对系统状态 $\boldsymbol{x}$ 约束的方式进行处理。注意到 $\boldsymbol{u}(t)=\boldsymbol{u}(t-1)+\Delta \boldsymbol{u}(t)=\boldsymbol{u}(t-1)+\begin{bmatrix}\boldsymbol{I}_{n_u} & \boldsymbol{0} & \cdots & \boldsymbol{0}\end{bmatrix}\Delta \boldsymbol{u}_p$，且 $\boldsymbol{u}(t+1)=\boldsymbol{u}(t)+\Delta \boldsymbol{u}(t+1)=\boldsymbol{u}(t)+\begin{bmatrix}\boldsymbol{I}_{n_u} & \boldsymbol{I}_{n_u} & \cdots & \boldsymbol{0}\end{bmatrix}\Delta \boldsymbol{u}_p$，因此，可得：

$$\begin{bmatrix} \boldsymbol{u}(t) \\ \boldsymbol{u}(t+1) \\ \vdots \\ \boldsymbol{u}(t+N_p-1) \end{bmatrix} = \begin{bmatrix} \boldsymbol{I}_{n_u} \\ \boldsymbol{I}_{n_u} \\ \vdots \\ \boldsymbol{I}_{n_u} \end{bmatrix} \boldsymbol{u}(t-1) + \begin{bmatrix} \boldsymbol{I}_{n_u} & & \\ \boldsymbol{I}_{n_u} & \boldsymbol{I}_{n_u} & \\ \vdots & & \ddots \\ \boldsymbol{I}_{n_u} & \cdots & \boldsymbol{I}_{n_u} \end{bmatrix} \begin{bmatrix} \Delta \boldsymbol{u}(k) \\ \Delta \boldsymbol{u}(t+1) \\ \vdots \\ \Delta \boldsymbol{u}(t+N_p-1) \end{bmatrix}$$

或简写为：

$$\boldsymbol{u}_p=\boldsymbol{H}_1\boldsymbol{u}(t-1)+\boldsymbol{H}_2\Delta \boldsymbol{u}_p$$

假设有控制输入约束 $\boldsymbol{u}_p^{\min} \leqslant \boldsymbol{u}_p \leqslant \boldsymbol{u}_p^{\max}$，且可以写为：

$$\begin{bmatrix} -\boldsymbol{H}_2 \\ \boldsymbol{H}_2 \end{bmatrix} \Delta \boldsymbol{u}_p \leqslant \begin{bmatrix} -\boldsymbol{u}_p^{\min} + \boldsymbol{H}_1 u(t-1) \\ \boldsymbol{u}_p^{\max} - \boldsymbol{H}_1 u(t-1) \end{bmatrix} \tag{5.11}$$

从式(5.10)和式(5.11)可以看出，对系统状态 $\boldsymbol{x}$ 和控制输入 $\boldsymbol{u}$ 的所有约束都表示为对优化变量 $\Delta \boldsymbol{u}_p$ 的约束，而且，这些不等式约束都可纳入水质控制的二次规划优化问题中，即：

$$\text{minimize}_{\Delta u_p} \quad J(\Delta \boldsymbol{u}_p) = \frac{1}{2} \Delta \boldsymbol{u}_p^{\mathrm{T}} \boldsymbol{R} \Delta \boldsymbol{u}_p + \boldsymbol{b}^{\mathrm{T}} \Delta \boldsymbol{u}_p \tag{5.12}$$

$$\text{subject to} \quad (5.10),(5.11)$$

需要说明的是，与 WQC-MPC (5.3)不同，优化问题(5.12)具有的优化变量和约束要少得多，这是因为优化问题 (5.3)中的大部分优化变量都集中在向量 $\boldsymbol{x}(t)$ 中，但这些变量均没有在优化问题(5.12)中出现。优化问题(5.8)和优化问题(5.12)中的优化变量个数是：

$$N_p n_u = N_p n_{\mathrm{N}} \tag{5.13}$$

也就是说，优化变量个数减少的百分比为 $1 - \dfrac{N_p n_{\mathrm{N}}}{N_p(2n_{\mathrm{N}} + n_{\mathrm{L}})} = \dfrac{n_{\mathrm{N}} + n_{\mathrm{L}}}{2n_{\mathrm{N}} + n_{\mathrm{L}}}$，具体的例子详见第 5.4 节表 5.2 中的示例。

5.3.3 实时控制实现

本节总结了在实际具有不确定性的供水管网中如何实现所提的水质控制方法，具体过程如图 5.2 所示。图中的点线框显示的是预测参数，而虚线框是实时的、实际未知参数，二者之间可能会有比较大的出入。由于现实情况下无法将实际参数提供给模型预测控制器(事实上，可能永远无法得知准确的实际参数值)，因此所提方法不要求将实际参数提供控制算法，而仅仅使用预测参数。本章所提方法考虑了供水管网延时模拟(Extended Period Simulation，EPS)中 3 个不确定性的来源[25,26]：第一，未知扰动，例如由于发生污染事件或者管道中意外出现亚砷酸钠等化学物质，导致余氯浓度快速地下降；第二，用户需水量的不确定性；第三，管网参数的不确定性，例如管道和水塔中余氯的衰减系数 k^{P} 和 k^{TK} 的估算不准确带来的不确定性。考虑以上不确定性后的测试结果，详见第 5.4 节。下面，对实现步骤进行详细说明。

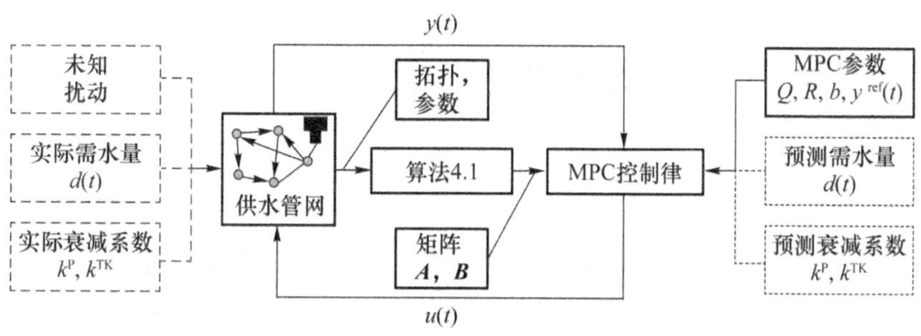

图 5.2 水质控制问题流程图，其中点线框显示的是预测参数，而虚线框是实时的、实际未知参数，MPC 控制律可以使用(5.9)或者(5.12)实现

首先，将供水管网的拓扑结构和相关参数输入到第 4 章所提算法 4.1 中，这是获取状态空间差分方程模型即 LDE 模型的第一步。其中，供水管网的相关参数主要包括预测的用户需水量，有了需水量，根据水力方程组，进行 EPS 延时模拟（$T_d=24$ h)，便可以得到所有节点的水头和所有的管道流量等水力特性数据。从此步骤可以看出，所提的水质控制方法是基于稳态水力动力学模拟。

然后，通过式(4.20)的推导，得到 EPS 延时模拟时间段内的状态空间矩阵 $\boldsymbol{A}(t)$和$\boldsymbol{B}(t)$，从而得到图 4.3 所示的 LDE 模型。此步骤需要的计算开销较小，且可离线进行，并储存起来，用于后续的水质控制律计算。

其次，根据管网运营单位的偏好，对管网水质控制方法可以采用解析解的形式得到预测时间域 N_p 控制律(5.9)，或者采用通过求解二次规划问题式(5.12)得到控制律 $\Delta\boldsymbol{u}_p(t)$。之后，直接提取向量 $\Delta\boldsymbol{u}_p(t)$的前 m 个元素生成 $\Delta\boldsymbol{u}(t)$，然后通过 $\boldsymbol{u}(t)=\Delta\boldsymbol{u}(t)-\boldsymbol{u}(t-1)$求解每一个 t 时刻的控制律 $\boldsymbol{u}(t)$，其中初始控制输入 $\boldsymbol{u}(0)$可初始化为零向量。从以上分析可以看出，此控制律 $\boldsymbol{u}(t)$确实是管网当前增广状态 $\boldsymbol{x}_a(t)$的函数，而增广状态 $\boldsymbol{x}_a(t)$囊括了传感器测量值的 $\boldsymbol{y}(t)$，因此此控制律 $\boldsymbol{u}(t)$确实是传感器测量值的 $\boldsymbol{y}(t)$的函数，这也体现了反馈控制的思想。

最后，将得到的控制律直接应用于具有不确定参数的供水管网模型进行水质控制。在得到新的测量值 $\boldsymbol{y}(t)$后，重复以上过程，从而形成闭环反馈驱动的实时控制，具体实现过程，见 5.4 节的仿真分析。

5.4 仿真分析

为了说明所提水质控制方法，本节使用三节点管网、Net1 管网(环状)和 Net3 管网[27,19] 3 个示例网络进行仿真模拟，详见图 5.3。所有测试网络的详细参数、拓扑、相应的设置和验证指标见第 4.4 节，在此，不一一赘述。由于状态空间水质模型的有效性和准确性已在第 4 章验证，因此在本节的仿真分析中，直接展示所提出的模型预测控制算法的控制效果。本章所有的仿真模拟实验均在搭载 Intel(R) Xeon(R) CPU E5－1620 v3 @3.50 GHz 处理器的 Windows 10 Enterprise 上进行，并采用标准的 EPANET Matlab Toolkit [28]完成。

5.4.1 模型预测控制算法的控制效果

1. 三节点管网

为简化问题，图 5.3(a)所示的三节点管网是自行设计的网络，包括 1 个连接节点、1 条管道、1 台水泵、1 个水塔和 1 个水库，详细参数设置见 4.4.2 小节。此仿真中假设只有 2 号连接节点消耗水，且实际需水量和预测需水量之间的差异可以看为在[－10%，10%]区间服从均匀分布的随机变量，且被视为需水量不确定性。

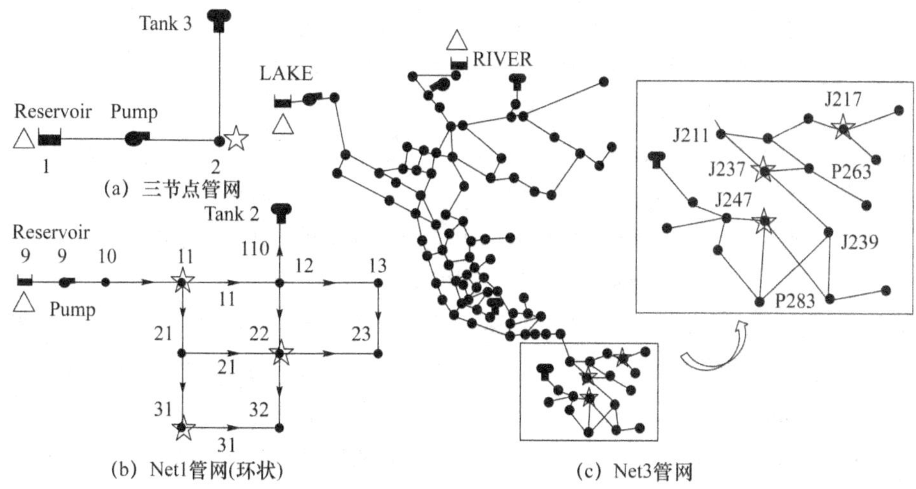

图 5.3 安装有质量型加氯站(五角星)和浓度型加氯站(三角形)的测试网络

为维持管网中适当的余氯浓度,即设定值 $\boldsymbol{y}^{\mathrm{ref}}$,模型预测控制器的输出或者说控制律(5.9)会决定加氯站需注入氯基消毒剂的最小剂量。式(5.5)中的设定值 $\boldsymbol{y}^{\mathrm{ref}}=2$ mg/L,且假设单价 $\lambda=0.001$ 元/mg。模型预测控制的控制律(5.9)参数 $\boldsymbol{Q}$ 和 $\boldsymbol{R}$ 均为单位阵。此次 EPS 延时模拟的时间长度 $T_d=24$ h,即 1 440 min。设置 $T_n=T_h=1$ h,$T_p=5$ min。注意,23 号管道离散为 $s_{L_{23}}=150$ 段,且水质时间步长 Δt 由注 4.1 动态决定。

如前所述,此次 EPS 延时模拟考虑 3 种不确定源[25,26],其中,可以通过劫持或突然改变特定节点或管道的余氯浓度来模拟未知干扰。如图 5.5 所示,在第 200 min 时,将 2 号连接节点和 23 号管道中的余氯浓度强制降至 1 mg/L。实际需水量和预测需水量之间的差异,即需水量不确定性可以在[−10%,10%]区间服从均匀分布的随机数模拟。类似地,反应速率参数不确定性可以通过 4.3.2 小节介绍的 k_{23}^{b} 和 k_{23}^{w} 附加 10%的不确定性实现。

图 5.4 所示的是模型预测控制输出的 24 h 控制动作,而图 5.5 所示的是相应控制效果(已考虑 3 种不确定性)。2 号连接节点 2 和 23 号管道中的初始余氯浓度为零,为了尽快达到设定值,即 2.0 mg/L,模型预测控制器在第一分钟便注入 6 994.9 mg 氯基消毒剂。此控制动作直接导致 2 号连接节点处的余氯浓度值出现过高的冲击,冲击值为 2.8 mg/L,详见图 5.5。为了避免超调情况的发生,可以加大控制律(5.9)中的 $\boldsymbol{R}$。但是,在此种情况下,无须采取这样的措施,因为 2.8 mg/L 仍然处于[0.2,4]mg/L 的可接受范围内。

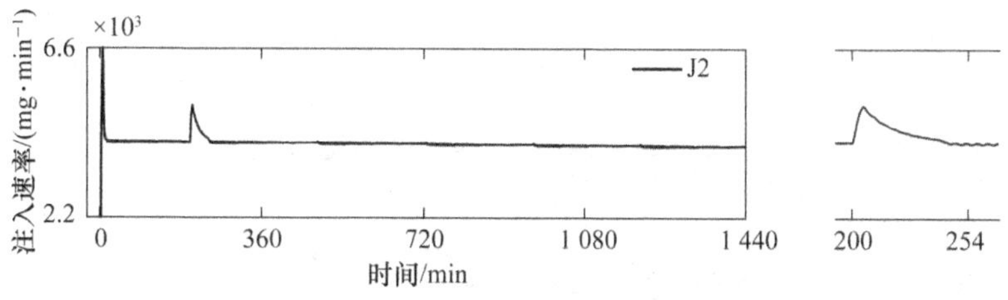

图 5.4 三节点管网在[0,1 440]min 内的控制动作 $\boldsymbol{u}$

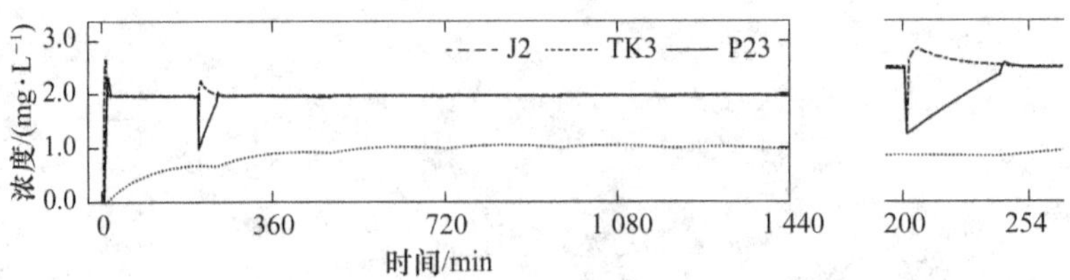

图 5.5　3 个不确定源作用下，第 200 min 发生未知干扰时，2 号连接节点、3 号水塔和 23 号管道中的余氯浓度变化情况

如图 5.4 所示，5 min 后，加氯站注入的消毒剂速率下降到 4 288.3 mg/min，相应地，图 5.5 中的 2 号连接节点和 23 号管道中的余氯浓度达到设定值 2.0 mg/L。图 5.5 中，观察到设定值 2.0 mg/L 附近只存在十分微小的振荡，据此可以得到如下结论：模型预测控制器对不确定性具有鲁棒性，完全可以应对具有不确定性的水质模型，此仿真结果为将模型预测控制算法应用在实际供水管网中提供一定的依据。

为模拟未知干扰不确定性，直接令第 200 min 使得 c_2^{J} 和 c_{23}^{P} 下降至 1.0 mg/L，详见图 5.5 右部的放大图。为应对此种未知的突发不确定性，模型预测控制器立即做出反应，并注射 7 500 mg 氯基消毒剂以提高管网中的余氯浓度水平。15 min 后，c_2^{J} 恢复至设定值，而 50 min 后，c_{23}^{P} 才得以恢复。

2. Net1 环状管网

图 5.3(b)所示的 Net1 管网(环状)由 9 个连接节点、1 个水库、1 个水塔、12 条管道和一个水泵组成。本书不考虑加氯站的放置位置因素，并假设加氯站的位置是预先确定的，并固定在 11、22 和 31 号连接节点。此外，在 9 号水库，即图 5.3(b)的三角形位置，有一个浓度型加氯站，且流出水库的水始终具有 1.0 mg/L 的浓度值。所有连接节点和 2 号水箱的初始氯浓度假设为 0.5 mg/L 和 1.0 mg/L。仿真持续时长 $T_d=4$ d，即 5 760 min，需水量每隔 $T_n=2$ h 变量一次，水力模拟时间步长设置为 $T_h=1$ h，且模型预测控制的预测时间域设置为 $T_p=5$ min。本仿真采用三节点管网中的不确定参数和模型预测控制参数，最终的控制动作如图 5.6 所示，相应的控制效果如图 5.7～图 5.10 所示。从以上图中可以看出，模型预测控制输出的控制策略和达到的控制效果都与三节点管网中出现的情况相似，因此不再赘述。而后续内容则侧重分析将模型预测控制应用于 Net1 管网(环状)后出现的有意义的现象。

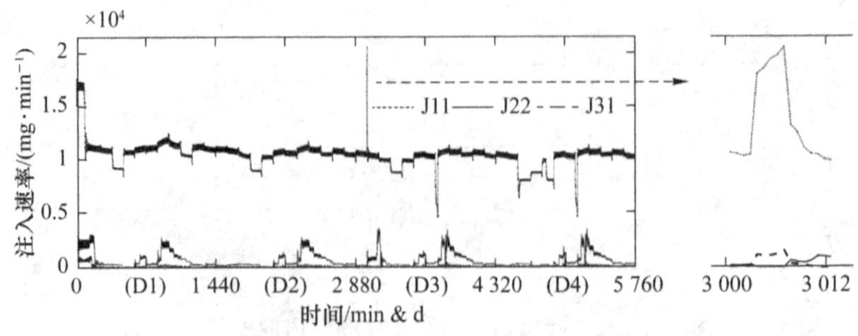

图 5.6　4 d 时间内，Net1 管网(环状)中 3 个质量型加氯站的加氯量(控制量 $\boldsymbol{u}$)

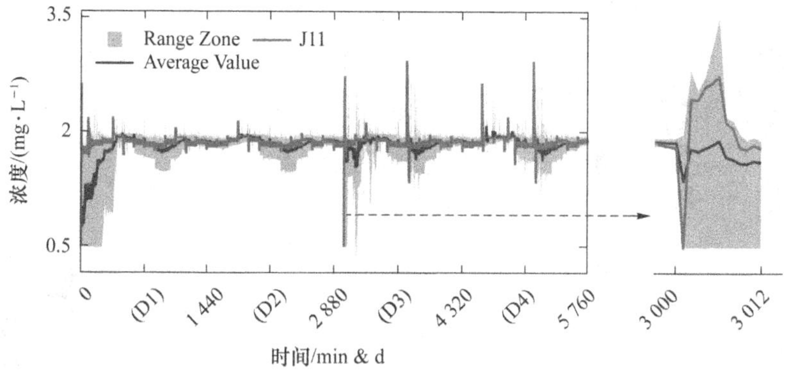

图 5.7 彩图

图 5.7　3 种不确定性因素作用下，11 号连接节点的余氯浓度变量情况，其中未知干扰发生在第 3 000 min，3 012 min 后，由于消除未知干扰造成的余氯浓度下降，逐渐恢复至设定值附近

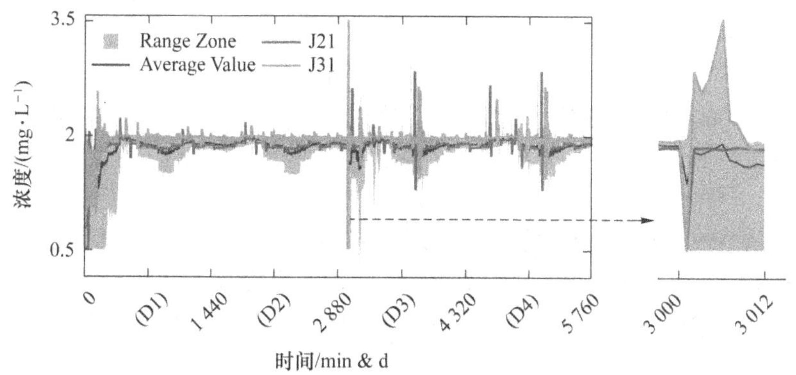

图 5.8 彩图

图 5.8　3 种不确定性因素作用下，21 号和 31 号连接节点的余氯浓度变量情况，其中未知干扰发生在第 3 000 min，3 012 min 后，由于消除未知干扰造成的余氯浓度下降，逐渐恢复至设定值附近

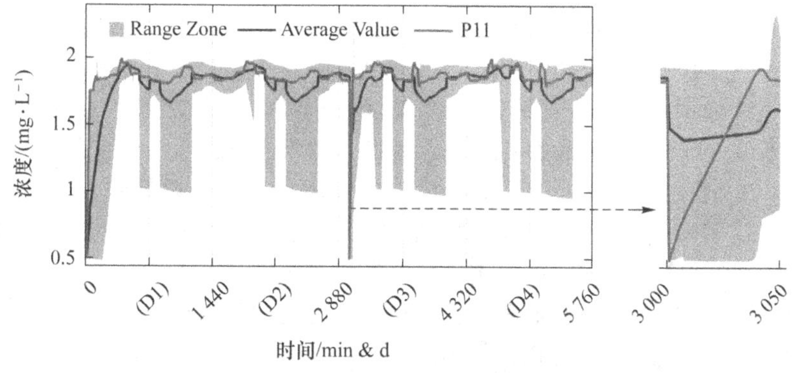

图 5.9 彩图

图 5.9　3 种不确定性因素作用下，11 号管道中的余氯浓度变化情况。其中，未知干扰发生在第 3 000 min，3 050 min 后，由于消除未知干扰造成的余氯浓度下降，11 号管道中的余氯浓度逐渐恢复至设定值附近

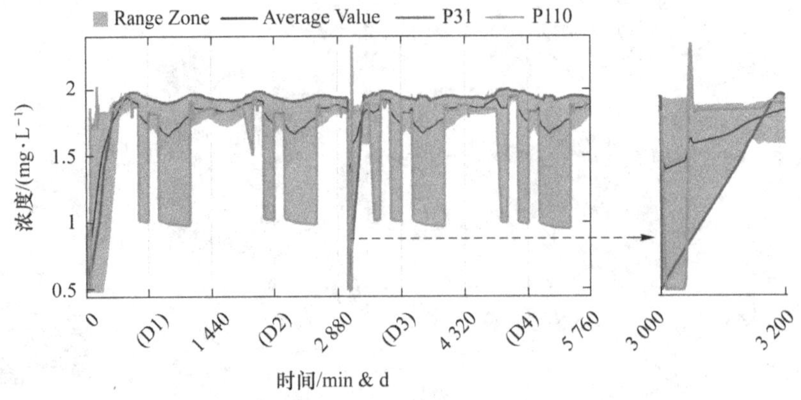

图 5.10 彩图

图 5.10　3 种不确定性因素作用下，31 号和 110 号管道中的余氯浓度变化情况。其中，未知干扰发生在第 3 000 min，3 200 min 后，由于消除未知干扰造成的余氯浓度下降，110 号管道中的余氯浓度逐渐恢复至设定值附近

首先，由于安装了多个加氯站，可以看出，与图 5.6 中的其他两个加氯站相比，11 号连接节点处的加氯站承担了大部分的增氯工作。此结果也可以从图 5.3 中得到直观的解释：第一，安装在 11 号连接节点的加氯站覆盖了除 10 号连接节点外的大部分节点(事实上，10 号连接节点的余氯浓度无法调控)；第二，安装在 22 号连接节点的加氯站覆盖 22、23 和 32 号连接节点；第三，安装在 31 号连接节点的加氯站只覆盖 31 号和 32 号连接节点。值得注意的是，如果管道中水体流向发生改变，以上分析的覆盖范围可能略有不同，但主要结论仍成立。

然后，相比于三节点管网，由于 Net1 管网(环状)中的节点和管道相对较多，本节选择不显示所有节点和管段中的余氯浓度变化情况，转而在图 5.7～图 5.10 中显示余氯浓度的范围区和平均值，以及特定连接节点和管道的余氯浓度结果(J11、J21、J31、P11、P31 和 P110)。

此外，由于拓扑关系，类似于图 5.3 中的 9 号水泵、10 号连接节点和 10 号管道等节点或管段的余氯浓度无法使用控制器进行调控；由于在进行优化问题转化时，采用了“软约束”而非“硬约束”，故图中的平均值无法达到设定值，而只能尽可能地接近。

无论是图 5.6 的控制动作或是图 5.7～图 5.10 中的控制效果都出现了振荡。主要原因有两个。第一，Net1 管网(环状)是具有环形结构的复杂网络，因此一个连接节点的浓度值达到设定值需要一定的时间，即具有一定的延时性。例如，13 号连接节点需要大约 178 min才能接收安装在 11 号连接节点加氯站注入的氯基消毒剂，而 11 号连接节点只需要 1 min。这也是为什么 13 号连接节点处的余氯浓度值的增减出现延迟以及11 号 连接节点出现超调的原因。第二，管网中管道的流速经常发生改变，在余氯浓度值还未达到设定值之前，流速已经发生改变，这也会导致其中的余氯浓度值发生微小震荡。

最后，图 5.10 中的 110 号管道中的余氯浓度值在某些时间间隔内接近 1.0 mg/L，而此浓度值远远低于设定值 2.0 mg/L，这是因为图 5.10 所示的[612，716]min 内，110 号管道的水体从 2 号水箱流出〔见图 5.3(b)中的 110〕，而 2 号水箱流出中的余氯浓度是 1.0 mg/L。即，110 号管道中水体的余氯浓度由其上游节点 2 号水箱决定。水箱处于排水期时，该情况就会发生，而且类似的情况总共发生了 10 次。该情况发生的主要原因是管道中的流量并不是优化变量，无法进行调控，此外，所提的水质控制算法基于水力模型构建，在已求解出水力模型后，管道中水体流向已经成事实，无法再改变。

接下来，讨论所提水质控制算法的可扩展性。正如在第 5.2 节和第 5.3 节所提到的，优化问题 WQC-MPC(5.3)的维度巨大，求解困难，而优化问题(5.8)或优化问题(5.12)具有可扩展性。为了更好地阐述该观点，表 5.2 总结了每个测试网络在用不同的方式建模后的优化变量个数。在考虑最坏情况下，即假设所有节点都安装了加氯站(导致需要更多的优化变量)，还考虑当 $\Delta t=1$ s 时，$N_p=5$ min，或等价地 $N_p=300$ 个时间步长，$s_L=150$ 段。根据式(5.4)和式(5.13)，表 5.2 中呈现了在此情况下的优化变数量和其相应的减少百分比。可以看出，最小的减少百分比是 97%，若直接使用控制律(5.9)，则完全不需要优化变量，这说明了所提的水质控制算法可大幅度减少优化变量的数量，极大地降低计算开销，即具有可扩展性。可扩展性测试的结果将在 5.4.2 小节给出。

表 5.2 模型预测控制的优化变量数量及其减少的百分比

(在每个节点安装加氯站，即下列数据是在最坏情况下的估计)

测试管网	管网元件个数*	线性规划(5.3)	无约束二次规划(5.8)		二次规划(5.12)
			使用求解器求解(5.8)	解析解(5.9)	
三节点管网	{1,1,1,1,1,0}	32 100	900 (97%)	0 (100%)	900 (97%)
Net1 管网(环状)	{9,1,1,12,1,0}	366 900	3 300 (99%)	0 (100%)	3 300 (99%)
Net3 管网	{92,2,3,117,2,0}	3 568 800	29 100 (99%)	0 (100%)	29 100 (99%)

* 供水管网中每种元件的个数：$\{n_J, n_R, n_{TK}, n_P, n_M, n_V\}$。

3. Net3 管网

本仿真使用图 5.3(c)所示的 Net3 管网[27]测试所提水质控制算法的可扩展性，Net3 管网由 92 个连接节点、2 个水库、3 个水箱、117 条管道和两个水泵组成。在此可扩展性测试中不考虑管网中的不确定性以及加氯站的个数和放置位置等因素对实验的影响，因此随机决定加氯站的个数和放置位置。假设在图 5.3(c)所示的 LAKE 和 RIVER 位置各放置一个 0.5 mg/L 的浓度型加氯站。为了达到将图 5.3(c)所示的水质控制区的余氯浓度提高到设定值 $\boldsymbol{y}^{\text{ref}}=0.6$ mg/L，本仿真在 217、237 和 247 号连接节点放置 3 个质量型加氯站。设置该仿真实验的时长为 $T_d=24$ h(1 440 min)，同时令 $T_n=T_h=1$ h 且令 $T_p=5$ min。注入单价假设为 $\lambda=0.001$ 元/mg，控制律(5.9)中的矩阵 $\boldsymbol{Q}$ 和 $\boldsymbol{R}$ 分别为 $3\boldsymbol{I}$ 和 $5\boldsymbol{I}$，其中 $\boldsymbol{I}$ 是一个具有适当维度的单位阵，模型预测控制器所提供的控制律(5.9)用于决定加氯站注入消毒剂的最佳剂量以使得水质控制区的余氯浓度尽量接近设定值 $\boldsymbol{y}^{\text{ref}}$，详见图 5.11 中的控制动作和图 5.12、图 5.13 中的控制效果。

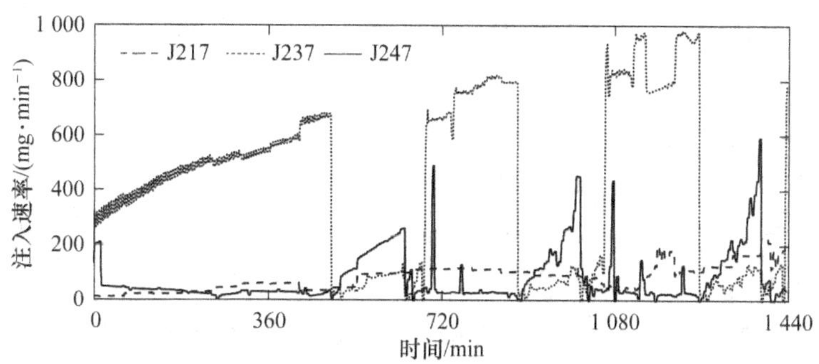

图 5.11 一天时间内，Net3 管网中 3 处质量型加氯站的最优控制量 u 的变化情况

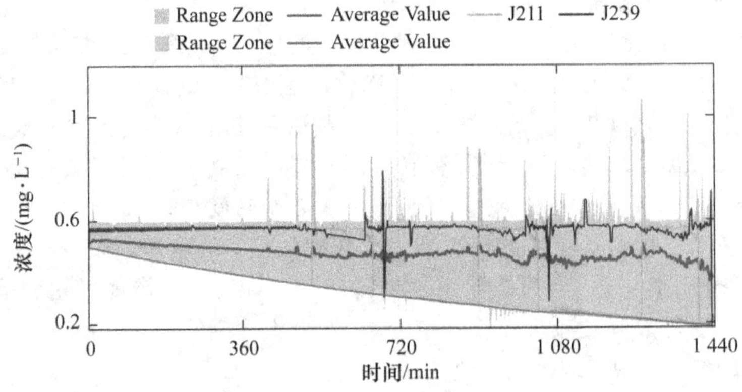

图 5.12 彩图

图 5.12　Net3 管网水质控制区内，所有连接节点处的余氯浓度水平，其中颜色较浅(深)的是应用模型预测控制器之前(后)的结果

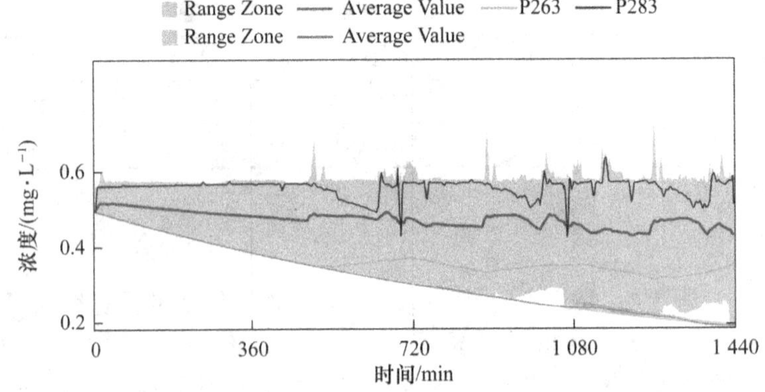

图 5.13 彩图

图 5.13　Net3 管网水质控制区内，所有管道中的余氯浓度水平，其中颜色较浅(深)的是应用模型预测控制器之前(后)的结果

具体的控制方案、结果和分析与三节点管网和 Net1 管网(环状)中的结论类似，在此不再重复。接下来，简单对比一下使用模型预测控制器前后的控制效果。

在图 5.12 中，应用模型预测控制器前，水质控制区域所有连接节点的余氯浓度平均值保持在 0.2 mg/L 左右；而在应用模型预测控制器后，所有连接节点的余氯浓度平均值则达到 0.52 mg/L，比较接近设定值 0.6 mg/L。这验证了所提方法的有效性。更具体地，本仿真实验以 211 号连接节点和 239 号连接节点处的余氯浓度为例，从图 5.12 中可以看出，在大多数时间内，其浓度值都保持在设定值 $\boldsymbol{y}^{\mathrm{ref}}=0.6$ mg/L。

如图 5.13 所示，通过对比所有管道中的余氯浓度平均值也可说明模型预测控制器的有效性。具体而言，283 号管道的余氯浓度几乎时刻保持在理想的设定值 0.6 mg/L 附近，而 263 号管道中的余氯浓度值只有 0.4 mg/L，离设定值较远。这是由于 283 号管道位于 237 号和 247 号连接节点之间，而两个连接节点都安装了加氯站，283 号管道中余氯浓度可以同时由两个加氯站进行控制，而位于 237 号连接节点下游的 263 号管道只能由一个加氯站施加控制。

总之,通过 Net3 管网的测试结果,可以得到如下结论:所提水质控制方法具有一定的可扩展性。

5.4.2 基于规则/模型预测控制的控制效果比较

本节通过对比模型预测控制器与 EPANET 内置的基于规则的控制器(Rule-based Control,RBC)的性能,以展示所提控制器的优势。因基于规则的控制器需要大量的专家经验,将其应用于大型管网需编写大量的规则,较为困难。故,本仿真仅以图 5.3(a)中的三节点管网为例进行简单的测试,以说明所提控制器和基于规则的控制器在性能上的异同。

具体而言,基于规则的控制器直接根据节点余氯浓度值与设定值的偏差水平决定注入氯基消毒剂的剂量,工作原理十分直观。例如,偏差水平较大时,基于规则的控制器会注入较多的氯基消毒剂。

在此仿真中,定义偏差水平为:

$$\text{deviation} = \frac{1}{2}\Big(\sum_{s=1}^{100}(c_{23}^{\mathrm{P}}(s,t) - y^{\mathrm{ref}}))/100 + (c_2^{\mathrm{J}}(t) - y^{\mathrm{ref}})\Big)$$

其值总是在$[-y^{\mathrm{ref}},0]$区间。控制器中的每一条规则都是一个简单的 if-then 语句,即"if $a \leqslant \text{deviation} < b$, then $u = c$ mg/min"。此规则意味着如果偏差水平在$[a,b]$区间内,那么加氯站应该在该时间段注入 c mg 消毒剂以期提升管网中的余氯浓度。

为公平地比较模型预测控制器与基于规则的控制器,需保持实验中所有参数的一致性。例如,在对三节点管网中使用模型预测控制器时,考虑了 3 种不确定性因素,那么在应用基于规则的控制器时,也应该考虑同样的参数设定。

在三节点管网中使用基于规则的控制器进行水质控制的最终结果如图 5.14、图 5.15 所示,与图 5.4、图 5.5 对比,可以明显看出总体控制效果较差。造成这种现象的原因有二:第一,基于规则的控制器不是基于网络驱动的控制器,因此不能像模型预测控制器那样对目标函数进行优化;第二,基于规则的控制器具有 bang-bang 的性质,在规则参数制定不合理时,很有可能会出现较大的振荡性。除此之外,如果在一个管网中安装多个加氯站,规则之间极大可能会存在冲突,因此必须为每条规则定义相应的优先级,应用起来十分烦琐。表 5.3列举和对比了三节点管网的目标函数值,从表中数据可以看出,模型预测控制器无论是在偏离水平、控制平滑度,还是在注入成本等性能指标方面都优于基于规则的控制器。

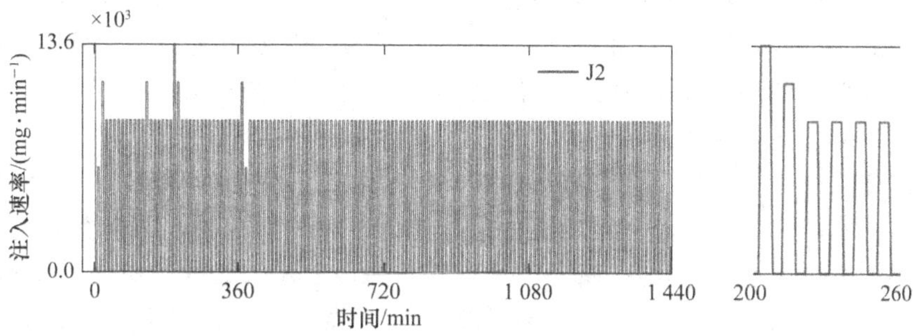

图 5.14 三节点管网在[0,1 440]min 内采用基于规则的控制器得到的控制动作 u

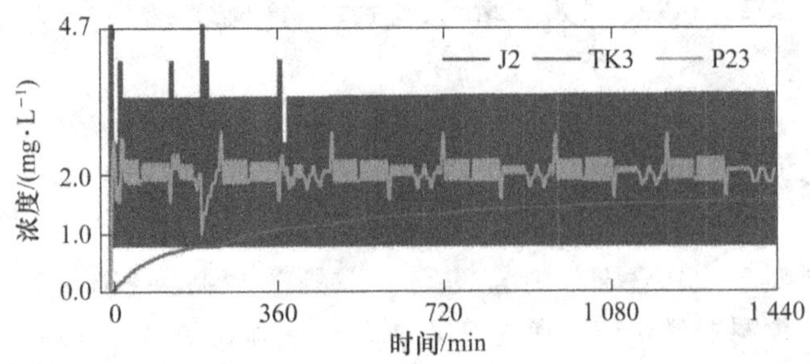

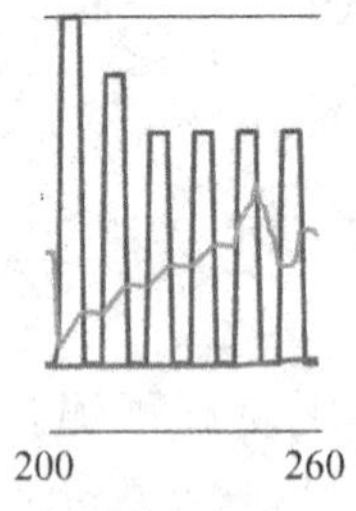

图 5.15 彩图

图 5.15　3 种不确定性作用下，第 200 min 发生未知干扰时，2 号连接节点、3 号水塔和 23 号管道中余氯浓度变化情况

表 5.3　模型预测控制(MPC)与基于规则的控制器(RBC)在三节点管网上的性能指标对比，三个优化目标分别是偏离水平 $\frac{1}{2}(y^{\text{ref}}-y_p)^{\mathrm{T}}Q(y^{\text{ref}}-y_p)$、控制平滑性 $\frac{1}{2}\Delta u_p^{\mathrm{T}}R\Delta u_p$、注入成本 $b^{\mathrm{T}}\Delta u_p$

优化目标	偏离水平	控制平滑行	注入成本/元	总计 $J(\boldsymbol{u})$
MPC	1.22×10^3	1.73×10^7	5.99×10^3	1.74×10^7
RBC	3.73×10^3	2.42×10^{10}	6.64×10^3	2.42×10^{10}

本章小结

本章基于面向控制理论的水质模型提出一种即插即用的最优模型预测控制算法，对供水管网水质进行实时调节。仿真实验表明，此控制算法在一定程度上能够抵抗诸如未知干扰和其他不确定性，具有一定的鲁棒性，且控制过程反应迅速。所提控制算法可应用于未来的供水管网工业控制中心，以实现对管网余氯浓度的实时在线监控，并且根据水质传感器获取的实时余氯浓度，实现远程二次加氯的最优控制。

本章所提的方法仍存有局限。首先，本方法目前只能采用单一化学物质反应模型，因为多化学物质反应模型将包括非线性差分方程，此类模型的预测控制将会是一个非线性、非凸、带有约束的优化问题，很难进行求解。其次，尽管模型预测控制在处理不确定性方面展示出很大潜力，且仿真分析也显示出一定的效果，但从理论上讲，这种控制器不能保证理想化性能。最后，将受约束的状态和控制输入进行公式化表述在实践中至关重要，且需要进行相应的实验来保证状态和控制输入符合约束上下限。此外，加氯站和传感器的位置以及设定值等参数对最终的控制效果有很大影响。本章并未对上述问题展开分析。

未来的研究工作可从以下几个方面展开：第一，通过凸松弛处理非线性模型预测控制，并设计具有可扩展性计算方法；第二，从理论上考虑最坏情况下的不确定性处理方法，完善所提出的模型预测控制器；第三，探索可保证状态和控制输入符合约束的模型预测控制形式、求解具有复杂约束的模型预测控制可行性，考虑加氯站和传感器的位置和设定值等模型预测控制参数对最终控制效果的影响。

本章参考文献

[1] HAAS C N. Benefits of using a disinfectant residual[J]. Journal-American Water Works Association, 1999, 91(1): 65-69.

[2] ROTH D K, CORNWELL D A. DBP impacts from increased chlorine residual requirements[J]. Journal-American Water Works Association, 2018, 110(2): 13-28.

[3] FISHER I, KASTL G, SATHASIVAN A. Evaluation of suitable chlorine bulk-decay models for water distribution systems[J]. Water Research, 2011, 45(16): 4896-4908. DOI:10.1016/j.watres.2011.06.032.

[4] HUA P, VASYUKOVA E, UHL W. A variable reaction rate model for chlorine decay in drinking water due to the reaction with dissolved organic matter[J]. Water Research, 2015, 75: 109-122. DOI:10.1016/j.watres.2015.01.037.

[5] TRYBY M E, BOCCELLI D L, KOECHLING M T, et al. Booster chlorination for managing disinfectant residuals[J]. Journal-American Water Works Association, 1999, 91(1): 95-108.

[6] AVVEDIMENTO S, TODESCHINI S, GIUDICIANNI C, et al. Modulating Nodal Outflows to Guarantee Sufficient Disinfectant Residuals in Water Distribution Networks[J]. Journal of Water Resources Planning and Management, 2020, 146(8): 04020066.

[7] CREACO E, CAMPISANO A, FONTANA N, et al. Real time control of water distribution networks: A state-of-the-art review[J]. Water Research, 2019, 161: 517-530. DOI:10.1016/j.watres.2019.06.025.

[8] BOCCELLI D L, TRYBY M E, UBER J G, et al. Optimal scheduling of booster disinfection in water distribution systems[J]. Journal of Water Resources Planning and Management, 1998, 124(2): 99-111.

[9] TRYBY M E, BOCCELLI D L, UBER J G, et al. Facility location model for booster disinfection of water supply networks[J]. Journal of Water Resources Planning and Management, 2002, 128(5): 322-333.

[10] PROPATO M, UBER J G. Linear least-squares formulation for operation of booster disinfection systems[J]. Journal of Water Resources Planning and Management, 2004, 130(1): 53-62.

[11] MUNAVALLI G, KUMAR M M. Optimal scheduling of multiple chlorine sources in water distribution systems[J]. Journal of Water Resources Planning and Management, 2003, 129(6): 493-504.

[12] OSTFELD A, SALOMONS E. Conjunctive optimal scheduling of pumping and booster chlorine injections in water distribution systems[J]. Engineering

Optimization, 2006, 38(03): 337-352.

[13] OHAR Z, OSTFELD A. Optimal design and operation of booster chlorination stations layout in water distribution systems[J]. Water Research, 2014, 58: 209-220. DOI:10.1016/j.watres.2014.03.070.

[14] PRASAD T D, WALTERS G, SAVIC D. Booster disinfection of water supply networks: Multiobjective approach[J]. Journal of Water Resources Planning and Management, 2004, 130(5): 367-376.

[15] ISLAM N, SADIQ R, RODRIGUEZ M J. Optimizing Locations for Chlorine Booster Stations in Small Water Distribution Networks[J]. Journal of Water Resources Planning and Management, 2017, 143(7): 04017021.

[16] MALA-JETMAROVA H, SULTANOVA N, SAVIC D. Lost in optimisation of water distribution systems? A literature review of system operation [J]. Environmental Modelling & Software, 2017, 93: 209-254. https://researchonline.federation.edu.au/vital/access/services/Download/vital:11401/SOURCE2. DOI: 10.1016/j.envsoft.2017.02.009.

[17] ZIEROLF M L, POLYCARPOU M M, UBER J G. Development and autocalibration of an input-output model of chlorine transport in drinking water distribution systems [J]. IEEE Transactions on Control Systems Technology, 1998, 6(4): 543-553. DOI:10.1109/87.701351.

[18] SHANG F, UBER J, POLYCARPOU M. Input-output model of water quality in water distribution systems [C]//Building Partnerships. Minneapolis, MN: American Society of Civil Engineers, 2000: 1-8. DOI:10.1061/40517(2000)215.

[19] SHANG F, UBER J G, POLYCARPOU M M. Particle backtracking algorithm for water distribution system analysis [J]. Journal of Environmental Engineering, 2002, 128(5): 441-450.

[20] POLYCARPOU M M, UBER J G, WANG Z, et al. Feedback control of water quality[J]. IEEE Control Systems Magazine, 2002, 22(3): 68-87. DOI:10.1109/mcs.2002.1004013.

[21] WANG Z, POLYCARPOU M M, UBER J G, et al. Adaptive control of water quality in water distribution networks[J]. IEEE Transactions on Control Systems Technology, 2005, 14(1): 149-156. DOI:10.1109/tcst.2005.859633.

[22] CHANG T. Robust model predictive control of water quality in drinking water distribution systems[D]. Birmingham: University of Birmingham, 2003.

[23] DUZINKIEWICZ K, BRDYS M, CHANG T. Hierarchical model predictive control of integrated quality and quantity in drinking water distribution systems[J]. Urban Water Journal, 2005, 2(2): 125-137.

[24] WANG L. Model predictive control system design and implementation using MATLAB? [M/OL]. New York, USA: Springer Science & Business Media, 2009. [2024-01-30]. https://link.springer.com/content/pdf/bfm: 978-1-84882-

331-0/1? pdf=chapter%20toc. DOI:10.1007/978-1-84882-331-0.

[25] BASUPI I, NONO D. Flexible Booster Chlorination: Design and Operation for Water Distribution Systems under Uncertainty[J]. ASCE-ASME Journal of Risk and Uncertainty in Engineering Systems, Part A: Civil Engineering, 2019, 5 (4): 04019012.

[26] RICO-RAMIREZ V, CRUZ F, IGLESIAS-SILVA G, et al. Optimal location of booster disinfection stations in a water distribution system: A two-stage stochastic approach[J]. Computer Aided Chemical Engineering, 2007, 24: 231-236. DOI:10.1016/S1570-7946(07)80062-9.

[27] ROSSMAN L A, et al. EPANET 2: users manual[EB/OL]. Cincinnati, OH: U. S. Environmental Protection Agency; US Environmental Protection Agency. Office of Research; Development, 2000. (2000-09-01)[2024-01-30]. https://nepis.epa.gov/Adobe/PDF/P1007WWU.pdf.

[28] ELIADES D G, KYRIAKOU M, VRACHIMIS S, et al. EPANET-MATLAB Toolkit: An Open-Source Software for Interfacing EPANET with MATLAB[C]// Proc. 14th International Conference on Computing and Control for the Water Industry (CCWI). The Netherlands, 2016: 8. DOI:10.5281/zenodo.831493.

第6章

水质传感器部署问题再审视——优化供水管网水质模型可观性和状态估计指标

6.1 概　　述

动力系统中的传感器部署问题(Sensor Placement,SP)是指对传感器进行实时或一次性最优部署以期使优化目标函数最大(最小)。此类问题广泛存在于交通网络、电力系统、供水管网(Water Distribution Networks,WDNs)等与动力学相关的复杂网络中。

供水管网中的水体水质常受到有意或无意的污染而造成严重的后果,水质传感器在水质控制中可提供实时水质数据以实现反馈控制,但水质传感器价格昂贵,安装成本居高不下,使得水质传感器的最优部署成为供水管网不得不面对的、至关重要的问题。

水质传感器部署(Water Quality Sensor Placement,WQSP)具有诸多目标。水质传感器部署的高层次目标是在传感器数量有限的情况下,将污染事件对公共健康的影响降到最低。为量化此目标,许多文献提出各种数学方法进行度量。具体来说,文献[1-7]已对水质传感器部署问题进行了深入研究。这些文献对不同的研究点进行了全面的介绍和总结,主要包括污染风险、优化目标、优化模型、不确定性、移动传感器、解决方法及其计算可行性等。例如,Rathi 和 Gupta 的研究综述[8]将 40 多项研究方法分为两大类,即单目标水质传感器部署问题和多目标水质传感器部署问题。此外,还有两篇较为全面的文献[9]和文献[10]侧重于优化策略方面的研究,感兴趣的读者可自行阅读。

6.1.1 水质传感器部署问题的发展

下面对文献中的水质传感器部署问题进行简要介绍,并对关键研究点进行梳理。

最近,He 等人[11]提出了一种多目标的传感器部署方法,明确了污染概率的变化;在传感器预算有限的假设下,Hooshmand 等人[12]通过认定标准解决传感器部署问题,然后利用混合整数规划(Mixed Integer Programming,MIP)最小化易受攻击节点的数量;基于供水管网分区和管网中分布的水质传感器,文献[13]提出了监测供水管网的综合管理策略。在考虑到了传感器的不完善性和多目标等问题的前提下,Winter 等人[14]引入两种贪心算法研究部署传感器的最佳位置;Giudicianni 等人[15]提出一种依赖于供水管网的先验聚类的传感器部署方法,该方法首先根据不同的拓扑中心度量选择处聚类的中心节点,然后在每个聚类的中心节点安装水质传感器;Hu 等人[16]则利用定制的遗传算法解决供水管网中的多目标传感器部署问题。Di Nardo 等人[17]基于图谱技术,利用供水管网拓扑图邻接矩阵的频谱特性,讨论了一种在计算上具有可行性的传感器部署策略。

如上所述,学术界在考虑各种社会技术目标的基础上,已对水质传感器部署策略进行了深入研究。本章的研究目标是考虑一个经常被忽视但十分重要的度量指标,即结合卡尔曼滤波器的可观性和状态估计指标,进而求解水质传感器的最佳部署策略。补充说明一下,卡尔曼滤波器是动态系统中广泛使用的一种算法,它结合动力学模型和受噪声影响的传感器测量数据对系统中未知的状态进行估计。

简而言之,结合卡尔曼滤波器的可观性和状态估计指标将给定的传感器位置与一个需最小化的标量值进行映射,而该标量值量化了供水管网中无法测量或未测量的诸如余氯浓度的水质状态的可观性。可观性量化指标可用实际水质状态和其估计值之间差异的状态估计误差进行描述。因此,所提的方法指标使用经典卡尔曼滤波器求解最佳水质传感器部署,从而使具有噪声的水质动力学和测量模型的状态估计误差达到最小。

据作者所知,此工作是首次尝试在优化卡尔曼滤波器性能的同时求解最佳的传感器部署方案。与此工作最相关的研究是 Rajakumar 等人[18]提出的基于集合卡尔曼滤波探讨传感器位置对最终状态估计性能的影响。然而,该研究的主要内容集中在对水质状态和参数的估计,并未提出相关水质模型以及相应的传感器部署策略。

6.1.2 研究的创新点

为此,本章研究的目标是提出一种面向控制理论和面向网络理论且可给出水质传感器的最优部署位置的方法,与此同时,该方法也会使得卡尔曼滤波性能达到最优。具体而言,本研究的创新之处有三。

第一,基于第 4 章中所提出的、基于控制理论和网络理论构建的时变状态空间水质模型——LDE 模型——建立以优化卡尔曼滤波状态估计为优化目标的水质传感器部署优化问题模型,此优化问题在管网水质模型可观性度量和卡尔曼滤波性能之间建立映射。但是该方法的潜在问题是:所提优化问题属于集合优化问题(以集合为变量的优化问题),对于大型网络来说,不易求解。

第二,由于时变的管网水力剖面(Hydraulic Profile)导致了时变的管网水质动力学,本章针对常见的水力剖面,提出具有可扩展性的水质传感器部署算法。此算法基于集合函数优化的重要特性之一——"次模性"——构建。近期,此特性已被广泛应用于面向控制理论的与传感器部署策略相关的研究[19,20]中。具体来说,所提的算法基于贪心算法,会给出一个与最优解有距离保证的次优解。此外,本章还会介绍该算法的实现,与文献[19]和文献[20]相比,所提算法考虑了水质动力学的时变特性。

第三,本章还对处于不同工作状态的下的各类供水管网进行了全面仿真分析。这些仿真研究考虑了不同规模的供水管网、剧烈变化的需水量、不同数量的水质传感器等因素,以及这些因素对状态估计性能和水质传感器最优部署策略的影响。

本章的其余小节安排如下。第 6.2 节回顾了面向网络理论的水质动力学模型——水质状态空模型；第 6.3 节介绍了管网水质的可观性及其度量——可观性格拉姆矩阵；第 6.4 节利用集合函数优化的子模块化特性，提出并求解水质传感器最优部署问题。第 6.5 节进行仿真分析以验证所提算法的有效性。本书附录部分具体介绍所提算法的可扩展性实现方法。

6.2 水质状态空间模型

如第 4 章第 4.3.2 小节所述，供水管网各组成元件的水质模型可以写成式(4.21)的状态空间形式。如果考虑更加通用、一般的模型，即没有控制输入，但有噪声干扰的系统，那么水质模型的状态空间形式可以表述为如下线性时变(Linear Time-Varying，LTV)系统：

$$\begin{aligned} \boldsymbol{x}(k+1) &= \boldsymbol{A}(k)\boldsymbol{x}(k)+\boldsymbol{w}(k) \\ \boldsymbol{y}(k) &= \boldsymbol{C}\boldsymbol{x}(k)+\boldsymbol{v}(k) \end{aligned} \tag{6.1}$$

其中：$\boldsymbol{x}(k)\in\mathbb{R}^{n_x}$ 是系统的状态向量；$\boldsymbol{y}(k)\in\mathbb{R}^{n_y}$ 则代表水质传感器采集到的数据向量；$\boldsymbol{w}(k)\in\mathbb{R}^{n_x}$ 和 $\boldsymbol{v}(k)\in\mathbb{R}^{n_y}$ 分别是过程噪声和测量噪声；矩阵 $\boldsymbol{C}\in\mathbb{R}^{n_y\times n_x}$ 刻画了水质传感器在系统中的安装位置，其中 $n_y\ll n_x$，即传感器的数量远远小于系统状态变量的个数，这也比较符合实际情况。

针对以上线性时变系统，有以下几点需注意：首先，尽管状态空间矩阵 $\boldsymbol{A}(k)$ 的参数是以步长 k 进行演进，但这在某种程度上是对符号的滥用，因为由诸如流速等水力状态决定的系统矩阵 $\boldsymbol{A}(k)$ 与水质状态 $\boldsymbol{x}(k)$ 向量更新的频率并不一样，因此状态空间模型式(6.1)是时变的，且系统矩阵 $\boldsymbol{A}(k)$ 在不同时间段内的水力模拟中会发生改变，但在单次水力模拟中会保持不变；其次，为不失一般性，本章将与加氯站相关的输入向量囊括入状态空间矩阵 $\boldsymbol{A}$ 中；最后，对于所有 $k\geqslant 0$ 时刻，假定初始条件、过程噪声 $\boldsymbol{w}(k)$ 和测量噪声 $\boldsymbol{v}(k)$ 均不相关，且每个传感器的噪声方差为 σ^2。

6.3 水质动力学的可观性指标

本节有两个目标：第一，为供水系统工程师和研究人员介绍控制理论中一些可确保或优化水质动力学中水质状态可观性的基本名词和概念，此处的可观性可视为一种利用状态估计方法从测量值 $\boldsymbol{y}(k)$ 估计出水质状态 $\boldsymbol{x}(k)$ 的能力，即只需少量的水质传感器数据，可观性为供水管网提供了一定的态势感知能力；第二，定义简单的可观性指标，将固定数量和固定位置的传感器映射到可以指示状态估计误差程度的标量指标。

6.3.1 可观性度量及其诠释

由第 3 章所介绍的控制理论可知，可观性是系统输出能否反映系统初始状态，即系统状态的变化能否由输出反映出来。若根据一系列的输出及控制输入可以在有限时间内唯一地确定系统初始状态，则此系统可观。

具体而言，可观性是在有限或无限时间范围内能否从其系统传感器输出 $\boldsymbol{y}(k)\in\mathbb{R}^{n_y}$ 推断出系统状态向量 $\boldsymbol{x}(k)\in\mathbb{R}^{n_x}$ 的一种衡量。特别地，假设系统是无噪声系统，且给定有限 $k_f=k_{\text{final}}$ 时间步长内的传感器数据 $\boldsymbol{y}(0),\boldsymbol{y}(1),\cdots,\boldsymbol{y}(k_f-1)$，可观性涉及从 k_f 个测量值中重建或估计系统初始状态向量 $\boldsymbol{x}(0)$ 的能力。因此，当且仅当

$$\mathcal{O}(k_f)=\{\boldsymbol{C},\boldsymbol{CA},\cdots,\boldsymbol{CA}^{k_f-1}\}\in\mathbb{R}^{k_f n_y\times n_x}$$

是列满秩[21]，即假设 $k_f n_y>n_x$，$\text{rank}(\mathcal{O}(k_f))=n_x$，类似于水质模型(6.1)的线性动态系统是可观的。

值得一提的是，在每个水力模拟期间，水力状态变量即水力剖面不会发生改变，为简单起见，可以直接记 $\boldsymbol{A}(k)=\boldsymbol{A}$。但需要重申的是，后续所提的水质传感器部署策略会将时变水力模拟考虑进去。

对于无限时间范围的情况，即 $k_f=\infty$，这意味着已经从水质传感器收集了很长的数据，那么，当且仅当可观性矩阵 $\mathcal{O}(k_f=n_x)\in\mathbb{R}^{n_x n_y\times n_x}$ 是列满秩时，系统才是可观的[21]。

然而，可观性是一个二元度量——它不能表明一个动态系统的可观程度，只能度量该系统是否可观。但是，对于各种各样的供水网络而言，由于其水质模型(6.1)的复杂性和高维度特性，上述可观性条件无法满足，即此动态模型是不可观的。具体而言，除非在供水管网中大量地部署水质传感器，即在每个节点安装水质传感器，否则准确地重建或估计所有节点和管段中余氯浓度(状态 $\boldsymbol{x}(k)$)毫无可能。

目前有些文献已经提出一些可观性度量方法，例如，文献[21]，基于可观性格拉姆矩阵，定义：

$$\boldsymbol{W}_{\mathcal{O}}=\boldsymbol{W}(k_f)=\sum_{\tau=0}^{k_f}(\boldsymbol{A}^{\mathrm{T}})^{\tau}\boldsymbol{C}^{\mathrm{T}}\boldsymbol{C}\boldsymbol{A}^{\tau}$$

由第 3 章可知，若上述矩阵 $\boldsymbol{W}(k_f)$ 是非奇异的，则系统在时间步 k_f 是可观的；若 $\boldsymbol{W}(k_f)$ 是奇异的，则系统是不可观的。同样，此定义也适用于 $k_f=\infty$ 的情况。然而，$\boldsymbol{W}$ 仍只是矩阵，而非标量，前面提到的可观性-奇异性仍然是二元的。

因此，供水管网中的水质传感器部署问题迫切需要一个更详细的、非二元的可观性度量指标。文献[22,23]对此进行了深入的探讨，提出了各种各样的非二元度量指标，包括最小特征值 $\lambda_{\min}(\boldsymbol{W})$、对数行列式 $\text{logdet}(\boldsymbol{W})$、迹 $\text{trace}(\boldsymbol{W})$，以及 $\boldsymbol{W}$ 的前 m 个特征值 $\lambda_1,\cdots,\lambda_m$ 的和或积。这些度量指标在实际应用、含义诠释和理论属性等方面都有所不同，读者可以参考文献[23]进行深入研究。本研究直接采用 $\text{logdet}(\boldsymbol{W})$ 度量，具体原因会在后续章节中进行说明，但本研究中所以提的方法和体系对上述的其他度量方法仍实用，感兴趣的读者可以自行推导验证。

6.3.2 水质可观性度量

本节将会讨论与供水管网中水质传感器部署问题相关的可观性度量指标。为此，首先需考虑单次水力模拟 $k\in[0,k_f]$ 下时不变的状态空间方程。虽然实际供水管网的需水模式是动态的、时变的，但为便于后续论述，可先假设状态空间矩阵 $\boldsymbol{A}(k)=\boldsymbol{A}$ 是固定的、时不变的(实际方法考虑的是时变的需水量模式)。本节的目标是：存在水质动力学模型噪声和测

量噪声的情况下，提出一个可将来自 n_y 个水质传感器的数据集合映射到标量的可观性度量指标。

首先，考虑 k_f+1 步增广测量向量 $\bar{\boldsymbol{y}}(k_f)\triangleq\{\boldsymbol{y}(0),\cdots,\boldsymbol{y}(k_f)\}$，根据式(6.1)，可得：

$$\begin{bmatrix}\boldsymbol{y}(0)\\\boldsymbol{y}(1)\\\vdots\\\boldsymbol{y}(k_f)\end{bmatrix}=\begin{bmatrix}\boldsymbol{C} & & & \\\boldsymbol{CA} & \boldsymbol{C} & & \\\vdots & \vdots & \boldsymbol{C} & \\\boldsymbol{CA}^{k_f} & \boldsymbol{CA}^{k_f-1} & \cdots & \boldsymbol{C}\end{bmatrix}\begin{bmatrix}\boldsymbol{x}(0)\\\boldsymbol{w}(0)\\\vdots\\\boldsymbol{w}(k_f-1)\end{bmatrix}+\begin{bmatrix}\boldsymbol{v}(0)\\\boldsymbol{v}(1)\\\vdots\\\boldsymbol{v}(k_f)\end{bmatrix}$$

或者，写为更简洁的形式：

$$\bar{\boldsymbol{y}}(k_f)=\boldsymbol{O}(k_f)\boldsymbol{z}(k_f)+\bar{\boldsymbol{v}}(k_f) \tag{6.2}$$

其中：$\boldsymbol{O}(k_f)$由 $\boldsymbol{C}$、$\boldsymbol{A}$ 构成，和第 3 章介绍的可观性矩阵$\mathcal{O}(k_f)$类似，因此本章称之为“类可观性矩阵”；$\boldsymbol{z}(k_f)\triangleq\{\boldsymbol{x}(0),\boldsymbol{w}(0),\cdots,\boldsymbol{w}(k_f-1)\}$包含了未知的初始状态 $\boldsymbol{x}_0=\boldsymbol{x}(0)$和过程噪声 $\boldsymbol{w}(k_f-1)$；而 $\bar{\boldsymbol{v}}(k_f)$包含了所有测量噪声。注意式(6.2)的左边是已知量，而式(6.2)的右边的 $\boldsymbol{z}(k_f)$和 $\bar{\boldsymbol{v}}(k_f)$均是未知向量。所以，估计 $\boldsymbol{z}(k_f)\triangleq\boldsymbol{z}\in\mathbb{R}^{n_z}$这一问题对于获取整个管网的水质状态 $\boldsymbol{x}$ 的可观性至关重要。

本章采用最小均方估计(Minimum Mean Square Estimate，MMSE)$\mathbb{E}(\boldsymbol{z}-\hat{\boldsymbol{z}})$和其相应的后验误差协方差矩阵 $\boldsymbol{\Sigma}_z$ 作为估计 $\boldsymbol{z}$，即这两个量提供了对未知变量 $\boldsymbol{z}(k_f)$的平均值和方差的估计。有意思的是，这些变量可以用传感器噪声方差 σ^2、收集的传感器数据 $\bar{\boldsymbol{y}}(k_f)$、式(6.2)中的类可观性矩阵 $\boldsymbol{O}(k_f)$表示。在此，未知变量 $\boldsymbol{z}(k_f)$的期望值用$\mathbb{E}(\boldsymbol{z}(k_f))$表示，则其协方差可写为$\mathbb{C}(\boldsymbol{z}(k_f))=\mathbb{E}((\boldsymbol{z}-\mathbb{E}(\boldsymbol{z}))(\boldsymbol{z}-\mathbb{E}(\boldsymbol{z}))^{\mathrm{T}})$。

鉴于以上推导，为建立水质传感器部署问题模型，需要一个可将协方差矩阵 $\boldsymbol{\Sigma}_z$ 映射到标量值的度量。而度量 $\operatorname{logdet}(\boldsymbol{\Sigma}_z)$，恰好将 $n_z\times n_z$ 矩阵 $\boldsymbol{\Sigma}_z$ 映射为标量值，可以达到要求。此外，值得庆幸的是，$\operatorname{logdet}(\boldsymbol{\Sigma}_z)$有一个封闭式的表达方式(闭式表达式)，即：

$$\operatorname{logdet}(\boldsymbol{\Sigma}_z)=2n_z\log(\sigma)-\operatorname{logdet}(\sigma^2\,\mathbb{C}^{-1}(\boldsymbol{z})+\boldsymbol{W}_o) \tag{6.3}$$

其中，$\boldsymbol{W}_o=\boldsymbol{O}^{\mathrm{T}}(k_f)\boldsymbol{O}(k_f)$。读者可参考文献[1]了解式(6.3)的详细推导过程。

关于此闭式解，还有以下几点需注意。

第一，在给定传感器数据和系统参数的情况下，$\operatorname{logdet}(\boldsymbol{\Sigma}_z)$的闭式表达式将固定的传感器位置与一个水质可观性的标量进行关联。不过，此闭式表达式由于过于复杂而无法直接整合到传感器部署问题中，也无法支持准实时的状态估计算法，后续章节将讨论这些问题的解决方法。

第二，使用 logdet(·)作为度量的原因是它具有理想的特性，即超模性或次模性。这一特性使其适用于大规模网络，且具有如式(6.3)中的闭式表达的形式。

第三，一些传感器部署研究已经采用了此闭式表达式，故具有一定的认可度。当然，感兴趣的读者可以尝试使用包括迹算子 trace 在内的其他度量指标对水质传感器部署问题进行建模。

6.3.3 度量指标与卡尔曼滤波的关系

第 6.3.2 小节的讨论给出了一个可用于量化水质模型(6.1)的可观性度量指标，除此之外，此度量指标还可以概率性地估计未知的初始状态向量 $\boldsymbol{x}(0)$。由此，联想到实时状态估计也可用卡尔曼滤波器实现，那么此度量指标与卡尔曼滤波器有无关系？

众所周知，卡尔曼滤波器使用输出测量值 $\boldsymbol{y}(k)$ 实时重建或估计状态 $\boldsymbol{x}(k)$，这与式(6.2)中的批量状态估计有很大的差异。虽然第 6.3.2 节讨论的状态估计问题为重构 $\boldsymbol{x}$ 提供了一个不错的起点，但是采用卡尔曼滤波器求解状态估计问题是更普遍的做法。

经过推导发现，如果忽略过程噪声 $\boldsymbol{w}$，并将传感器数据的方差设定为 $\sigma^2=1$，那么卡尔曼滤波器就与上述概率估计器的实时版本等价。最重要的是，此时的度量 logdet(•)会退化成：

$$\begin{aligned}\operatorname{logdet}(\boldsymbol{\Sigma}_z) &= -\operatorname{logdet}(\boldsymbol{I}_{n_x}+\boldsymbol{W}(k_f)) \\ &= -\operatorname{logdet}\left(\boldsymbol{I}_{n_x}+\sum_{\tau=0}^{k_f}(\boldsymbol{A}^{\mathrm{T}})^{\tau}\boldsymbol{C}^{\mathrm{T}}\boldsymbol{C}\boldsymbol{A}^{\tau}\right)\end{aligned} \tag{6.4}$$

其中，$\boldsymbol{I}_{n_x}$ 是一个大小为 n_x 的单位阵。控制理论文献[24,20]中已对上述公式有所提及，感兴趣的读者可以自行阅读相关文献。简而言之，式(6.4)是一个较为简单的度量指标，它将已部署到网络中的传感器的数量——矩阵 $\boldsymbol{C}$ 的行数——与状态估计的性能直接进行关联，具体分析如下。

当 $\boldsymbol{C}$ 是一个零矩阵时，即供水管网中没有部署任何水质传感器时，可观性格拉姆矩阵 $\boldsymbol{W}(k_f)$ 也是一个零矩阵。直观地讲，上述定义的 logdet(•)度量的最大误差将达到 0。当 $n_y=n_x$，且 $\boldsymbol{C}=\boldsymbol{I}_{n_x}$，即供水管网中的所有节点和管道都部署了水质传感器，此时，可完全感知管网中的水质状态，那么 $\boldsymbol{W}(k_f)=\boldsymbol{I}_{n_x}+\boldsymbol{A}+\cdots+\boldsymbol{A}^{k_f}$ 便可达到最小误差。

在此基础上，相关的控制理论文献已经对与传感器数量相关的度量指标以及状态估计误差的上下限进行了深入的研究，详见文献[19]中的定理 1。本章的目标之一是以上述研究成果为基础，探索此度量指标与卡尔曼滤波器性能之间的关系。6.4 节将使用所介绍的度量指标对供水管网中的水质传感器部署问题进行建模与求解。

6.4 水质传感器部署问题建模与求解

在本研究中，供水管网中的水质传感器部署(WQSP)问题的目标是：在管网中至多部署 r 个水质传感器的约束条件下，使优化目标即卡尔曼滤波的误差协方差达到最小。

在实际的供水管网中，破坏管道进行入侵式安装水质传感器，从而监测水质并不常见，水质传感器在大多数情况下还是安装在节点上。所以，本章会从节点集合 $\mathcal{W}=\mathcal{J}\cup\mathcal{T}\cup\mathcal{R}$ 中选择至多 r 个位置安装传感器，其中集合的势 $|\mathcal{W}|=n_N$，即集合 $\mathcal{W}$ 包含 n_N 个潜在位置，这些位置可能位于连接节点、水塔或水库。

因此，可以将潜在位置处的传感器纳入传感器集合 $\mathcal{S}\subset\mathcal{W}$，并且要求 $|\mathcal{S}|=n_{\mathcal{S}}\leqslant r$，即最多只能部署 r 个水质传感器。这 $n_{\mathcal{S}}$ 个传感器的具体部署位置以二进制的形式在编码到式(6.1)的矩阵 $\boldsymbol{C}$ 中。即当矩阵 $\boldsymbol{C}$ 中的元素为二进制“1”时，表明此节点处安装了水质传感器；当矩阵 $\boldsymbol{C}$ 中的元素为二进制“0”时，此节点处无相应的水质传感器。

总之，所提的水质传感器部署(WQSP)问题旨在寻找最优的传感器集合 $\mathcal{S}_r^*$，在最多有 r 个 WQ 传感器的情况下，使得状态估计的性能达到最优。

第6.3节讨论的度量指标假定对管网参数和水力模拟参数的状态空间进行编码的矩阵 $\boldsymbol{A}$ 会随着需水量参数、如水头、流量等水力剖面参数的变化而变化，即状态空间矩阵 $\boldsymbol{A}$ 具有时变性。简而言之，度量指标(6.4)的值也会是时变的，且根据每一个以不同的 $\boldsymbol{A}(k)$ 矩阵反映的水力剖面得到不一样的状态估计性能值。即，水质传感器部署策略也会随着水力剖面的变化而变化。因此，在水质传感器部署问题中考虑不同的水力模拟情况至关重要。这也从侧面说明，传感器部署方案需要关注需水量模式和相应的水力模拟结果，采用出现最频繁出现、最常见的需水量模式和相应的水力模拟结果求解到的传感器部署策略最有实际意义。

因此，本章为处在 T_d 次不同水力模拟场景中的 n_J 个连接节点定义相应的需水量剖面 $\boldsymbol{D}_i \in \mathbb{R}^{n_J \times T_d k_f}$，其中 $\forall\, i \in \{1,\cdots,n_d\}$，且参数 n_d 表示潜在需水量模式的数量，每一次水力模拟场景持续的时间为 k_f 秒。符号 $\boldsymbol{D}_{i,k}$ 代表矩阵 $\boldsymbol{D}_i$ 的第 k 个列向量，对于此符号的含义，会在第6.5节中给出具体例子进行进一步说明。

简而言之，需水量剖面 $\boldsymbol{D}_i \in \mathcal{D}$ 本质上是定义了自供水管网运行以来出现过的最频繁的最常见的需水量模式。因为每个需水量剖面都会引发相应的水力剖面变化，因此会进一步产生不同的状态空间矩阵 $\boldsymbol{A}(\boldsymbol{D}_{i,k}) \triangleq \boldsymbol{A}(k)$。注意此前已定义了 $\boldsymbol{A}(k)$ 用以表征系统矩阵 $\boldsymbol{A}$ 会随着需水量和水力参数的变化而变化这一特性。此处新定义的符号 $\boldsymbol{A}(\boldsymbol{D}_{i,k})$ 虽然与符号 $\boldsymbol{A}(k)$ 的含义完全等价，但为使其在公式中的含义更清晰，后续章节会按需使用这两个符号。鉴于以上定义以及 $\boldsymbol{D}_{i,k} \in \mathcal{D}$，供水管网中的水质传感器部署问题可以抽象地表述为：

$$
\begin{aligned}
\text{WQSP:}\quad & \text{minimize} \quad f(\mathcal{S};\boldsymbol{A}(\boldsymbol{D}_{i,k})) \\
& \text{subject to} \quad \mathcal{S} \subset \mathcal{W},\ |\mathcal{S}| = n_{\mathcal{S}} \leqslant r
\end{aligned}
\tag{6.5}
$$

水质传感器部署问题 WQSP (6.5)的优化变量是水质传感器在管网中的安装位置，体现在早前定义的集合 S 中。

目标函数 $f(\cdot;\cdot):\mathbb{R}^{n_\mathcal{S}} \times \mathbb{R}^{n_x \times n_x} \rightarrow \mathbb{R}$ 将潜在最优的传感器位置 $\mathcal{S}$、已知的需水量剖面 $\boldsymbol{D}_{i,k}$ 及其相应的矩阵 $\boldsymbol{A}(\boldsymbol{D}_{i,k})$ 映射为状态估计的误差，即卡尔曼滤波器的性能。当优化目标函数以一个集合作为自变量时，即 $f(\cdot;\cdot)$ 的自变量是集合 $\mathcal{S}$ 时，优化目标函数又称为集合函数。为更好地体现函数特定方面的特性，后续章节也会按需使用这些术语。

在本节中，集合(目标)函数直接采用以传感器集 $\mathcal{S}$、需水量剖面和相应的状态空间矩阵 $\boldsymbol{A}(\boldsymbol{D}_{i,k})$ 为显示变量的式(6.4)，因此此优化问题属于集合函数优化问题(Set Function Optimization)。

水质传感器部署问题 WQSP (6.5)的约束条件是表示所能安装的数量和以及其在管网中的安装位置。对于小规模供水管网，或者还可以采用暴力求解法解决集合函数优化问题(6.5)，但对于大规模网络，暴力求解法耗时太长，几乎不可能实现。众所周知，集合函数优化问题是一个 NP-难问题，即一个疑似没有多项式时间算法可以进行优化求解的计算难题。

为了解决此挑战，本章采用了一种在组合优化中广泛使用的方法：充分利用集合函数 $f(\mathcal{S};\boldsymbol{A}(\boldsymbol{D}_{i,k}))$ 的超模性或次模特性进行求解。为了能更清楚地向读者阐述该方法，下面对超模性或次模性进行简要介绍。

定义 6.1 对于任意集合满足 $\mathcal{A} \subseteq \mathcal{B} \subseteq \mathcal{V}$，且元素 $\{a\} \in \mathcal{V} \backslash \mathcal{B}$，有 $f(\mathcal{A} \cup \{a\}) - f(\mathcal{A}) \geqslant f(\mathcal{B} \cup \{a\}) - f(\mathcal{B})$ 总成立，则称则此集合函数 $f(\cdot)$ 具有次模性。

定义 6.2 若 $-f(\cdot)$ 具有次模性，则集合函数 $-f(\cdot)$ 具有超模性。

直观来说，次模性体现的是经济学中边缘收益递减现象的形式化描述，即在较小的集合中增加一个元素比在较大的集合中增加一个元素的收益更大[25]，详见图 6.1。

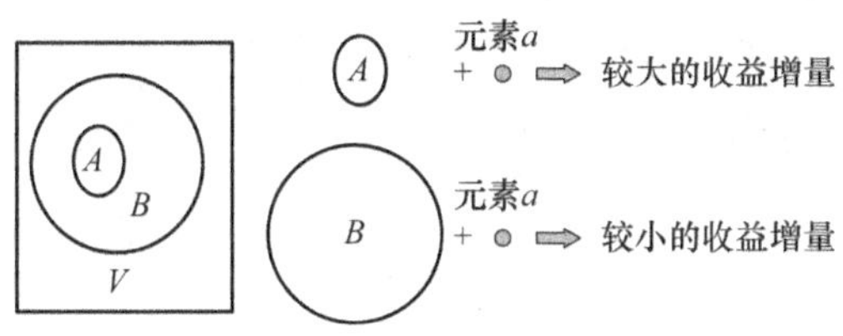

图 6.1 在较小的集合中增加一个元素比在较大的集合中增加此元素的收益更大

集合函数次模性计算框架使得集合函数优化问题可以采用一些既有一定性能又易于计算的贪心算法进行求解[26]。尽管已知贪心算法会返回次优解，但当集合函数特别是具有次/超模性时，它们也会返回出色的性能。

针对集合函数优化问题，尽管贪心算法无法给出最优解，只能给出次优解，但当集合函数具有次模性或超模性时，贪心算法给出的次优解也具有相当不错的性能。有意思的是，水质传感器部署问题的目标集合函数即式(6.4)确实呈现出超模性，详见文献[19]的定理 2。鉴于这一特性，用于求解 NP-难问题的经典贪心算法可以给出目标函数值 $f(\mathcal{S})$ 至少是最优值 $f(\mathcal{S}^*)$ 63%的解 $\mathcal{S}$[19]。其实，大量的研究工作[19,20,27]表明，这些贪心算法所求出的次优解大部分都以更高的比例接近最优解，而不仅仅是上述所提到的 63%。

本章提出一种贪心算法来求解各种水力剖面下的水质传感器部署问题，具体步骤如算法 6.1 所示。符号 $\mathcal{S}_j$ 代表此集合中有 j 个水质传感器；符号 $\mathcal{S}^{(k)}$ 表示第 k 次迭代后的传感器集合；集合 $\tilde{\mathcal{S}}$ 和 $\bar{\mathcal{S}}$ 是包括各种传感器集合 $\mathcal{S}$ 的超集，具体含义将在后文中说明；变量 $e \in \mathcal{S}$ 代表了传感器集合 $\mathcal{S}$ 中的元素，即传感器本身，因为本章假设水质传感器均安装在节点处，所以此元素 e 也指代安装了水质传感器的特定节点。该算法最终的输出结果是水质传感器部署问题的最优传感器部署，即传感器集合 $\mathcal{S}^*$。

算法 6.1： 求解 WQSP 问题的贪心算法

输入： 允许安装的最多水质传感器数目 r，需水量剖面集 $\mathcal{D}$，供水管网参数，$k=i=1$，$\tilde{\mathcal{S}}=\varnothing$

输出： 最优水质传感器集 $\mathcal{S}^*$

计算：$\boldsymbol{A}(\boldsymbol{D}_{i,k})=\boldsymbol{A}$，$\forall\, i,k \in \{1,\cdots,n_d\},\{1,\cdots,T_d k_f\}$

  for $k \leqslant T_d k_f$ **do**

  //对每一个水力模拟区间 k

  $i=1$，$\bar{\mathcal{S}}=\varnothing$

  for $i \leqslant n_d$ **do**

    //对每一个水力剖面

    $j=1$，$\mathcal{S}_j=\varnothing$

    while $j \leqslant r$ **do**

      $e_j \leftarrow \mathrm{argmax}_{e \in \mathcal{W} \setminus \mathcal{S}} [f(\mathcal{S};\boldsymbol{A})-f(\mathcal{S} \cup \{e\};\boldsymbol{A})]$

      $\mathcal{S}_j \leftarrow \mathcal{S}_j \cup \{e_j\}$

      $j \leftarrow j+1$

12 **end while**

13 $\bar{\mathcal{S}} \leftarrow \bar{\mathcal{S}} \cup \mathcal{S}_j$, $i \leftarrow i+1$

14 **end for**

15 $\mathcal{S}^{(k)} \leftarrow \arg\max_{\mathcal{S}\in\bar{\mathcal{S}}} f(S;\mathbf{A})$

16 $\tilde{\mathcal{S}} \leftarrow \tilde{\mathcal{S}} \cup \mathcal{S}^{(k)}$

17 $k \leftarrow k + k_f$

18 **end for**

19 $\mathcal{S}^* \leftarrow \arg\max_{\mathcal{S}\in\tilde{\mathcal{S}}} T(\mathcal{S})$ // “贪心最优”的水质传感器放置

首先，根据已知的需水量剖面 $\boldsymbol{D}_{i,k}$，该算法预先求解出所有状态空间矩阵 $\boldsymbol{A}(\boldsymbol{D}_{i,k})$，见步骤 1。在步骤 2 中固定 k，从而进行第$\dfrac{k}{k_f}$次水力模拟，再依次固定需水量剖面 i 和传感器数量 j，采用步骤 9——贪心算法和超模优化的核心步骤——从集合$\mathcal{W}\backslash\mathcal{S}_j$ 中得到使 $f(\mathcal{S};\mathbf{A})-f(\mathcal{S}\cup\{e\};\mathbf{A})$函数值达到最大的元素，即该元素是集合函数优化问题中的最佳改进，也使卡尔曼滤波性能的提升达到最大。步骤 8 至步骤 12 的 while 循环内，每次迭代都能找到能使状态估计性能度量指标提升最大的元素 e_j。

然后，该算法获在固定的第$\dfrac{k}{k_f}$次水力模拟(第 k 次迭代)中，获取到 n_d 个典型需水量剖面情景下各自最优的传感器部署集合 $\mathcal{S}_j$，这 n_d 个 $\mathcal{S}_j$ 集合构成的超集用$\bar{\mathcal{S}}$表示。之后，步骤 15 中从$\bar{\mathcal{S}}$中获取第$\dfrac{k}{k_f}$次水力模拟(第 k 次迭代)中使目标集合函数达到最大值的传感器集 $\mathcal{S}^{(k)}$。当然，所有 T_d 个 $\mathcal{S}^{(k)}$ 超集又可合并，从而形成 EPS 延时模拟的最优传感器集 $\tilde{\mathcal{S}}$，见步骤 16，其中 EPS 延时模拟包含 T_d 个单次水力模拟的。

最后，对于所有的 $\mathcal{S}\in\tilde{\mathcal{S}}$，该算法以特定传感器被激活频率的频率即占用时间 $T(\mathcal{S})$为指标，选择使占用时间 $T(\mathcal{S})$最大的传感器组合为最终的最优传感器位置 $\mathcal{S}^*$，见步骤 19。

需要说明的是，该贪心算法求解出的最优传感器部署位置是最低具有 63%最优性保证的次优解，在很多情况下，这个次优解十分接近最优解，此结论会在接下来的仿真分析中进一步加以说明。

6.5 仿真分析

如图 6.2 所示，本仿真分析继续使用前两章中的 3 个仿真案例，即三节点管网、Net1 管网(环状)和 Net3 管网[28,29]，以说明所提贪心算法的有效性。

首先，采用三节点管网进行测试。这是因为三节点管网的网络拓扑较为简单，能够披露出所提出方法的细节，可以帮助读者直观地理解仿真结果的物理意义。然后，测试具有环状拓扑结构的 Net1 管网(环状)，进一步明确：第一，单次水力模拟的时长 t；第二，L-W 数值法离散时间步长 Δt 或者管道离散段数；第三，基本需水量(Demand Base)；第四，需水量模式

(Demand Pattern)等因素对最终水质传感器部署策略的影响。最后,因 Net3 管网较前两个测试网络规模稍大,所以 Net3 管网用来测试所提贪心算法的可扩展性,并进一步验证本章的研究发现。

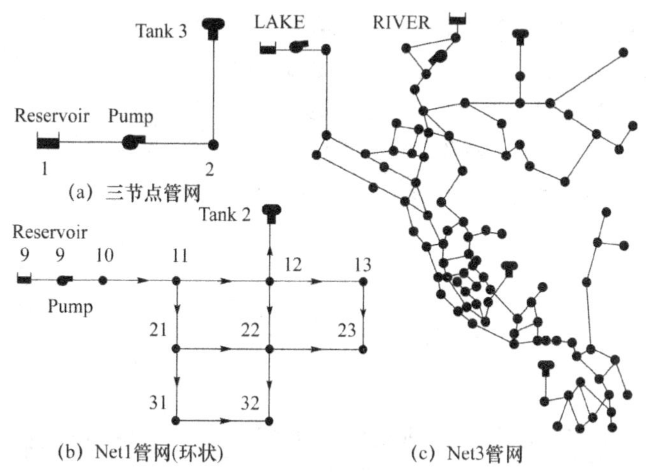

图 6.2 3 个仿真案例

与实际的供水管网不同,式(6.1)可以提供精准且准确的余氯浓度演化规律,因此,为简便起见,本仿真实验忽略可能会对实验结果造成影响的过程噪声,并将传感器噪声标准偏差设定为 $\sigma=0.1$。

本节进行的所有仿真模拟实验均在搭载 Intel(R) Xeon(R) CPU E5-1620 v3 @3.50 GHz 处理器的 Windows 10 Enterprise 上进行,并采用 EPANET Matlab Toolkit [30] 辅助构建。所提算法实现细节说明,详见附录 A.6。

6.5.1 三节点管网

图 6.2(a)所示的三节点管网包括 1 个连接节点、1 条管道、1 台水泵、1 个水塔和 1 个水库,详细参数设置见 4.4.2 小节。

假设三节点管网中,1 号水库安装了浓度型加氯站,且水库出水的余氯浓度保持在 $c_{R1}=0.8$ mg/L,而管网其他元件的初始余氯浓度均保持在 0 mg/L。只有 2 号连接节点消耗水,且其基本需水量为 $d_{base}=2\ 000$ gal/min,而其相应的 24 h 需水量模式为图 6.3 中的 Pattern I。因此,三节点管网 24 h 内需水量曲线,构成一个需水量剖面 $\boldsymbol{D}=d_{base}\times$Pattern I。需要说明的是,24 h 内的需水量可以写成具有 24 个元素的行向量。

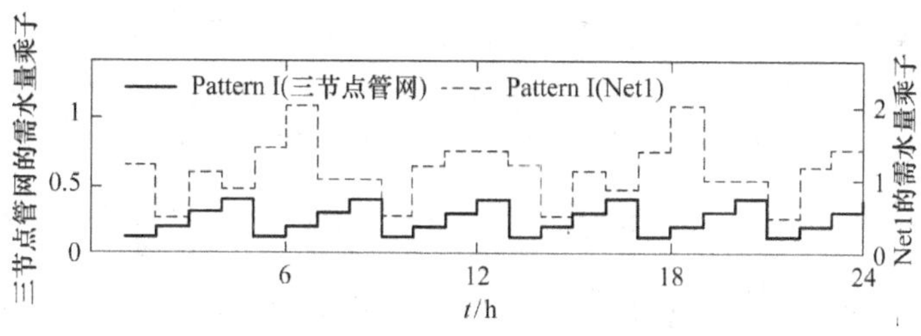

图 6.3 三节点管网和 Net1 环状管网的需水量模式

本仿真仍采用 L-W 数值法对供水管网的水质模型进行时空离散化，23 号管道离散为 $s_{L_{23}}=150$ 个管道离散段。仿真进行总持续时长为 $T_d=24$ h 的水力模拟，且单次水力模拟持续时长为 $k_f=3\,600$ s，即算法 6.1 中的 $k=24\times3\,600$。

对于三节点管网，有 3 个潜在的传感器部署位置，即 1 号水库 R1 处、2 号连接节点 J2 处、3 号水塔 T3 处。因此，算法 6.1 中的最大传感器数目 r 只能设置为 1 或 2。

按照以上实验参数设置，最终的传感器部署结果如图 6.4 所示。由图可见，$r=1$ 时，J2 处是最优安装位置；$r=2$ 时，J2 和 T3 处是最优安装位置。为评价 24 h 内供水官网中特定水质传感器安装位置的重要性（中心性），定义算法 6.1 中的时间占用比 $T(\mathcal{S})$ 为：

$$T(\mathcal{S})=\frac{\text{Selected time}}{\text{Total time}}$$

其含义为此位置被算法选中的时间与运行总时间的百分比，表明了所选水质传感器位置的重要性。

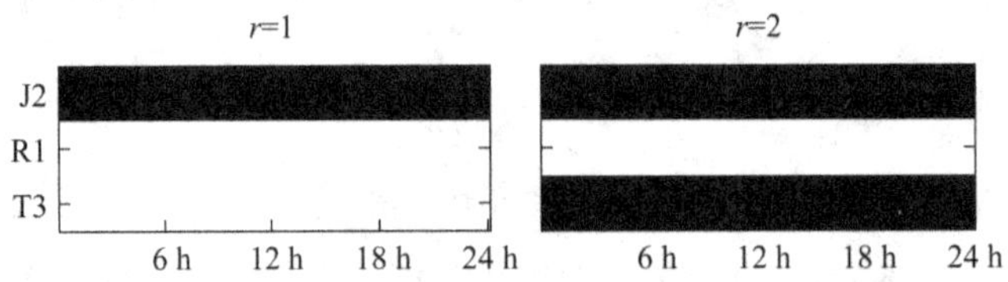

图 6.4　三节点管网水质传感器部署结果

如果水质传感器的部署位置在 24 h 内不发生变化，那么时间占用比将是 100%，见表 6.1。事实上，中大规模管网的节点处出现 100%的时间占用比的概率非常小，几乎不可能发生，而在三节点管网中的出现是由于其简单的拓扑结构。后续章节中显示更多在不同管网中时间占用比的结果。

表 6.1　三节点管网水质传感器位置时间占比

管网名称	r	部署结果（选中的位置以上划线表示）
三节点管网	1	$T_{\overline{\text{J2}}}=100\%$
	2	$T_{\overline{\text{J2}},\overline{\text{T3}}}=100\%$

6.5.2　Net1 管网(环状)

图 6.2(b)所示的 Net1 管网（环状）[28,29] 由 9 个连接节点、1 个水库、1 个水塔、12 条管道和 1 个水泵组成。除探索最优的水质传感器安装位置外，本节还将研究单次水力模拟时间长度 k_f、L-W 数值法时间步长 Δt、需水量剖面等因素对最终传感器部署结果的影响。

由于需水量每小时都会变化，导致管道流向改变频繁，流速或流速每小时也都会剧烈变化，此管网比三节点管网更复杂。为权衡采用 L-W 数值法带来的性能提升和计算开销，Net1 管网（环状）中的每条管道的离散段数 s_{L_i} 设置为不超过 $\dfrac{L_i}{v_i(t)\Delta t}$ 的整数，且动态调整管道离散段数以保持 L-W 数值法时间步长为 $\Delta t=5$ s。如果需要调整 $\Delta t=5$ s，直接将管道离散段数减半便可轻易实现。

1. 基准情形及其水质传感器部署结果

基准情形的参数设置如下：算法 6.1 中的仿真总持续时长 $T_d=24$ h，单次水力模拟时间步长 $k_f=300$ s，水质模拟时间步长 $\Delta t=5$ s。采用的需水量剖面为图 6.5 和图 6.6 所示的 $\boldsymbol{D}_k=$ Base Demand I×Pattern I。Net1 管网（环状）中存在一个潜在的传感器安装位置，如图 6.2(b) 所示，算法 6.1 或者说集合优化问题(6.5)中的最大传感器数目 r 可以选择小于 11 的任意整数，在基准情形下，可设置为 1、3、5。

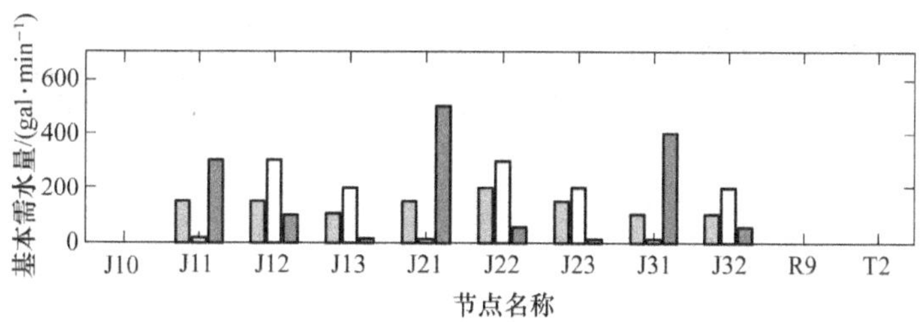

图 6.5 Net1 管网（环状）中各节点的基本需水量——左斜线柱状图为 Base Demand I，交叉线柱状图为 Base Demand II，右斜线柱状图为 Base Demand III

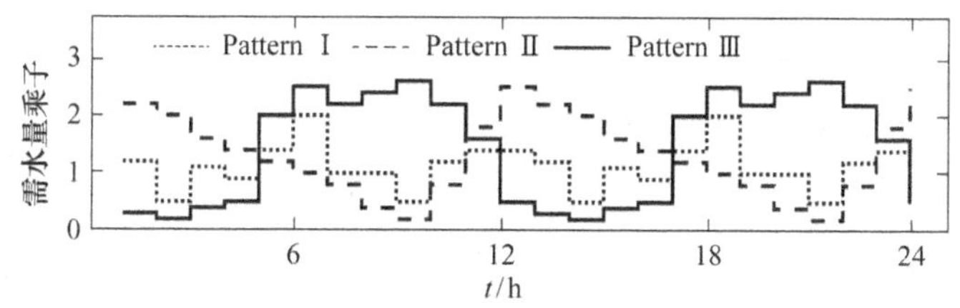

图 6.6 Net1 管网（环状）中各节点的需水量模式

最终的水质传感器部署结果如图 6.7 所示，相应的时间占用比 T 详见表 6.2。

从图 6.7 和表 6.2 可以看出，$r=1$ 时，图中的 J10 是最佳的水质传感器安装位置，时间占比为 $T_{J10}=66.4\%$。传感器安装位置偶尔会切换到 J12 或 J21，相应的时间占比为 $T_{J12}=18.6\%$，$T_{J21}=14.8\%$。因此，此时最优的水质传感器部署位置解集是 $\mathcal{S}^*_{r=1}=\{J10\}$（在表 6.2 加“上划线”）。类似地，当 $r=3$ 和 $r=5$ 时，最优的水质传感器部署位置解集 $\mathcal{S}^*_{r=3}=\{J10, J12, J21\}$ 和 $\mathcal{S}^*_{r=5}=\mathcal{S}^*_{r=3}\cup\{T2, J31\}$。与此同时，从这些解集中还可以看出集合函数优化的超模性，即 $\mathcal{S}^*_{r=3}\subset\mathcal{S}^*_{r=5}$。

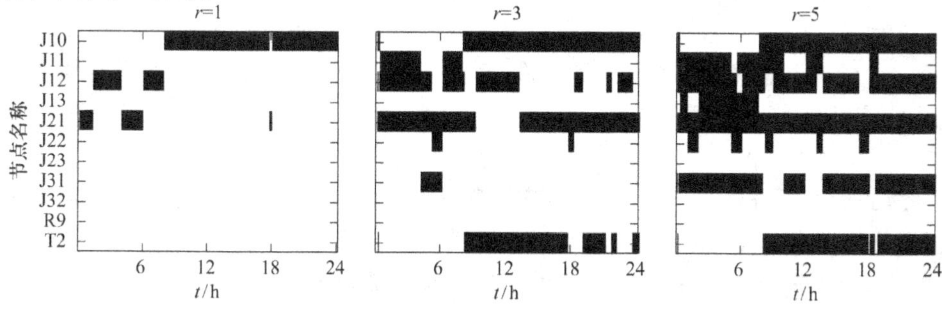

图 6.7 Net1 管网（环状）24 h 水质传感器部署结果（$k_f=300$ s，水质模拟时间步长 $\Delta t=5$ s，需水量模式采用 Pattern I，基础需水量采用 Base Demand I）

表 6.2　Net1 管网(环状)水质传感器位置时间占比

(Net1 管网(环状)基准情形:Δt=10 s,k_f=300 s,Pattern I,Base Demand I)

管网名称	r	部署结果(选中的位置以上画线表示)
基准情形	1	$T_{\overline{J10}}$=66.4%,T_{J12}=18.6%,T_{J21}=14.8%
	3	$T_{\overline{J10}}$=68.5%,$T_{\overline{J12}}$=56.7%,$T_{\overline{J21}}$=83.4%,T_{T2}=53.6%
	5	$T_{\overline{J10}}$=69.5%,$T_{\overline{J12}}$=87.8%,$T_{\overline{J21}}$=100%,$T_{\overline{T2}}$=65.7%,$T_{\overline{J31}}$=82.1%,T_{J11}=49.4%

2. L-W 数值法离散时间步长 Δt 和单次水力模拟时长 k_f

通过与基准情形相比,本仿真探索 L-W 数值法离散时间步长 Δt 和单次水力模拟时长 k_f 对最终 WQSP 结果的影响(与基本情况相比)。

情形 A 只是将 Δt 从基准情形的 5 s 增加到 10 s。为实现此参数设置,所有管道的离散段数需减少 50%。但是,管道离散段数也不能太小,否则会影响水质模型准确性,为此,减少管道离散段数后,还要与 EPANET 水质模拟相比,确保 LDE 状态空间表示水质模型的准确性。

情形 B 则是将 k_f 从基准情形的 300 s 减少到 60 s,其他参数保持与基准情形一致。在此情形下,仿真实验结果显示在表 6.3 中。

表 6.3　考虑 L-W 数值法时间步长 Δt 和单次水力模拟时长 k_f 影响下,

Net1 管网(环状)水质传感器位置时间占比(情形 A:Δt=10 s,k_f=300 s,情形 B:Δt=5 s,k_f=60 s)

管网名称	r	部署结果(选中的位置以上画线表示)
情形 A	1	$T_{\overline{J10}}$=71.6%,T_{J12}=12.4%,T_{J21}=14.5%
	3	$T_{\overline{J10}}$=71.6%,T_{J12}=48.4%,$T_{\overline{J21}}$=61.2%,$T_{\overline{T2}}$=68.8%
	5	$T_{\overline{J10}}$=74.7%,$T_{\overline{J12}}$=82.7%,$T_{\overline{J21}}$=100%,$T_{\overline{T2}}$=69.2%,$T_{\overline{J31}}$=73.0%,T_{J11}=62.6%
情形 B	1	$T_{\overline{J10}}$=86.5%,T_{J12}=8.3%,T_{J21}=5.1%
	3	$T_{\overline{J10}}$=100%,T_{J12}=40.4%,$T_{\overline{J21}}$=53.6%,$T_{\overline{T2}}$=74.2%
	5	$T_{\overline{J10}}$=100%,$T_{\overline{J12}}$=85.7%,$T_{\overline{J21}}$=100%,$T_{\overline{T2}}$=78.1%,$T_{\overline{J31}}$=39.2%,T_{J11}=36.5%

由以上仿真实验结果可知:第一,当 r=1,5 时,以上两种情形下的最优水质传感器部署结果与基准情形的结果完全相同,在时间占用比上略有差异;第二,当 r=3 时,结果略有不同,最优水质传感器部署结果从基准情形下的 $\mathcal{S}$={J10,J12,J21}变为情形 A 和情形 B 下的 $\mathcal{S}$={J10,T2,J21}。出现这种情况的原因显而易见——在基准情形下,J12 和 T2 的时间占用比分别为 $T_{\overline{J12}}$=56.7%,T_{T2}=53.6%,二者旗鼓相当,均无明显的领先优势。即使在 r=3 时,最优水质传感器部署策略发生了些许变化,在三种情形下的最终性能指标值依然比较接近:基准情形和情形 A(情形 B)之间的相对性能误差为 17.2%(7.9%),处在可接受的范围之内。

因此,我们可以得到如下初步结论:若偏微分方程时空离散化的参数——管道离散段数目足够多且数目多到可以保证 LDE 模型准确性的情况下,L-W 数值法离散事件时间步长 Δt 和单次水力模拟时间长度 k_f 对最终的水质传感器部署策略的影响可以忽略不计。

3. 需水量对部署策略的影响

本仿真探讨连接节点需水量对最终水质传感器部署策略的影响。需要说明的是,一个连接节点 24 h 内的需水量是由其基本需水量(Base Demand)和相应需水量模式(Demand Pattern)同时决定。此外,本实验并不直接使用以周为单位的需水量模式,因为以日为单位的典型需水量模式是可以通过拼接、组合形成周需水量模式。

首先,图 6.3 阶梯形状或者图 6.6 中虚线描述的都是需水量模式 Pattern I,而基本需水量则使用图 6.5 中的 Base Demand I、Base Demand II、Base Demand III,即本仿真实验会使用 $n_d=3$ 种不同需水量曲线作为算法 6.1 的输入参数。

注意以上使用的基本需水量并不是来源于实际供水管,而是为了说明一些问题进行了配置或设计,以尽可能地覆盖一些典型需水量场景。例如,基本需水量 Base Demand I 为每个连接节点消耗的水基本相同的情况,而基本需水量 Base Demand II 则为图 6.2(b)中 J12、J13、J22、J23、J32 等管网右半部分的节点分配更大的值,以达到改变特定管道中水流方向的目的。同理,而基本需水量 Base Demand III 则为图 6.2(b)中 J11、J21、J31 等管网左半部分的节点分配更大的值。

图 6.7、图 6.8、图 6.9 显示了 3 种基本需水量 Base Demand I、Base Demand II、Base Demand III 下的最优水质传感器部署策略。为简洁起见,此处不再使用表格的形式呈现详细时间占用比。从图中可以直观地看出,随着基本需水量的变化,最优水质传感器位置在 $r=1$ 时从 $\mathcal{S}^*_{r=1}=\{\text{J10}\}$ 切换到 $\mathcal{S}^*_{r=1}=\{\text{J12}\}$;在 $r=3$ 时,则从 $\mathcal{S}^*_{r=3}=\{\text{J10,J12,J21}\}$ 切换到 $\mathcal{S}^*_{r=3}=\{\text{J11,J12,J32}\}$。此结果一方面说明改变基本需水量确实会对最优水质传感器部署策略产生影响,另一方面也可以看出算法 6.1 的普适性,即会根据选择的参数给出最优的水质传感器安装位置。

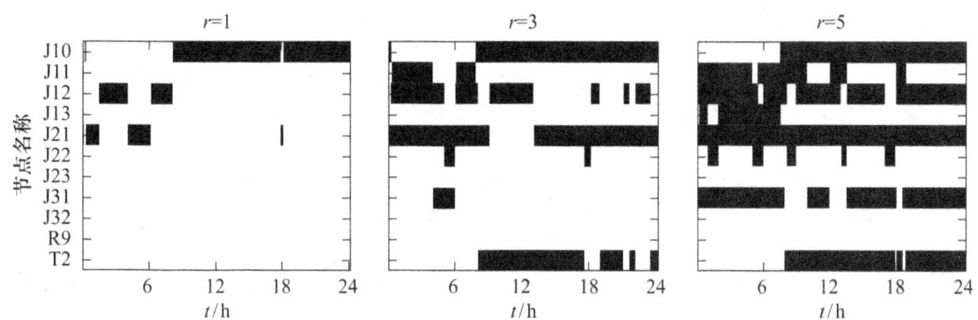

图 6.8 Net1 管网(环状)在基本需水量采用 Base Demand II 的情况下,24 h 水质传感器部署结果($k_f=300$ s,水质模拟时间步长 $\Delta t=5$ s,需水量模式采用 Pattern I)

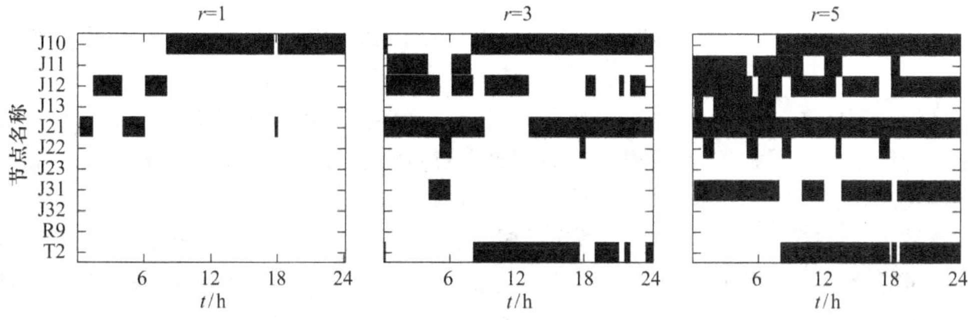

图 6.9 Net1 管网(环状)在基本需水量采用 Base Demand III 的情况下,24 h 水质传感器部署结果($k_f=300$ s,水质模拟时间步长 $\Delta t=5$ s,需水量模式采用 Pattern I)

其次，为测试需水量模式对最终结果的影响，本仿真实验固定基本需水量为图 6.5 中的 Base Demand I，而不断地切换需水量模式，即图 6.6 中的 Pattern I、Pattern II、Pattern III。同样，这些需水量模式只适用于测试算法的性能，而不是来自实际的供水管网。从图中可以看出，与其他模式相比，模式 Pattern I 相对比较平坦，而模式 Pattern II 和 Pattern III 变化剧烈且互补。

图 6.7、图 6.10、图 6.11 显示了在此 3 种需水量模式情况下的最优水质传感器部署策略。从图中可以直观地看出，最优水质传感器位置在 $r=1$ 时从 $\mathcal{S}^*_{r=1}=\{\text{J10}\}$ 切换到 $\mathcal{S}^*_{r=1}=\{\text{J21}\}$；在 $r=3$ 时，则从 $\mathcal{S}^*_{r=3}=\{\text{J10},\text{J12},\text{J21}\}$ 切换到 $\mathcal{S}^*_{r=3}=\{\text{J21},\text{J22},\text{J31}\}$。

通过以上的比较，可以认为基础需水量和需水量模式都会对 Net1 管网(环状)的最优水质传感器部署方案产生重大影响。然而，相比于图 6.8 和图 6.9，图 6.10 和图 6.11 更接近或更类似于图 6.7。这意味着对 Net1 管网(环状)而言，需水量模式对最终结果的影响往往比基本需水量产生的影响要小，此结论也许可以扩展到其他未测试的管网，感兴趣的读者可以进行进一步地研究。

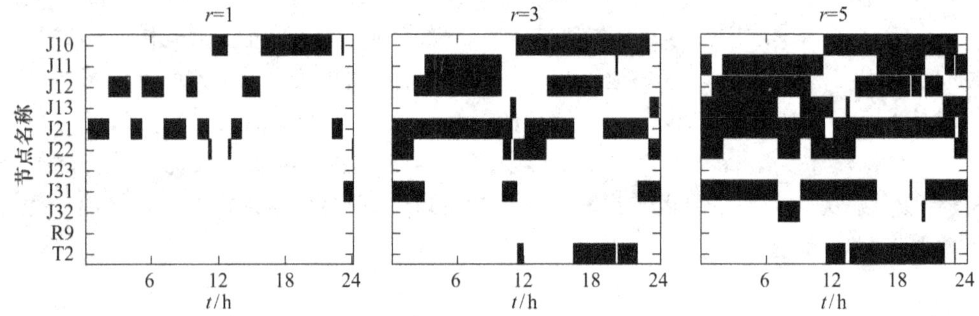

图 6.10　Net1 管网(环状)在需水量模式采用 Pattern II 的情况下，24 h 水质传感器部署结果($k_f=300$ s，$\Delta t=5$ s，且基础需水量采用 Base Demand I)

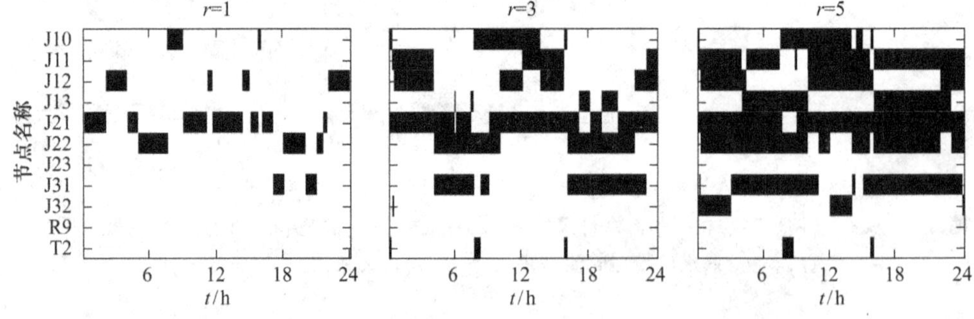

图 6.11　Net1 管网(环状)在需水量模式采用 Pattern III 的情况下，24 h 水质传感器部署结果($k_f=300$ s，$\Delta t=5$ s，且基础需水量采用 Base Demand I)

虽然对于所有供水管网，尚不清楚是需水量模式还是基础需水量对最终的最优水质传感器部署策略影响更大，但是可以确定的是每个节点需水量确实会对水质传感器的部署策略有重大影响。

如果考虑所有讨论过的 $n_d=5$ 个需水量剖面 $\boldsymbol{D}_i\in\mathbb{R}^{5\times k_f}$，其中 $i=1,\cdots,n_d$，并应用算法 6.1，那么在考虑与基本需水量 Base Demand I、Base Demand II、Base Demand III 匹配的需水量模式 Pattern I、Pattern II、Pattern III 的情况下，最终传感器部署位置如图 6.12 所示。此结

果是将图 6.7、图 6.8、图 6.9、图 6.10 和图 6.11 进行融合后得到,也对应于算法 6.1 中的最优传感器超集 $\tilde{\mathcal{S}}$。最终的结果为 $\mathcal{S}_{r=1}^{*}=\{J10\}$,$\mathcal{S}_{r=3}^{*}=\mathcal{S}_{r=1}^{*}\cup\{J21,T2\}$ 以及 $\mathcal{S}_{r=5}^{*}=\mathcal{S}_{r=3}^{*}\cup\{J12,J31\}$。从此结果中也可以看出,集合函数优化问题的求解充分利用了超模性。

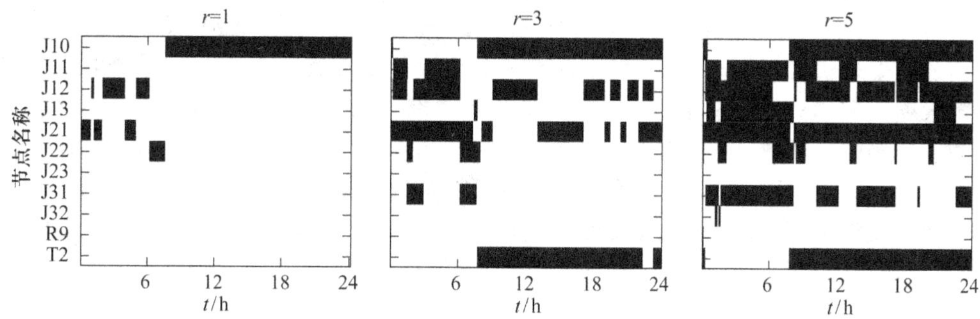

图 6.12 Net1 管网(环状)考虑了 5 种不同需水量剖面情况下,24 h 的水质传感器部署结果($k_f=300$ s,水质模拟时间步长 $\Delta t=5$ s,此图融合了图 6.7、图 6.8、图 6.9、图 6.10 和图 6.11)

6.5.3 Net3 大型管网

本节通过图 6.2(c)所示的 Net3 管网进一步验证 6.5.2 小节得出的一些结论,该管网共有 92 个连接节点、2 个水库、3 个水塔、117 条管道和 2 个水泵,且假定所有连接节点的基本需水量为时不变的固定值,其对应的需水量模式变量较为平缓,其他设置参数如无特殊说明和 6.5.1 节保持一致。

图 6.13 显示的是从 95 个位置中选择 $r=2,8,14$ 个最优位置的结果,由于节点个数太多,相应的节点名称在图中无法显示,故选在表 6.4 中呈现。从表中数据可以看出,集合 $\mathcal{S}_{r=2}^{*}\subset\mathcal{S}_{r=8}^{*}\subset\mathcal{S}_{r=14}^{*}$ 再次表明此问题的超模性即使对于中大规模的网络依然成立,也进一步佐证了所提贪心算法的性能。

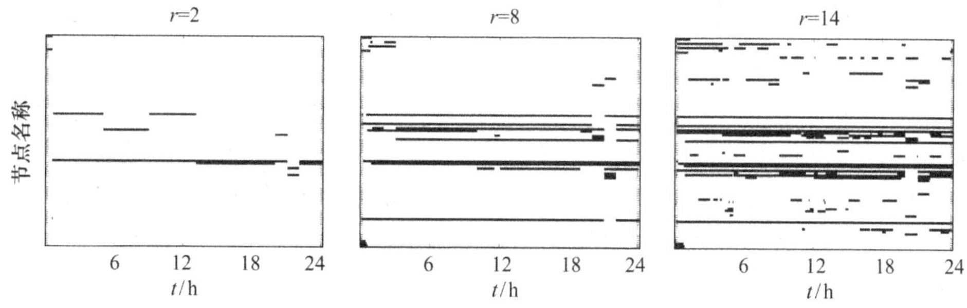

图 6.13 Net3 管网中,当 $r=2$、8 和 14 时的传感器部署结果(为简单起见,95 个节点名称并未显示)

表 6.4 管网传感器部署结果

管网名称	r	部署结果
Net3 管网	2	$\mathcal{S}_{r=2}^{*}=\{J203,J204\}$
	8	$\mathcal{S}_{r=2}^{*}\cup\{J261,J163,J169,J173,J184,J206\}$
	14	$\mathcal{S}_{r=8}^{*}\cup\{J208,J177,J179,J209,J20,J121\}$

6.5.4 状态估计性能以及随机部署策略

针对中大规模的 Net3 管网，本节研究了两个重要问题：第一，研究状态估计/卡尔曼滤波器的性能随着管网中部署传感器数量 r 的变化情况；第二，就状态估计指标而言，与算法(6.1)中提出的贪婪最优部署策略相比，采用每隔一个连接节点部署一个水质传感器的均匀传感器部署策略或采用完全随机的传感器部署策略能否获得具有一定可比性的性能？

为回答第一个问题，经过仿真实验，卡尔曼滤波器性能 $f(\mathcal{S}_r)$ 与安装在管网中传感器数量的关系如图 6.14 所示。在 3 次不同水力模拟中，$f(\mathcal{S}_r)$ 随着传感器数量 r 从 1 到 14 的增加而大致呈线性下降，即卡尔曼滤波性能随着 r 大致呈线性增加。即图 6.14 中的3 张子图(在 3 个不同水力剖面下)显示了相似的趋势。当所有的 $r=95$ 个节点都安装上水质传感器时，此时卡尔曼滤波器性能达到最佳。

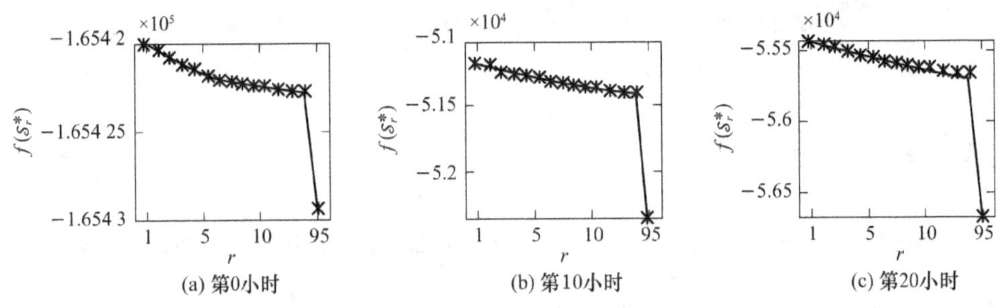

图 6.14 在 $r=\{1,\cdots,14,95\}$ 情况下，第 0 小时、第 10 小时、第 20 小时，卡尔曼滤波器性能

为了回答第二个问题，本节展示了固定数量的水质传感器即令 $r=14$ h 采用随机水质传感器部署策略的状态估计性能。具体来说，图 6.15 中的实线描述了随机部署 14 个水质传感器情况下，24 h 内卡尔曼滤波器性能 $f(\mathcal{S}_{r=14}^*)$变化情况。具体来说，24 次水力模拟(水力时间步长为 1 h)都会产生 10 种 $r=14$ 随机水质传感器部署策略。为了量化并对比所提出的算法与其他算法的性能差异，此处将随机部署策略 $\hat{\mathcal{S}}$ 的相对性能定义为 $\Delta f(\hat{\mathcal{S}}_{r=14})=f(\hat{\mathcal{S}}_{r=14})-f(\mathcal{S}_{r=14}^*)$。$\Delta f(\hat{\mathcal{S}}_{r=14})$的值越小，意味着部署策略更优。

图 6.15 中的虚线是 10 种不同随机水质传感器部署策略的相对性能——可以看出每个值都大于零，这意味着所有的随机策略性能都比贪心-最优给出的策略要略差。尽管性能差异平均值仅有 100，但由于度量指标中采用了对数函数，所以实际的卡尔曼滤波性能差别十分巨大。故，从图中数据可以得出如下结论：算法 6.1 得到的贪心-最优策略 $\mathcal{S}_{r=14}^*$ 比任何随机策略更优。

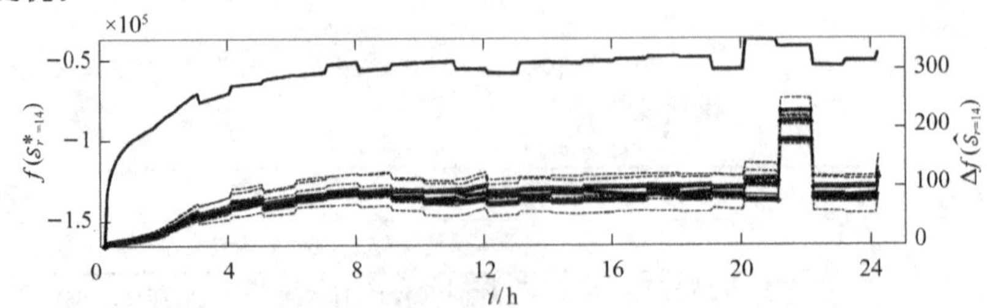

图 6.15 实线为 $r=14$ 情况下，24 h 内的卡尔曼滤波器性能 $f(\mathcal{S}_{r=14}^*)$，而虚线为随机放置 14 个传感器 10 次的性能与最优放置 14 个传感器卡尔曼滤波器性能差 $\Delta f(\hat{\mathcal{S}}_{r=14})$

本章小结

本章提出一种专注于提升供水管网水质动力学可观性的水质传感器部署的全新计算方法。在全面测试各种管网测试用例后，研究结论如下：第一，L-W 数值法的时间步长 Δt（或管道离散段数 s_L）和单次水力模拟时间长度 k_f 对水质传感器部署策略的影响微乎其微，在某些场景下甚至可以忽略不计。第二，所提方法输出的贪婪-最优水质传感器部署策略具有应用于实际供水管网的潜力，这是因为算法 6.1 是以需水量剖面数据为输入的，而获取实际供水管网需水量模式等历史数据是有一定的可行性。因此，根据历史数据中出现最为频繁的几种需水量剖面可以计算出对应的部署策略，且就获得的占用时间而言，最优的传感器部署位置有可能会保持相对的时间不变性。第三，该算法验证了集合函数优化的超模性，这一点通过各种供水管网的不同测试用例得到了证实。第四，即使需水量模式发生剧烈改变，该算法仍可用于获得优化传感器占用时间的水质传感器部署策略。

仅关注水质传感器放置的状态估计度量指标并不是该研究的主张。如第 6.1 节所述，解决水质传感器部署问题仍需要考虑多种多样的社会性和工程性目标，为此须根据文献中提出的最小化受入侵事件影响的人口数和受污染的水体总量等度量指标和目标来进一步深化本书中所提方法。因此，需要在本书所提的状态估计目标与更多社会驱动的工程性目标做出权衡。所以，本研究旨在为供水管网运营单位提供用于量化网络可观性与水质传感器位置关系的工具。当然，如有需要，供水管网运营单位也可以在此基础上进一步对可观性目标与其他社会性和工程性目标的重要性进行调整。

未来的研究工作除了针对当前研究的局限性展开之外，还可考虑模型中的非线性多化学物质反应动力学，当然，这可能需要量化非线性动力学的可观性。不过，此工作将赋能传感器监测、挖掘污染物和余氯之间的化学反应等研究方向，具有一定的研究意义。

本章参考文献

[1] KRAUSE A, LESKOVEC J, GUESTRIN C, et al. Efficient sensor placement optimization for securing large water distribution networks[J]. Journal of Water Resources Planning and Management, 2008, 134(6): 516-526. DOI: 10.1061/(ASCE)0733-9496(2008)134:6(516).

[2] OSTFELD A, UBER J G, SALOMONS E, et al. The battle of the water sensor networks (BWSN): A design challenge for engineers and algorithms[J]. Journal of Water Resources Planning and Management, 2008, 134(6): 556-568.

[3] PREIS A, OSTFELD A. Multiobjective contaminant sensor network design for water distribution systems [J]. Journal of Water Resources Planning and Management, 2008, 134(4): 366-377.

[4] SCHAL S, LOTHES A, BRYSON L S, et al. Water quality sensor placement

guidance using teva-spot[C]//World Environmental and Water Resources Congress 2013: Showcasing the Future. American Society of Civil Engineers, 2013: 1022-1032.

[5] ELIADES D G, KYRIAKOU M, POLYCARPOU M M. Sensor placement in water distribution systems using the S-PLACE Toolkit[J]. Procedia Engineering, 2014, 70(2010): 602-611. DOI:10.1016/j.proeng.2014.02.066.

[6] SHASTRI Y, DIWEKAR U. Sensor placement in water networks: A Stochastic programming approach[J]. Journal of Water Resources Planning and Management, 2006, 132(3): 192-203. DOI:10.1061/(ASCE)0733-9496(2006)132:3(192).

[7] ARAL M M, GUAN J, MASLIA M L. Optimal design of sensor placement in water distribution networks[J]. Journal of Water Resources Planning and Management, 2010, 136(1): 5-18. DOI:10.1061/(ASCE)WR.1943-5452.0000001.

[8] RATHI S, GUPTA R. Sensor placement methods for contamination detection in water distribution networks: A review[J]. Procedia Engineering, 2014, 89: 181-188. DOI:10.1016/j.proeng.2014.11.175.

[9] HART W E, MURRAY R. Review of sensor placement strategies for contamination warning systems in drinking water distribution systems [J]. Journal of Water Resources Planning and Management, 2010, 136(6): 611-619. DOI: 10.1061/(ASCE)WR.1943-5452.0000081.

[10] HU C, LI M, ZENG D, et al. A survey on sensor placement for contamination detection in water distribution systems[J]. Wireless Networks, 2018, 24(2): 647-661. DOI:10.1007/s11276-016-1358-0.

[11] HE G, ZHANG T, ZHENG F, et al. An efficient multi-objective optimization method for water quality sensor placement within water distribution systems considering contamination probability variations[J]. Water Research, 2018, 143: 165-175. DOI:10.1016/j.watres.2018.06.041.

[12] HOOSHMAND F, AMEREHI F, MIRHASSANI S A. Logic-based benders decomposition algorithm for contamination detection problem in water networks [J]. Computers and Operations Research, 2020, 115: 104840. DOI:10.1016/j.cor.2019.104840.

[13] CIAPONI C, CREACO E, DI NARDO A, et al. Reducing impacts of contamination in water distribution networks: A combined strategy based on network partitioning and installation ofwater quality sensors [J]. Water (Switzerland), 2019, 11(6): 1-16. DOI:10.3390/w11061315.

[14] WINTER C de, PALLETI V R, WORM D, et al. Optimal placement of imperfect water quality sensors in water distribution networks[J]. Computers and Chemical Engineering, 2019, 121: 200-211. DOI:10.1016/j.compchemeng.2018.10.021.

[15] GIUDICIANNI C, HERRERA M, DI NARDO A, et al. Topological Placement of Quality Sensors in Water-Distribution Networks without the Recourse to Hydraulic

Modeling[J]. Journal of Water Resources Planning and Management, 2020, 146(6): 1-12. DOI:10.1061/(ASCE)WR.1943-5452.0001210.

[16] HU C, DAI L, YAN X, et al. Modified NSGA-III for sensor placement in water distribution system[J]. Information Sciences, 2020, 509: 488-500. DOI:10.1016/j.ins.2018.06.055.

[17] NARDO A D, GIUDICIANNI C, GRECO R, et al. Sensor Placement in Water Distribution Networks based on Spectral Algorithms [C]//13th International Conference on Hydroinformatics HIC 2018. 2018. DOI:10.29007/whzr.

[18] RAJAKUMAR A G, MOHAN KUMAR M S, AMRUTUR B, et al. Real-Time Water Quality Modeling with Ensemble Kalman Filter for State and Parameter Estimation in Water Distribution Networks [J]. Journal of Water Resources Planning and Management, 2019, 145(11): 1-12. DOI: 10.1061/(ASCE)WR.1943-5452.0001118.

[19] TZOUMAS V, JADBABAIE A, PAPPAS G J. Sensor placement for optimal Kalman filtering: Fundamental limits, submodularity, and algorithms [J]. Proceedings of the American Control Conference, 2016, 7: 191-196. DOI: 10.1109/ACC.2016.7524914.

[20] ZHANG H, AYOUB R, SUNDARAM S. Sensor selection for Kalman filtering of linear dynamical systems: Complexity, limitations and greedy algorithms [J]. Automatica, 2017, 78: 202-210. DOI:10.1016/j.automatica.2016.12.025.

[21] HESPANHA J P. Linear systems theory[M]. Princeton, NJ: Princeton university press, 2018. DOI:10.23943/9781400890088.

[22] SUMMERS T H, LYGEROS J. Optimal Sensor and Actuator Placement in Complex Dynamical Networks[J]. IFAC Proceedings Volumes, 2014, 47(3): 3784-3789. DOI:10.3182/20140824-6-ZA-1003.00226.

[23] SUMMERS T H, CORTESI F L, LYGEROS J. On Submodularity and Controllability in Complex Dynamical Networks[J]. IEEE Transactions on Control of Network Systems, 2016, 3(1): 91-101. DOI:10.1109/TCNS.2015.2453711.

[24] JAWAID S T, SMITH S L. Submodularity and greedy algorithms in sensor scheduling for linear dynamical systems[J]. Automatica, 2015, 61: 282-288. DOI: 10.1016/j.automatica.2015.08.022.

[25] LOVÁSZ L. Submodular functions and convexity [M]//Mathematical Programming The State of the Art. Berlin, Heidelberg: Springer, 1983: 235-257. DOI:10.1007/978-3-642-68874-4_10.

[26] CORMEN T H, LEISERSON C E, RIVEST R L, et al. Introduction to algorithms[M]. Cambridge, MA: MIT press, 2009. DOI:10.1017/cbo9781107279667.013.

[27] CORTESI F L, SUMMERS T H, LYGEROS J. Submodularity of energy related controllability metrics[C/OL]//Proceedings of the IEEE Conference on Decision and Control: 2015-Febru. IEEE, 2014: 2883-2888. [2024-01-03]. http://arxiv.

org/abs/1403. 6351 http://dx. doi. org/10. 1109/CDC. 2014. 7039832. DOI: 10. 1109/CDC. 2014. 7039832.

[28] ROSSMAN L A, et al. EPANET 2: users manual[EB/OL]. Cincinnati, OH: U. S. Environmental Protection Agency; US Environmental Protection Agency. Office of Research; Development, 2000. (2000-09-01) [2024-01-30]. https://nepis. epa. gov/Adobe/PDF/P1007WWU. pdf.

[29] SHANG F, UBER J G, POLYCARPOU M M. Particle backtracking algorithm for water distribution system analysis [J]. Journal of Environmental Engineering, 2002, 128(5): 441-450.

[30] ELIADES D G, KYRIAKOU M, VRACHIMIS S, et al. EPANET-MATLAB Toolkit: An Open-Source Software for Interfacing EPANET with MATLAB[C]// Proc. 14th International Conference on Computing and Control for the Water Industry (CCWI). The Netherlands, 2016: 8. DOI:10. 5281/zenodo. 831493.

第7章 水质动力学模型降阶

7.1 概　　述

供水管网(Water Distribution Networks,WDNs)的水质模型可用偏微分方程(PDEs)描述管网中各种元件消毒剂浓度的时空演变规律。当将 PDEs 进行时空离散化后,此水质模型也可使用控制理论中状态空间的表示形式[1](即 LDE 模型)来描述,详见第 4.3.2 小节。然而,即使对中小型规模的供水管网来说,由于要确保 LDE 模型的高保真度,时空离散时不得不增加管道离散段数,导致 LDE 模型的维度(或阶数)可以达到10^4甚至10^6。

具体来说,这是对描述管道中溶质浓度分布规律的 PDEs 进行离散化造成的。保持较高的离散化分辨率,可以提高面向控制理论的 LDE 模型精度,但会导致过高的状态空间维度,在给水质模拟过程和水质控制过程带来沉重的计算负担的同时,也会给控制器设计带来极大的挑战[2]。这意味着高精度模型虽然对预测系统动态很有效,但对大规模网络的控制器或估计器设计并不适用,尤其是在有状态约束或输入约束的情况下。为此,模型降阶(Model Order Reduction,MOR)变得尤其重要,通过对全阶模型进行模型降阶可以得到相应的紧凑模型,而此紧凑模型可以用于快速进行系统仿真、控制器设计、状态估计。

全阶模型(Full-Order Model,FOM)指的是原系统模型,在供水管网中,表现为描述水质动态的精确或近乎精确的 LDE 模型,通常具有较高的维度。模型降阶的动机是将全阶模型进行“压缩”,从而得到相应的降阶模型(Reduced-Order Model,ROM),该降阶模型的状态数或阶数比全阶模型小得多,但同时又可以保持全阶系统的输入-输出关系,并且全阶系统的可控性和可观性等特性也会被保留下来。为此,需要将全阶模型的高维状态矢量投射至低维子空间,而在此低维子空间中,模型精度和某些特性不会受到明显的影响。模型降阶相关方法已被广泛应用于计算流体力学[3-5]以及计算电磁学、微观和纳米电子机械系统设计等领域[6]。然而,在水质动力学建模方面,尚无相关文献对降阶模型及其带来的潜在计算性能提升进行详尽而又彻底的研究——本研究试图填补这一空白。

图 7.1 以一种易于理解的图形化方式说明了这一概念,演示了有时只需要很少的信息便可以描述模型。该带有斯坦福兔子的图片表明,即使只有几个面,人们仍然可以识别出图片中是兔子[7,8]。虽然此例并不包含任何关于模型降阶的知识,甚至与本章内容毫无联系,

但它可以用来解释模型降阶的思路。

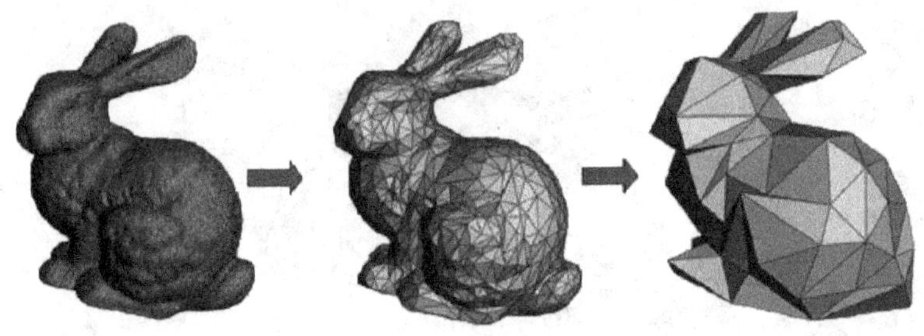

图 7.1　模型降阶的图形化说明示例[7,8]

7.1.1　模型降阶算法文献综述

丰富的动态系统文献已提出各式各样的模型降阶算法，这些算法大致可以分为两类：基于奇异值分解（Singular Value Decomposition，SVD）的方法[9-12,5,3]和 Krylov 子空间方法〔或称为基于矩匹配（Moment Matching）的方法[13-17]〕。也有一些研究结合了奇异值分解和 Krylov 方法的复合方法[18]。

一般来说，基于 Krylov 子空间方法无法保留全阶模型的一些重要特性，如稳定性和无源性[4]，而这些特性对控制系统又至关重要，因此本章着重介绍和评估基于奇异值分解的模型降阶方法。

基于 SVD 的模型降阶的方法中有几种方法可以保证稳定性或控制器设计的相关属性。此外，基于 SVD 的模型降阶方法还可以进一步划分子类别，即基于 Hankel 算子的方法[9,10]、平衡实现（Balanced Realization）理论[11,19,3]、基于本征正交分解（Proper Orthogonal Decomposition，POD）的方法[20,12,5,3,21]。

本章研究的重点是为水质动力学模型探索适当的基于 SVD 的模型降阶方法，以描述用状态空间表示的 LDE 模型。

Moore 提出了可平衡可控性格拉姆矩阵和可观性格拉姆矩阵重要性的平衡截断（Balanced Truncation，BT）方法[11]。但是，对于具有10^4 个状态或更多大规模的系统来说，BT 方法在计算上是不可行的。Sirovich 提出的 POD 方法[12]虽然易于计算，但在精确度方面不如 BT 方法。为计算高阶系统的平衡变换，Willcox 提出了一种结合 POD 方法和平衡实现理论的新方法[5]。然而，当系统输出维度较高时，此方法在计算上也变得不可行，而且此方法有个明显的缺点，即它有可能剔除那些可观性很差但可控性很强的状态。最终，研究[3]提出了成功地结合 BT 方法和 POD 方法优点的平衡本征正交分解（balanced POD，BPOD）的方法。此方法在兼顾了可控性和可观性的同时，对于大规模系统来说计算开销适中，即在计算上仍具有可行性。具体来说，其计算成本与 POD 方法的计算成本相当，而其计算精度与 BT 方法的精度相似。

在供水系统研究领域，简化模型常常被应用于水力学意义下的管网简化，所采用的算法也与前述动力学系统中的模型降阶算法完全不同。简化的水力模型可以实现对完整水力模型的高保真表征，且可以极大地简化计算。例如，骨架化方法[22]通过高斯消除法从线性化的管网模型中去除节点,并在保留原供水管网模型非线性特征的同时减小网络规模。Salomons[23]则通过遗传算法获得简化的模型,用于管网实时在线运行。为了满足实时水力状态估计计算效率的要求,Preis 等人[24]利用供水管网聚合技术提出了相应的简化模型。而文献[25]则提出了一个联合水力模型和水质模型的供水管网聚合方法。相比之下,本研究专注于上述文献没有提及的研究问题,即降低水质动力学模型的阶数/维度。

7.1.2 研究的创新点

本章旨在研究水质模型降阶算法的性能,解决其理论的局限性问题,评估其计算性能,并评估将其应用在模型预测控制框架内的潜力。本研究的创新之处如下。

第一,本研究尝试用理论分析来确定水质模拟的降阶模型:仿真研究结果表明,与全阶模型相比,降阶模型产生了几乎完全相同的水质模拟结果。针对模型降阶算法,本研究在不同规模的供水管网进行了准确性测试、计算开销/时间测试、对初始条件的鲁棒性测试,并对得到稳定降阶模型的潜力进行评估。

第二,尽管全阶水质动力学模型是稳定的,但是使用经典模型降阶算法不能确保降阶模型的稳定性。因此,本研究提出两种方法来保证降阶模型的稳定性。第一种方法是在标准模型降阶算法的基础上进行稳定化处理的同时,尽量保持精度;第二种方法是通过调整标准模型降阶算法的一个特别的参数来实现,对水质动力学而言,此参数调整有明确的物理意义,即代表从加氯站到传感器的最大行程时间步长。

第三,作为全阶模型的替代物,得到的稳定降阶模型可用于供水管网水质模型预测控制,以对水质进行调控。仿真研究表明,与采用全阶模型的模型预测控制器相比,采用降阶模型的模型预测控制器产生了类似的控制效果,并且极大地降低了计算开销。

本章的其余章节安排如下:第 7.2 节简要回顾面向控制理论的水质模型,并介绍用状态空间表示方法描述的全阶模型。第 7.3 节给出针对具体水质模型的降阶原理,随后在第 7.4 节介绍各种模型降阶算法的基本步骤,并进行相应的讨论。第 7.5 节提出两种获得稳定降阶模型的方法,而第 7.6 节进行仿真分析,并验证所提方法的有效性。第 7.7 节对本章进行总结,然后讨论所提方法的局限性,并给出未来潜在的研究方向。

7.2 水质模型的状态空间表示

本节用一个简单的例子回顾第 4 章中水质模型的状态空间表示,为应用模型降阶算法做铺垫。

图 7.2(a)显示的是在供水管网中注入适当氯基消毒剂的例子。通过安装在 1 号水库(R1)和 4 号连接节点(J4)的加氯站以适当的质量和浓度将氯基消毒剂注入管网中,对水体进行消毒。供水管网中连接节点是一种连接两个管段的节点。连接节点处可能会消耗水,即连接节点处会有相应的需水量。在某一特定时间段内,所有连接节点需水量形成需水量剖面。

图 7.2(b)显示的是需水量曲线,该曲线通常在供水管网研究中当作水力模拟和水质模

拟的输入。此外，所有管网元件都是为满足用户所需的水量和水质而设计。例如，水泵PM12用来维持所有用户(连接节点)的水压，为整个管网提供足够的动力。图7.2(a)中安装在3号连接节点(J3)的水质传感器用于测量余氯浓度以监测连接节点处的水质。供水管网运行单位也可以利用此数据进行水质状态估计和水质调控。污染物、消毒剂、DBPs、金属等化学物以及一些微生物穿过管网中的各元件时，水质模型可描述这些化学物质和微生物在供水管网中的迁移、传播规律。具体来说，本章考虑了可以用状态空间模型表示的单一化学物质反应模型和管网中余氯衰减动力学模型，详见第4章的式(4.21)。

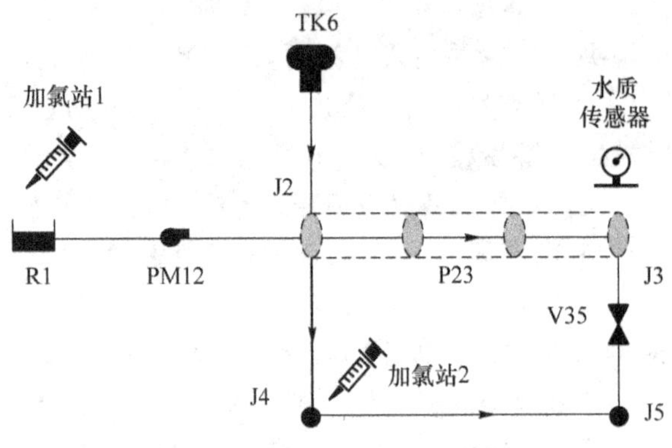

(a) 具有两个加氯站(输入)和一个水质传感器(输出)的多输入多输出供水管网示例性拓扑，并且根据L-W数值法，将管道23(P23)离散为3个管道离散段以供示例性说明

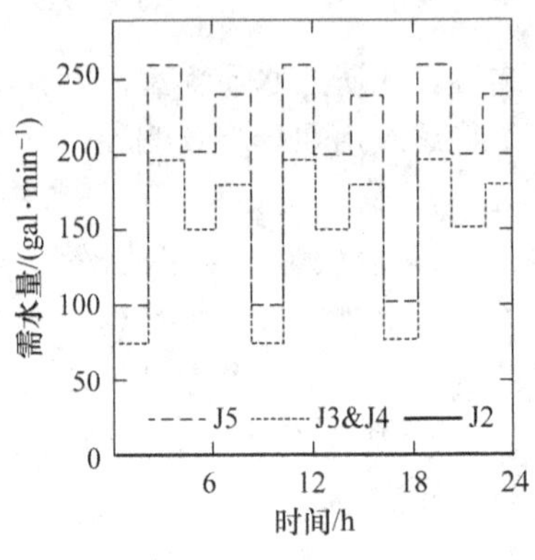

(b) 24 h内所有连接节点需水量变化曲线(需水量剖面)

图7.2 水质模型的构建情景

连接节点处的需水量是随时间动态变化的，且其更新频率在半小时到几小时之间，例如，图7.2(b)中的需水量是每两个小时变化一次。故水质模型中的系统矩阵也会相应地更新。反之，在需水量曲线的特定时间区间内，即所有连接节点的需水量都不改变的情况下，系统矩阵也会保持不变，则离散时间线性时变(DT-LTV)系统(4.21)会退化为离散时间线性时不变(DT-LTI)系统，即：

$$\boldsymbol{x}(k+1)=\boldsymbol{A}\boldsymbol{x}(k)+\boldsymbol{B}\boldsymbol{u}(k)$$
$$\boldsymbol{y}(k)=\boldsymbol{C}\boldsymbol{x}(k)+\boldsymbol{D}\boldsymbol{u}(k)$$

而本章通过对每个DT-LTI系统进行模型降阶，以最终达到降低DT-LTV系统阶数的目的。

7.3 模型降阶算法

本节针对DT-LTI系统，对模型降阶原理进行概述，对每种模型降阶算法的算法流程进行总结。

7.3.1 离散线性时不变系统模型降阶原理

模型降阶的目标是对全阶模型进行操作后，获得阶数为 $n_r \ll n_x$ 的降阶模型，即：

$$\boldsymbol{x}_r(k+1)=\boldsymbol{A}_r\boldsymbol{x}_r(k)+\boldsymbol{B}_r\boldsymbol{u}(k) \tag{7.1a}$$

$$\hat{\boldsymbol{y}}(k)=\boldsymbol{C}_r\boldsymbol{x}_r(k)+\boldsymbol{D}_r\boldsymbol{u}(k) \tag{7.1b}$$

其中：新状态向量 $\boldsymbol{x}_r\in\mathbb{R}^{n_r}$；系统输入向量 $\boldsymbol{u}$ 和系统输出向量 $\hat{\boldsymbol{y}}$ 在降阶前后保持相同的维度。具体过程如图 7.3 所示，实线矩形框代表系统状态、输入和输出，虚线矩形框代表系统矩阵。对比降阶前后，可以发现，降阶模型的系统矩阵维度会有所降低。从仿真的角度来看，可以将降阶模型的输出 $\hat{\boldsymbol{y}}(k)$ 与全阶模型输出 $\boldsymbol{y}(k)$ 进行比较，以说明模型降阶算法的有效性以及其他性能。

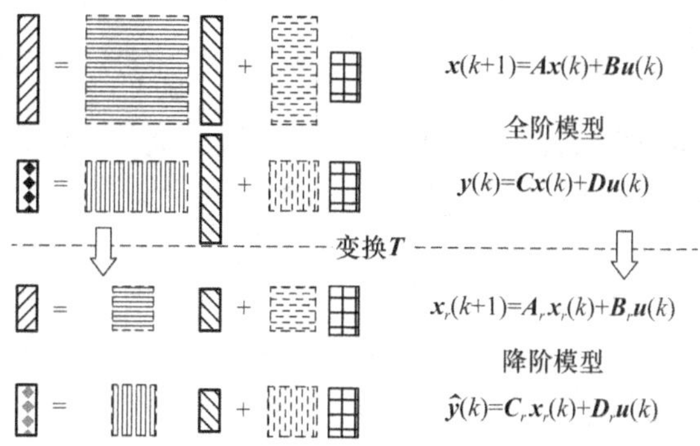

图 7.3　模型降阶的主要思路

上述降阶过程的总体思路是找到一个可逆变换矩阵 $\boldsymbol{T}$，将状态 $\boldsymbol{x}$ 映射到另一个空间状态 $\boldsymbol{z}$。具体来说，$\boldsymbol{x}=\boldsymbol{T}\boldsymbol{z}$，其中降阶模型的新状态 $\boldsymbol{z}\in\mathbb{R}^{n_x}$ 和转换矩阵 $\boldsymbol{T}\in\mathbb{R}^{n_x\times n_x}$。此外，矩阵 $\boldsymbol{T}$ 是根据一些特定准则构建的，因此向量 $\boldsymbol{z}$ 中的元素已经按照其重要性进行了排序，更多的内容见 7.3.2 小节。将 $\boldsymbol{x}=\boldsymbol{T}\boldsymbol{z}$ 代入第 4 章的式(4.22)后，得到：

$$\boldsymbol{z}(k+1)=\boldsymbol{A}_z\boldsymbol{z}(k)+\boldsymbol{B}_z\boldsymbol{u}(k) \tag{7.2a}$$

$$\boldsymbol{y}_z(k)=\boldsymbol{C}_z\boldsymbol{z}(k)+\boldsymbol{D}_z\boldsymbol{u}(k) \tag{7.2b}$$

其中，新系统矩阵 $\boldsymbol{A}_z=\boldsymbol{T}^{-1}\boldsymbol{A}\boldsymbol{T},\boldsymbol{B}_z=\boldsymbol{T}^{-1}\boldsymbol{B},\boldsymbol{C}_z=\boldsymbol{C}\boldsymbol{T}$，且 $\boldsymbol{D}_z=\boldsymbol{D}$。

然而，转换后的系统$(\boldsymbol{A}_z,\boldsymbol{B}_z,\boldsymbol{C}_z,\boldsymbol{D}_z)$的维度仍然是 n_x。为得到降阶模型(7.1)，可以选择只保留向量 $\boldsymbol{z}$ 中的前 n_r 个重要元素，在此用 $\boldsymbol{x}_r$ 表示。也就是说，即使用 $\boldsymbol{T}_r\boldsymbol{x}_r$ 代替 $\boldsymbol{x}$，也可以保持系统的某些属性不变，其中 $\boldsymbol{T}_r\in\mathbb{R}^{n_x\times n_r}$ 为 $\boldsymbol{T}$ 的前 n_r 列，图 7.4 对此进行了细致的说明。

最终，全阶模型(7.2)转换为降阶模型(7.1)，且

$$\boldsymbol{A}_r=\boldsymbol{S}_r\boldsymbol{A}\boldsymbol{T}_r,\quad \boldsymbol{B}_r=\boldsymbol{S}_r\boldsymbol{B},\quad \boldsymbol{C}_r=\boldsymbol{C}\boldsymbol{T}_r,\quad \boldsymbol{D}_r=\boldsymbol{D} \tag{7.3}$$

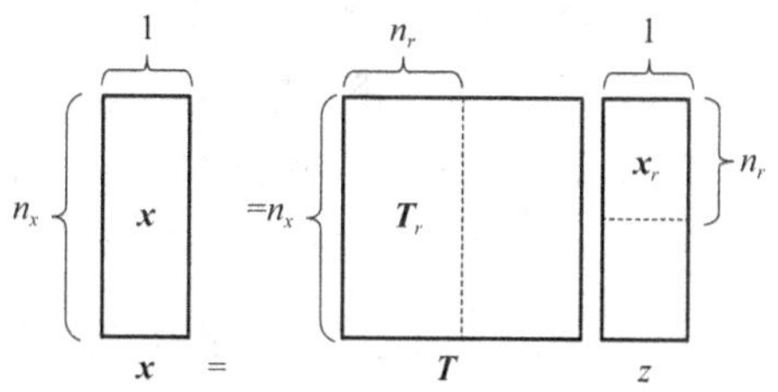

图 7.4　坐标变换及其相应的维度

请注意,式(7.3)中的 $\boldsymbol{S}_r$ 既不是 $\boldsymbol{T}_r$ 的逆 $\boldsymbol{T}^{-1}$,也不是 $\boldsymbol{T}_r$ 的伪逆,它表示的是 $\boldsymbol{T}^{-1}$ 的前 n_r 行。

简而言之,模型降阶是通过在原空间内定义某个子空间并对原系统动力学进行转换实现的。一个急需回答的问题是:哪些降阶模型最有利于实现本章目标,即减少设计控制算法或者估计算法的难度?如卡尔曼滤波、模型预测控制(MPC)或用于水质调节的线性二次调节器(LQR)。

由于以上控制算法或估计算法都与第 3 章所介绍的系统的可控性和可观性概念有一定的相关性。因此,进一步了解可控性和可观性子空间对控制器设计和状态估计器设计可能更有帮助,以下进行详细介绍。

系统的可控性是指一个外部输入 $\boldsymbol{u}$ 可以在有限时间区间 $[0,k_f]$ 内驱动系统状态 $\boldsymbol{x}(k)$ 从任意初始状态 $\boldsymbol{x}(0)$ 到任意最终状态 $\boldsymbol{x}(k_f)$ 的能力[26]。具体来说,离散时不变(DT-LTI)系统的可控性度量指标可用可控性格拉姆矩阵描述,即:

$$\boldsymbol{W}_{\mathcal{C}}=\sum_{m=0}^{\infty}\boldsymbol{A}^m\boldsymbol{B}\boldsymbol{B}^{\mathrm{T}}\left(\boldsymbol{A}^{\mathrm{T}}\right)^m$$

同时,上式也是李雅普诺夫方程(Lyapunov)$\boldsymbol{W}_{\mathcal{C}}-\boldsymbol{A}\boldsymbol{W}_{\mathcal{C}}\boldsymbol{A}^{\mathrm{T}}=\boldsymbol{B}\boldsymbol{B}^{\mathrm{T}}$ 的解。

与可控性类似,系统的可观性描述了从输出 $\boldsymbol{y}(k)$ 的知识出发,在有限的 k_f 步内重建初始未知状态 $\boldsymbol{x}(0)$ 的能力[26]。DT-LTI 系统的可观性度量可用可观性格拉姆矩阵表示,即:

$$\boldsymbol{W}_{\mathcal{O}}=\sum_{m=0}^{\infty}\left(\boldsymbol{A}^{\mathrm{T}}\right)^m\boldsymbol{C}^{\mathrm{T}}\boldsymbol{C}\boldsymbol{A}^m$$

它也是李雅普诺夫方程 $\boldsymbol{W}_{\mathcal{O}}-\boldsymbol{A}^{\mathrm{T}}\boldsymbol{W}_{\mathcal{O}}\boldsymbol{A}=\boldsymbol{C}^{\mathrm{T}}\boldsymbol{C}$ 的解。

就可控子空间和可观子空间而言,模型降阶的物理意义是:将不对输入-输出关系产生重大影响的不可控(不受输入 $\boldsymbol{u}$ 影响)和不可观(不影响输出 $\boldsymbol{y}$)的部分直接舍弃。

采用可控性格拉姆矩阵或可观性格拉姆矩阵进行降阶的方法也被称为基于格拉姆的模型降阶,而当一种方法同时考虑到两种格拉姆矩阵时,则被命名为基于交叉格拉姆的模型降阶方法[4,27]。接下来,介绍几种适合于供水管网水质并且考虑格拉姆矩阵的模型降阶算法。

7.3.2 常见模型降阶算法的描述

本节描述 3 种常见的模型降阶算法,即平衡截断法(BT 法)、本征正交分解法(POD 法)和平衡本征正交分解法(BPOD 法)。

1. 平衡截断法

平衡截断法(BT 法)计算一个特定的 $\boldsymbol{T}$,将坐标系 $\boldsymbol{x}$ 转化为一个新的坐标系 $\boldsymbol{z}$,详见式(7.2),其中可控性格拉姆矩阵 $\boldsymbol{W}_{\mathcal{C}z}$ 和可观性格拉姆矩阵 $\boldsymbol{W}_{\mathcal{O}z}$ 是对角阵且完全相等[11]。这个特别的格拉姆矩阵直接用 $\boldsymbol{\Sigma}_z$ 表示。即从数学上来说,$\boldsymbol{\Sigma}_z^2=\boldsymbol{W}_{\mathcal{O}z}\boldsymbol{W}_{\mathcal{C}z}$,这就意味着 $\boldsymbol{\Sigma}_z^2=\boldsymbol{W}_{\mathcal{O}z}\boldsymbol{W}_{\mathcal{C}z}$,其中,

$$\boldsymbol{W}_{\mathcal{C}z}=\sum_{m=0}^{\infty}\boldsymbol{A}_z^m\boldsymbol{B}_z\boldsymbol{B}_z^{\mathrm{T}}\left(\boldsymbol{A}_z^{\mathrm{T}}\right)^m=\boldsymbol{T}^{-1}\boldsymbol{W}_{\mathcal{C}}\left(\boldsymbol{T}^{-1}\right)^{\mathrm{T}}$$

且 $\boldsymbol{W}_{\mathcal{O}z}=\boldsymbol{T}^{\mathrm{T}}\boldsymbol{W}_{\mathcal{O}}\boldsymbol{T}$。注意,$\boldsymbol{W}_{\mathcal{C}}$ 和 $\boldsymbol{W}_{\mathcal{O}}$ 是全阶模型(4.22)即降阶前系统的格拉姆矩阵。故,

$$\boldsymbol{\Sigma}_z^2=\boldsymbol{W}_{\mathcal{O}z}\boldsymbol{W}_{\mathcal{C}z}=\boldsymbol{T}^{-1}\boldsymbol{W}_{\mathcal{O}}\boldsymbol{W}_{\mathcal{C}}\boldsymbol{T}\Leftrightarrow\boldsymbol{W}_{\mathcal{O}}\boldsymbol{W}_{\mathcal{C}}\boldsymbol{T}=\boldsymbol{T}\boldsymbol{\Sigma}_z^2$$

这意味着变换 $\boldsymbol{T}$ 可以通过计算 $\boldsymbol{W}_{\mathcal{O}}\boldsymbol{W}_{\mathcal{C}}$ 或者交叉格拉姆矩阵[28] $\boldsymbol{W}_X$ 的特征向量矩阵得到，而矩阵 $\boldsymbol{\Sigma}_z^2$ 仅仅是相应的特征值矩阵（对角阵）。最后，$\boldsymbol{T}_r$ 可以简单地通过选择矩阵 $\boldsymbol{T}$ 的前 n_r 列而得到。

此外，可同时度量可控性和可观性的对角线元素 $\boldsymbol{\Sigma}_z$ 中的 σ_i，$i=1,\cdots,n_x$ 是交叉格拉姆矩阵 $\boldsymbol{W}_X$ 的汉克尔奇异值（Hankel Singular Values，HSVs）[29]。每个汉克尔奇异值 $\sigma_i=\sqrt{\lambda_i}$ 度量了每个系统状态的“能量”。基于平衡截断法的模型降阶也可以看作是保留 n_r 个最大的 HSVs，即 $\boldsymbol{\sigma}_{n_r}^{\downarrow}(\boldsymbol{W}_X)$，也就是保留了具有较高能量的 HSVs，放弃了具有较低能量的或者说最不重要的 HSVs。关于 n_r 值的选取，可以根据经验，直接指定一个固定数值，或者通过能量水平

$$\text{energy}=\frac{\sum_{j=1}^{n_r}\sigma_j}{\sum_{i=1}^{n_x}\sigma_i}$$

得到。简化的平衡截断法算法如算法 7.1 所示。

算法 7.1：经典 BT 法

求解两个 Lyapunov 方程后，构建交叉格拉姆矩阵 $\boldsymbol{W}_X=\boldsymbol{W}_{\mathcal{O}}\boldsymbol{W}_{\mathcal{C}}$
求解 $\boldsymbol{W}_X$ 的特征向量矩阵 $\boldsymbol{T}$
按需设置 n_r 值或者通过设置能量等级自动获取对应的 n_r
从 $\boldsymbol{T}$ 中抽取出前 n_r 列，从而得到 $\boldsymbol{T}_r$
从 $\boldsymbol{T}^{-1}$ 中抽取前 n_r 行，从而得到 $\boldsymbol{S}_r$
通过式(7.3)获取降阶模型(7.1)

此平衡截断方法同时考虑并平衡了系统的可控性和可观性，而且精度很高。除此之外，此方法还保留了降序模型必须的属性——系统稳定性。然而，此方法需计算 $\boldsymbol{W}_{\mathcal{O}}$ 和 $\boldsymbol{W}_{\mathcal{C}}$，或等价地求解两个 Lyapunov 方程和进行特征值分解。从计算角度来说，对大规模管网来说是棘手的或者不具有可行性。

2. 本征正交分解法

本征正交分解法（POD 法）[20,12]，也被称为主成分分析或 Karhunen-Loève 扩展，主要是寻求一种变换 $\boldsymbol{T}_r$，将一组给定数据 $\boldsymbol{x}(t)\in\mathbb{R}^{n_x}$，在时间 $t\in[0,m]$ 内，投影到到具有固定维度 n_r 的子空间，即 $\boldsymbol{x}_r=\boldsymbol{T}_r\boldsymbol{x}\in\mathbb{R}^{n_r}$，与此同时，使总误差 $\sum_{t=0}^{m-1}\|\boldsymbol{x}(t)-\boldsymbol{x}_r(t)\|_2$ 最小。为求解该问题，重新组合这些数据为 $n_x\times m$ 的矩阵，即：

$$\boldsymbol{X}_m=[\boldsymbol{x}(0)\quad \boldsymbol{x}(1)\quad \cdots\quad \boldsymbol{x}(m-1)] \tag{7.4}$$

在此，定义矩阵 $\boldsymbol{W}_{\mathcal{C}m}$ 为 $\boldsymbol{X}_m\boldsymbol{X}_m^{\mathrm{T}}\in\mathbb{R}^{n_x\times n_x}$。矩阵 $\boldsymbol{W}_{\mathcal{C}m}$ 是类可控制性格拉姆矩阵，它包括含可控制性格拉姆矩阵 $\boldsymbol{W}_{\mathcal{C}}$ 的前 m 项，可视为是 $\boldsymbol{W}_{\mathcal{C}}$ 的近似值。故，本章将 $\boldsymbol{W}_{\mathcal{C}m}$ 称为 m-步可控性格拉姆矩阵。在 POD 方法中的最佳变换 $\boldsymbol{T}_r$ 可以通过特征值分解 $\boldsymbol{W}_{\mathcal{C}m}\boldsymbol{T}_r=\boldsymbol{T}_r\boldsymbol{\Lambda}$ 得到。而矩阵 $\boldsymbol{T}_r$ 中的每个特征向量或列向量又可成为 POD 模态（POD mode）[3]，$\boldsymbol{W}_{\mathcal{C}m}$ 的特征值是 $\boldsymbol{\Lambda}$

的对角线元素。

需要说明的是，如果 $\boldsymbol{A}$ 是稀疏矩阵，即使系统维度 $n_x \geqslant 10^6$，式(7.4)给出的快照也可以很容易获得。这是因为此处计算任务仅仅涉及稀疏矩阵乘法，而稀疏矩阵乘法已有高效的算法实现。然而，求解 $n_x \times n_x$ 矩阵 $\boldsymbol{W}_{\mathcal{C}m}$ 的特征向量仍是一个巨大的挑战。Sirovich[12]通过定义 $\widetilde{\boldsymbol{W}}_{\mathcal{C}m}=\boldsymbol{X}_m^{\mathrm{T}}\boldsymbol{X}_m$ 解决了此挑战，这是因为 $\widetilde{\boldsymbol{W}}_{\mathcal{C}m}$ 的维度是 $\mathbb{R}^{m\times m}$，而不是 $\mathbb{R}^{n_x\times n_x}$，且 $m \ll n_x$。

新矩阵 $\widetilde{\boldsymbol{W}}_{\mathcal{C}m}$ 的特征向量和特征值的矩阵形式可用 $\boldsymbol{U}$ 和 $\boldsymbol{\Lambda}$ 表示。也就是说，求解 $n_x \times n_x$ 维数矩阵的特征值问题被转化为求解 $m \times m$ 维数矩阵的特征值问题。最后，可以得到相应的变换矩阵 $\boldsymbol{T}_r$ 和 $\boldsymbol{S}_r$，详见程序算法 7.2。注意，如果 $n_x \ll m$，那么完全没有必要进行上述问题的转化，可直接计算 $\boldsymbol{W}_{\mathcal{C}m}$。

算法 7.2:经典 POD 法

---

1 采用式(7.4)，构建快照 $\boldsymbol{X}_m$

2 对 $\widetilde{\boldsymbol{W}}_{\mathcal{C}m}=\boldsymbol{X}_m^{\mathrm{T}}\boldsymbol{X}_m$ 进行特征值分解，根据 $\widetilde{\boldsymbol{W}}_{\mathcal{C}m}\boldsymbol{U}=\boldsymbol{U}\boldsymbol{\Lambda}$ 求解 $\boldsymbol{U}$ 和 $\boldsymbol{\Lambda}$

3 按需设置 n_r 值或者通过设置能量等级自动获取对应的 n_r

4 从 $\boldsymbol{X}_m\boldsymbol{U}\boldsymbol{\Lambda}^{-\frac{1}{2}}$ 中抽取头 n_r 列，从而得到 $\boldsymbol{T}_r$

5 从 $\boldsymbol{\Lambda}^{-\frac{1}{2}}\boldsymbol{U}\boldsymbol{X}_m^{\mathrm{T}}$ 中抽取头 n_r 行，从而得到 $\boldsymbol{S}_r$

6 通过式(7.3)获取降阶模型(7.1)

由于 $\boldsymbol{AB}$ 的特征值与 $\boldsymbol{BA}$ 的特征值相同，详见文献[30]的定理 1.3.22，即 $\boldsymbol{\lambda}(\boldsymbol{AB})=\boldsymbol{\lambda}(\boldsymbol{BA})$。即 $\widetilde{\boldsymbol{W}}_{\mathcal{C}m}$ 的特征值与 m-步可控性格拉姆矩阵的特征值相同。从这里可以看出，POD 法不像 BT 法那样利用可控性格拉姆(无穷项的求和)，而只是使用可控性格拉姆的前 m 项。利用此方法，在大规模系统中应用 POD 法在计算上具有可行性。但与 BT 法相比，POD 法的精度较低。综上所述，POD 法只考虑了可控性格拉姆矩阵，放弃了低能量状态，仅选择了具有高能量状态的 n_r 个模态 $\boldsymbol{\lambda}_{n_r}^{\downarrow}(\boldsymbol{W}_{\mathcal{C}m})$。

3. 平衡本征正交分解法

平衡本征正交分解法(BPOD 法)旨在将 BT 法和 POD 法的优点进行结合，以期同时获得 POD 法在大规模系统中的适用性和 BT 方法在中小型规模系统中的精确性[3]。与 POD 法中定义的快照 $\boldsymbol{X}_m$(7.4)不同，BPOD 法将 $\boldsymbol{X}_m$ 定义为：

$$\boldsymbol{X}_m=\begin{bmatrix}\boldsymbol{x}_1(0) & \cdots & \boldsymbol{x}_1(m-1) & \cdots & \boldsymbol{x}_{n_u}(0) & \cdots & \boldsymbol{x}_{n_u}(m-1)\end{bmatrix} \tag{7.5}$$

其中，$\boldsymbol{x}_i(m)$ 是输入 $\boldsymbol{u}_i(k)=\delta(k)$ 为脉冲信号时的脉冲响应。即 $\boldsymbol{x}_i(m)=\boldsymbol{A}^m\boldsymbol{b}_i$，其中 $\boldsymbol{b}_i$ 是 $\boldsymbol{B}$ 的第 i 列。

此外，BPOD 法将 $\boldsymbol{Y}_m$ 定义为系统 $(\boldsymbol{A},\boldsymbol{B},\boldsymbol{C},\boldsymbol{D})$〔即式(4.22)〕的对偶系统的快照。具体来说，$\boldsymbol{Y}_m$ 是系统 $(\boldsymbol{A}^{\mathrm{T}},\boldsymbol{C}^{\mathrm{T}},\boldsymbol{B}^{\mathrm{T}},\boldsymbol{D}^{\mathrm{T}})$ 的快照，系统状态用 z 表示，而 $\boldsymbol{Y}_m$ 可以表示为：

$$\boldsymbol{Y}_m=\begin{bmatrix}\boldsymbol{z}_1(0) & \cdots & \boldsymbol{z}_1(m-1) & \cdots & \boldsymbol{z}_{n_y}(0) & \cdots & \boldsymbol{z}_{n_y}(m-1)\end{bmatrix} \tag{7.6}$$

其中，$\boldsymbol{z}_i(m)$ 是系统的脉冲响应，即 $\boldsymbol{z}_i(m)=(\boldsymbol{A}^{\mathrm{T}})^m\boldsymbol{c}_i^{\mathrm{T}}$，且 $\boldsymbol{c}_i^{\mathrm{T}}$ 是 $\boldsymbol{C}^{\mathrm{T}}$ 第 i 列。

然后，平衡模态可以通过对"块 Hankel 矩阵"$\boldsymbol{H}_m$ 进行奇异值分解的块汉克尔矩阵 $\boldsymbol{H}_m$ 来计算 $\boldsymbol{H}_m=\boldsymbol{Y}_m^{\mathrm{T}}\boldsymbol{X}_m=\boldsymbol{U}\boldsymbol{\Sigma}\boldsymbol{V}^{\mathrm{T}}=\begin{bmatrix}\boldsymbol{U}_r & 0\end{bmatrix}\begin{bmatrix}\boldsymbol{\Sigma}_r & \boldsymbol{0}\\ \boldsymbol{0} & \boldsymbol{0}\end{bmatrix}\begin{bmatrix}\boldsymbol{V}_r^{\mathrm{T}}\\ \boldsymbol{0}\end{bmatrix}$，其中，$\boldsymbol{\Sigma}_r \in \mathbb{R}^{n_r\times n_r}$ 中的对角线元素收集

了 $\boldsymbol{H}_m$ 最大 n_r 个奇异值，并且 $\boldsymbol{U}_r$ 和 $\boldsymbol{V}_r^{\mathrm{T}}$ 是对应的左奇异向量和右奇异向量。因此，最终的变换矩阵为 $\boldsymbol{T}_r=\boldsymbol{X}_m\boldsymbol{V}_r\boldsymbol{\Sigma}_r^{-\frac{1}{2}}$ 和 $\boldsymbol{S}_r=\boldsymbol{\Sigma}_r^{-\frac{1}{2}}\boldsymbol{U}_r^{\mathrm{T}}\boldsymbol{Y}_m^{\mathrm{T}}$，详见算法 7.3。

算法 7.3:经典 BPOD 法

构建 BPOD 的快照 $\boldsymbol{X}_m$(7.5)和 $\boldsymbol{Y}_m$(7.6)

对 $\boldsymbol{H}_m=\boldsymbol{Y}_m^{\mathrm{T}}\boldsymbol{X}_m$(7.7)进行奇异值分解，求解 $\boldsymbol{U}_r$、$\boldsymbol{\Sigma}_r$、$\boldsymbol{V}_r$

按需设置 n_r 值或者通过设置能量等级自动获取对应的 n_r

计算 $\boldsymbol{T}_r=\boldsymbol{X}_m\boldsymbol{V}_r\boldsymbol{\Sigma}_r^{-\frac{1}{2}}$ 和 $\boldsymbol{S}_r=\boldsymbol{\Sigma}_r^{-\frac{1}{2}}\boldsymbol{U}_r^{\mathrm{T}}\boldsymbol{Y}_m^{\mathrm{T}}$

通过式(7.3)获取降阶模型(7.1)

从以上算法可以看出，BPOD 法像 BT 法一样同时考虑了可控性格拉姆矩阵和可观性格拉姆矩阵，并且成功地避免了求解两个李雅普诺夫方程、构建交叉格拉姆矩阵 $\boldsymbol{W}_X$、以及求解 $\boldsymbol{W}_X$ 特征值等问题，仅仅通过采用快照的概念就构建了可追溯的算法。

7.4 水质动力学模型降阶算法的理论

针对模型降阶算法，本节对其在大规模系统的可操作性、相对精度和稳定性等方面的优缺点进行了总结。随后，在各种模型降阶算法中对这些特性进行了横向比较，以确定哪种算法的哪些特性最适合应用在供水管网的水质模型中。

第一，对于一个 n 维系统(或者对于一个 $n\times n$ 的矩阵)，求解 Lyapunov 方程[32]、进行特征值分解[33]、进行奇异值分解[34]等操作的计算复杂度大致为$\mathcal{O}(n^3)$。尽管 BT 法、POD 法和 BPOD 法的算法步骤都至少包括一个上述耗时的计算过程，但在这些算法中，需进行耗时计算的矩阵大小以及执行的次数有所不同，具体细节见表 7.1。

表 7.1 3 种经典模型降阶方法对比

模型	涉及的矩阵	维度	分解方法†	保留的模态	复杂度(计算开销)	大规模网络可行性	相对准确度*	保稳特性*
BT	$\boldsymbol{W}_X$	$\mathbb{R}^{n_x\times n_x}$	ED	$\boldsymbol{\lambda}_{n_r}^{\downarrow}(\boldsymbol{W}_X)$	$\mathcal{O}(n_x^3)$(高)	否	高	是
POD‡	$\widetilde{\boldsymbol{W}}_{\mathcal{C}m}$	$\mathbb{R}^{m\times m}$	ED	$\boldsymbol{\lambda}_{n_r}^{\downarrow}(\widetilde{\boldsymbol{W}}_{\mathcal{C}m})$	$\mathcal{O}(m^3)$(低)	是	低	否
BPOD	$\boldsymbol{H}_m$	$\mathbb{R}^{mn_y\times mn_u}$	SVD	$\boldsymbol{\sigma}_{n_r}^{\downarrow}(\boldsymbol{H}_m)$	$\mathcal{O}(m^2n_yn_un_r)$(低)	是	中	不定♠

†特征值分解(ED)；奇异值分解(SVD)；‡ 当 $m\ll n_x$ 时，采用$\widetilde{\boldsymbol{W}}_{\mathcal{C}m}$，否则采用 $\boldsymbol{W}_{\mathcal{C}m}$；◇在相同的模态下；* 渐进稳定；♠ Rowley [3]通过理论分析认为 BPOD 可保持稳定性，而其他研究[6,31]基于测试结果否定了 Rowley 的结论。

例如，BT 法需求解两个 Lyapunov 方程，且其维度均为 $n_x\times n_x$，并且需对 $\boldsymbol{W}_X$ 进行一次特征值分解。即，BT 法包含了 3 次计算复杂度为 $\mathcal{O}(m^3)$的运算过程；POD 法则需对$\widetilde{\boldsymbol{W}}_{\mathcal{C}m}$进行一次特征值分解，其复杂度约为 $\mathcal{O}(n^3)$；而 BPOD 需对 $\boldsymbol{H}_m$ 进行截断奇异值分解，其中秩为 n_r，复杂度大约为 $\mathcal{O}(m^2n_yn_un_r)$，详见式(7.7)。由于 $m\ll n_x$，很明显，BT 法是三者中最慢的算法，而 POD 法和 BPOD 法的计算开销取决于变量 m 和变量 $n_yn_un_r$ 相对值的大小。当这些值处于同一数量级时，BPOD 法的计算复杂度与 POD 法的计算复杂度是相似的，所以，对于大规模系统来说，BPOD 法有时也会具有计算上的可行性。完整的计算开销对比，详见表 7.1。

第二，BT 法的一个有用的特性是，所提供的误差范围接近于任何模型降序方法所能达到的误差下限，而且误差上限可以保证小于 $2\sum_{i=n_r+1}^{n_x}\sigma_i$，其中 σ_i 是 7.3.2 小节中 $\boldsymbol{W}_X$ 的第 i 个 HSV[3]。此外，BT 法同时考虑了系统的可控性和可观性，即对系统的可观性和可控性进行了平衡，具体表现为交叉格拉姆矩阵 $\boldsymbol{W}_X$。因此，BT 法在保持降阶前后系统的输入-输出关系方面，从理论上来说，是三者之中最好的。

至于 POD 法，它只利用了 m 步可控性格拉姆 $\boldsymbol{W}_{\mathcal{C}m}$，并且此法有可能会丢弃那些可观性高但可控性低的状态。这一缺陷会导致 POD 法不准确，在某些情况下，甚至会导致模型降阶失败，即得不到降阶模型。

事实上，BPOD 法是对 BT 法的一种近似（逼近），因为这两种方法在进行模型降阶时大致保留了相同的系统模态。表 7.1 总结了 3 种算法会保留模态的最大的 n_r 个特征值（奇异值）。也就是说，对于 BT 法和 BPOD 法而言，保留的状态是那些分别具有 $\boldsymbol{\lambda}_{n_r}^{\downarrow}(\boldsymbol{W}_X)$ 和 $\boldsymbol{\sigma}_{n_r}^{\downarrow}(\boldsymbol{H}_m)$ 个特征值（奇异值）的模态。

定理 7.1 若 λ_i 和 σ_i 分别是 $\boldsymbol{\lambda}_{n_r}^{\downarrow}(\boldsymbol{W}_X)$ 和 $\boldsymbol{\sigma}_{n_r}^{\downarrow}(\boldsymbol{H}_m)$ 的第 i 个元素，当 m 足够大时，$\lambda_i \approxeq \sigma_i^2$ 总是成立。

附录 A.7 给出了该定理的证明。同时，此定理意味着 BPOD 法和 BT 法在某种程度上存在等价性，即使用相同的信息——交叉格拉姆矩阵 $\boldsymbol{W}_X$——求解变换 $\boldsymbol{T}_r$ 以减少系统阶数，而区别仅仅在于算法处理这些信息的方式不同。例如，BT 法需要对 $\boldsymbol{W}_X$ 进行特征值分解，而 BPOD 法涉及对嵌入 $\boldsymbol{W}_X$ 的 $\boldsymbol{H}_m$ 进行奇异值分解。从这个角度看，BPOD 法得到的变换 $\boldsymbol{T}$ 是平衡的，它同时对 $\boldsymbol{W}_{\mathcal{C}}$ 和 $\boldsymbol{W}_{\mathcal{O}}$ 进行对角线化。因此，当 m 足够大时，BPOD 法具有与 BT 法一样的准确性。

BT 法在理论上保证了降阶模型的稳定性[11]；POD 法由于其使用的是投影而无法实现稳定性保持（保稳特性）[4,35]；BPOD 法在稳定性保持上具有一定的争议，不同的研究给出了不同的结论。Rowley [3] 声称，当快照足够大时，对于线性系统而言，BPOD 的保稳特性具有保证。但是，目前尚不存在具体的方法和准则来确定快照大小这一参数。我们怀疑这可能是一些文献[6,31]不支持 BPOD 法具有保稳特性的原因。换句话说，BPOD 法的保稳特性取决于参数即快照的大小设置。本节将在第 7.5 节中介绍一种方法，以尝试找到确保稳定性的适当参数。

总之，因为 POD 法和 BPOD 法对大规模系统来说具有计算上的可行性（即使它们的保稳特性对水质动力学模型降阶来说不够），所以在进行模型降阶时，POD 法和 BPOD 法仍是首选。为了实现这一目标，下节会针对水质模型，探索并提出具有保稳特性的模型阶数方法。

7.5 具有保稳特性的模型降阶算法

本节首先介绍具有保稳特性的模型降阶算法的相关文献，随后提出两种适合于具有稳定性的离散时间系统模型降阶的方法。

具有保稳特性的模型降阶算法可分为两类，即先验模型降阶框架[36-40]和后验模型降阶框架[41-44]。

先验模型降阶框架可能难以实现，有时需要求解 PDEs 或需要特殊的系统结构。例如，Galerkin 投影(即同构变换)需要全阶系统中的 Sign-Definite 矩阵。相反，后验模型降阶框架则对降阶系统矩阵进行最小程度地修改，以确保降阶后模型的精度不会发生明显的改变，具体细节可见文献[42]。在此，本节讨论这两个框架的保稳特性。

简而言之，本节提出了一种新颖的后验稳定化方法，可以使经过 POD 法或 BPOD 法处理的降序模型变得稳定。与诸如文献[43]的现有方法相比，所提后验稳定化方法直接调整最终变换 $\boldsymbol{A}_r$，而不是固定式(7.7)中的投影 $\boldsymbol{V}_r^{\mathrm{T}}$ 的同时略微优化或调整投影 $\boldsymbol{U}_r$。此外，已发表的研究成果更多地集中在连续系统上，而本书所提后验稳定化方法则针对离散系统，使用一个特殊技巧来对非凸优化问题进行松弛。

除此之外，本节还提出了专门针对 BPOD 算法的先验稳定化方法。据作者所知，这是第一个用于 BPOD 法的先验稳定化方法。与现有的研究[36]相比，本章所提的先验稳定化方法只需要修改 BPOD 法中的一个参数，十分简单且具有非常直观的物理意义。

7.5.1 POD 法/BPOD 法的后验稳定化

对全阶模型应用 POD 算法后，降序模型的稳定性往往不能得到保证，即 $\boldsymbol{A}_r$ 是不稳定的；对全阶模型应用 BPOD 算法后的保稳特性，则取决于所用快照的长度 m。当 m 不合适时，BPOD 法求解得到的 A_r 往往也不具有稳定性。这种后验稳定化方法背后的动机是将 $\boldsymbol{A}_r$ 调整 $\Delta\boldsymbol{A}_r$，以使调整后的系统稳定，同时确保范数 $\|\Delta\boldsymbol{A}_r\|_2$ 尽可能小，以保持全阶系统的准确性。

从 Lyapunov 稳定性条件[45]可知，若存在一个正定阵 $\boldsymbol{P}$，使得 $\boldsymbol{A}^{\mathrm{T}}\boldsymbol{P}\boldsymbol{A}-\boldsymbol{P}$ 负定，则可以说 DT-LTI 系统$(\boldsymbol{A},\boldsymbol{B},\boldsymbol{C},\boldsymbol{D})$是稳定的。因此，稳定化问题可以表示为以下的优化问题：

$$\text{minimize}_{\boldsymbol{P},\Delta\boldsymbol{A}_r,\alpha} \quad \alpha \tag{7.8a}$$

$$\text{subject to} \quad \boldsymbol{P}\succ 0,\alpha>0 \tag{7.8b}$$

$$\|\Delta\boldsymbol{A}_r\|_2\leqslant\alpha \tag{7.8c}$$

$$(\boldsymbol{A}_r+\Delta\boldsymbol{A}_r)^{\mathrm{T}}\boldsymbol{P}(\boldsymbol{A}_r+\Delta\boldsymbol{A}_r)-\boldsymbol{P}\prec 0 \tag{7.8d}$$

其中，均属于$\mathbb{R}^{n_r\times n_r}$的 $\boldsymbol{P}$、$\Delta\boldsymbol{A}_r$，以及 $\alpha\in\mathbb{R}$ 是优化变量。然而，此问题非凸。

本章采取以下步骤，将其转化为凸的半定规划(Semi-Definite Programming，SDP)优化问题。由于 $\boldsymbol{P}\succ 0$ 可逆，让 $\boldsymbol{P}=\boldsymbol{P}\boldsymbol{P}^{-1}\boldsymbol{P}$，且取其舒尔补，则有：

$$\begin{aligned}(7.8\text{d})&\Leftrightarrow(\boldsymbol{A}_r+\Delta\boldsymbol{A}_r)^{\mathrm{T}}\boldsymbol{P}\boldsymbol{P}^{-1}\boldsymbol{P}(\boldsymbol{A}_r+\Delta\boldsymbol{A}_r)-\boldsymbol{P}\prec 0\\&\Leftrightarrow\begin{bmatrix}-\boldsymbol{P} & (\boldsymbol{P}\boldsymbol{A}_r+\Delta\boldsymbol{Y})^{\mathrm{T}}\\ \boldsymbol{P}\boldsymbol{A}_r+\Delta\boldsymbol{Y} & -\boldsymbol{P}\end{bmatrix}\succ 0\end{aligned} \tag{7.9}$$

其中，$\Delta\boldsymbol{Y}=\boldsymbol{P}\Delta\boldsymbol{A}_r$。

此外，由 Cauchy-Schwarz 不等式可知：

$$\|\Delta\boldsymbol{Y}\|_2=\|\boldsymbol{P}\Delta\boldsymbol{A}_r\|_2\leqslant\|\boldsymbol{P}\|_2\ \|\Delta\boldsymbol{A}_r\|_2$$

根据约束(7.8c)得到$\|\Delta\boldsymbol{Y}\|_2\leqslant\alpha\ \|\boldsymbol{P}\|_2$，再取其舒尔补，可得：

$$(7.8\text{c})\Leftrightarrow\|\Delta\boldsymbol{Y}\|_2\leqslant\alpha_y\Leftrightarrow\begin{bmatrix}\boldsymbol{I} & *\\ \Delta\boldsymbol{Y} & \alpha_y^2\boldsymbol{I}\end{bmatrix}\succcurlyeq 0$$

其中，$\alpha_y=\alpha\|\boldsymbol{P}\|_2$。然而，$\alpha_y^2$ 仍是非线性的，且可松弛为：

$$\begin{bmatrix} \boldsymbol{I} & * \\ \Delta\boldsymbol{Y} & \alpha_y\boldsymbol{I} \end{bmatrix} \geqslant 0,\quad \alpha_y>0 \tag{7.10}$$

最后，可使降序模型稳定的凸半定规划优化问题为：

$$\begin{aligned} &\text{minimize}_{\boldsymbol{P},\Delta\boldsymbol{Y},\alpha_y} \quad \alpha_y \\ &\text{subject to} \quad \boldsymbol{P}>0,(7.9),(7.10) \end{aligned} \tag{7.11}$$

需要说明的是，优化变量 $\boldsymbol{P}$ 和 $\Delta\boldsymbol{Y}$ 的维度取决于降阶模型(7.1)中 $\boldsymbol{A}_r$ 的大小，而不是全阶模型(4.22)中 $\boldsymbol{A}$ 的大小。这表明，如果降序模型的 n_r 不是特别大，式(7.11)甚至可以用于解决大规模系统进行模型降阶后的潜在不稳定问题。

7.5.2 BPOD 法的先验稳定化

本节将介绍的先验稳定化方法与后验稳定化方法最大的不同之处在于：它可以直接修改标准 BPOD 法即算法 7.3 中快照长度参数 m，生成具有稳定性的降阶模型。在理想情况下，当参数 m 设定为无穷大时，BPOD 法就会像 BT 法中拥有交叉格拉姆矩阵那样，拥有类似的全系统信息，从而使 BPOD 法达到最佳性能。然而，由于计算成本过高，参数 m 不能设置得太大。因此，找到参数 m 的下限 $\underline{m}$ 就变得十分重要。据作者所知，这是首次尝试求解该值或类似条件，以保证离散系统中使用 BPOD 法得到降阶模型的稳定性。具体而言，本节提出了两种方法来求解参数 m：第一种方法（第一法）来源于对供水管网水质传输动力学的理解；第二种方法（第二法）则是基于控制理论的方法。在仿真分析部分，会详细比较此二法的性能。

1. 先验稳定化第一法

需要声明的是，第一法基于供水管网水质传输动力学模型，即将加氯站在一定时间内注入的氯气或者其他类型的氯基消毒剂视为在管网中游弋的氯包（图 7.5 中的矩形），这些氯包在管网元件中穿梭，最终到达水质传感器处后被检测到，如图 7.5 所示。

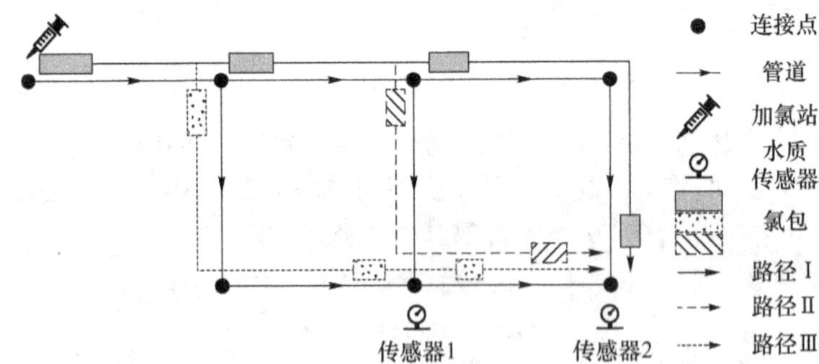

图 7.5　从输入位置（加氯站）到不同输出位置（传感器 1 和传感器 2）的氯包移动路径

而所要求解的最小步数 $\underline{m}$ 是氯包从输入位置（加氯站）到最远输出位置（最远的水质传感器）的等效时间步数。其数学表达式可以写为：

$$\underline{m}=\left\lceil\frac{T_{\text{travel}}}{\Delta t}\right\rceil=\left\lceil\sum\frac{L_{ij}}{v_{ij}\Delta t}\right\rceil,\quad ij\in\mathcal{L}_{\text{path}} \tag{7.12}$$

其中：Δt 的取值由 L-W 数值法的稳定性条件决定；总行程时间用 T_{travel} 表示；$\mathcal{L}_{\text{path}}$ 则表示行

程路径中经过的管网管段，即管道、水泵、阀门，该路径中每个管道 ij 的相应长度和速度为 L_{ij} 和 v_{ij}。

为帮助读者更好地理解第一法，在此使用包含 2 个水质传感器和 1 个加氯站的供水管网进行详细说明，如图 7.5 所示。在加氯站注入具有一定质量和浓度的氯包(图 7.5 矩形的面积和颜色深浅)后，它们会在不同的速度从不同的路径到达水质传感器。请注意，由于连接节点处的消耗和水体余氯浓度的衰减，氯包的质量和浓度都会逐渐减少。此外，不同质量和浓度的氯包会在不同时间到达水质传感器。到达水质传感器的氯包数量取决于从输入位置(加氯站)到输出位置(水质传感器)的路径数量。例如，图 7.5 中从输入位置到输出位置总共存在 3 条路径，且距离输入位置最远的位置是水质传感器 2。对于传感器 2 而言，它有 3 个行程时间(对应于 3 条路径)，且在计算式(7.12)时，应该用最长的行程时间。

2. 先验稳定化第二法

从控制理论的角度来看，下限 $\underline{m}$ 也可以通过水质动力学模型(4.22)的稳定时间估计。动力学系统的稳定时间 T_s 可以通过其主导极点 p 粗略计算，该极点等于系统矩阵 $\boldsymbol{A}$ 中幅度最大的特征值。具体而言，T_s 可以被计算为：

$$T_s=\frac{-4\Delta t}{\ln|p|}$$

其中：Δt 是 DT-LTI 系统(4.22)的采样时间；位于单位圆内的主导极点 p 表明 $\ln|p|$ 总会是负的。因此，m 的下限为：

$$\underline{m}=\left\lceil\frac{T_s}{\Delta t}\right\rceil=\left\lceil\frac{-4}{\ln|p|}\right\rceil \tag{7.13}$$

式(7.12)中的等效行程时间步长对水质动力学有相应的物理意义，且可很容易地计算出来。同时，第二法是由仿真公式(7.13)估计的。7.6.2 小节将会研究这两种方法的性能。

最后，算法 7.4 对更一般、具有保稳特性的模型降阶算法步长进行了总结。在此算法中，虽然是以 BPOD 法为例进行呈现，但同样的方法也可以应用于 POD 法。总之，具有保稳特性的 BPOD(Stability-Preserving BPOD，SBPOD)算法步骤如下所示。

算法 7.4：具有保稳特性的 BPOD 法(SBPOD)

输入：全阶模型$(\boldsymbol{A},\boldsymbol{B},\boldsymbol{C},\boldsymbol{D})$ (4.22)和控制输入 $\boldsymbol{u}(k)$

输出：具有稳定性的降阶模型$(\boldsymbol{A}_r,\boldsymbol{B}_r,\boldsymbol{C}_r,\boldsymbol{D}_r)$ (7.1)、输出 $\boldsymbol{y}(k)$和 $\hat{\boldsymbol{y}}(k)$

if 后验稳定化方法 **then**
  采用算法 7.3 给出的标准 BPOD 步骤
  求解凸的 SDP 问题(7.11)以稳定降阶模型$(\boldsymbol{A}_r,\boldsymbol{B}_r,\boldsymbol{C}_r,\boldsymbol{D}_r)$
end if
if 先验稳定化方法 **then**
  通过式(7.12)或式(7.13)获取参数 m，并且设置快照的长度为 $m=\underline{m}$
  执行标准的 BPOD 步骤以获取降阶模型$(\boldsymbol{A}_r,\boldsymbol{B}_r,\boldsymbol{C}_r,\boldsymbol{D}_r)$ (7.1)
end if
从全阶模型和相应的降阶模型中得到 $\boldsymbol{y}(k)$和 $\hat{\boldsymbol{y}}(k)$

7.6 仿真分析

本节首先使用三节点管网、Net1 管网(环状)和 Net3 管网[46] 3 个测试用例说明 3 种不同的模型降阶方法在精度、计算开销/耗时、保稳特性等方面的性能。然后,对 7.5 节中提出的两种稳定化方法进行测试。最后,使用模型预测控制进行水质调控时,分别采用水质动力学的全阶模型和降阶模型,以对比全阶模型和降阶模型的性能。

以上的仿真模拟实验均在搭载 Inter(R) Xeon(R) Gold 5218 CPU @2.3GHz 处理器的 Win 10 Precision 7920 Tower 上进行,并采用标准的 EPANET Matlab Toolkit [47]完成。

7.6.1 管网参数、初始条件及验证度量

1. 管网参数

所测试管网的基本信息见表 7.2,图 7.6(a)中的三节点管网包括 1 个连接节点、1 条管道、1 台水泵、1 个水塔和 1 个水库,详细参数设置见第 4 章第 4.4.2 小节。并且,在 2 号连接节点 J2 和 3 号水塔 TK3 处分别安装了 1 个加氯站和 1 个余氯浓度传感器,即 $n_u=n_y=1$,所构成的系统为单输入单输出(SISO)系统。根据图 7.2(a)的 L-W 数值法,连接 2 号连接节点 J2 和 3 号水塔 TK3 的 23 号管道 P23被离散为 $s_L=150$ 段。因此,全阶系统的维度 $n_x=154$($n_N=n_J+n_R+n_{TK}=3$,且 $n_L=n_P\times s_L+n_M=151$)。系统维度和其他参数详见表 7.2。

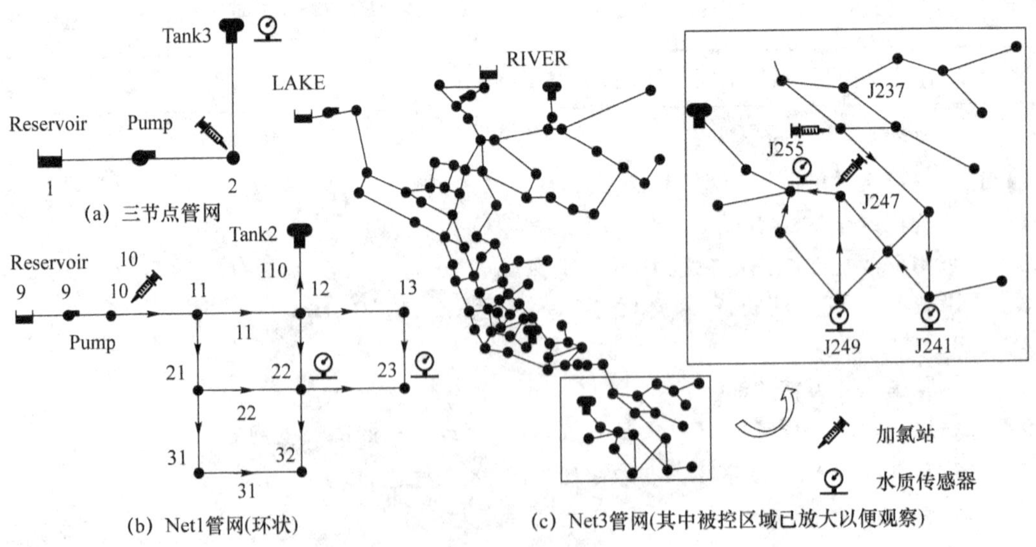

图 7.6 测试管网

表 7.2 测试管网基本信息

管网名称	元件个数*	全阶模型维数(n_x)	加氯站位置(n_u)	水质传感器位置(n_y)
三节点管网	{1,1,1,1,1,0}	154	J2 (1)	TK3 (1)
Net1 管网(环状)	{9,1,1,12,1,0}	1 293	J10 (1)	J22,J23 (2)
Net3 管网	{92,2,3,117,2,0}	29 374	J237,J247 (2)	J255,J241,J249 (3)

* 供水管网中每类元件的个数:{n_J, n_R, n_{TK}, n_P, n_M, n_V}

2. 非零初始条件处理方法

在水质模拟时,初始余氯浓度通常是非零值,即 $\boldsymbol{x}(0)\neq\boldsymbol{0}$,而一些模型降阶算法却以零初始条件为假设。为使模型降阶算法适用于非零初始条件的水质动力学模型,本节采用文献[48]中的处理方法,具体如下。

假设全阶模型($\boldsymbol{A},\boldsymbol{B},\boldsymbol{C},\boldsymbol{D}$)的初始值为 $\boldsymbol{x}_o=\boldsymbol{x}(0)\neq\boldsymbol{0}$。令 $\tilde{\boldsymbol{x}}=\boldsymbol{x}-\boldsymbol{x}_o$,则

$$\tilde{\boldsymbol{x}}(k+1)=\tilde{\boldsymbol{A}}\tilde{\boldsymbol{x}}(k)+\tilde{\boldsymbol{B}}\tilde{\boldsymbol{u}}(k) \tag{7.14a}$$

$$\tilde{\boldsymbol{y}}(k)=\tilde{\boldsymbol{C}}\tilde{\boldsymbol{x}}(k)+\tilde{D}\tilde{\boldsymbol{u}}(k) \tag{7.14b}$$

其中,$\tilde{\boldsymbol{A}}=\boldsymbol{A}$,$\tilde{\boldsymbol{B}}=[\boldsymbol{B}\quad \boldsymbol{A}\boldsymbol{x}_o]$,$\tilde{\boldsymbol{C}}=\boldsymbol{C}$,$\tilde{\boldsymbol{D}}=[\boldsymbol{D}\quad \boldsymbol{C}\boldsymbol{x}_o]$,且 $\tilde{\boldsymbol{u}}=\begin{bmatrix}\boldsymbol{u}\\1\end{bmatrix}$。也就是说,新的增广全阶模型(7.14)将非零初始条件视为系统输入,从而使得新系统状态的初始值为$\tilde{\boldsymbol{x}}_o=\boldsymbol{0}$。如此一来,模型降阶算法便可直接在水质模型中应用而无需任何修改。

3. 准确性验证度量

依照模型降阶研究的相关惯例,为量化准确性等模型降阶方法的性能,需对全阶模型(4.22)和降阶模型(5.2)的阶跃响应进行比较。此仿真实验的核心思想是将相同的输入信号 $\boldsymbol{u}(k)$ 应用于全阶模型和降阶模型,然后比较二者的输出差异,即 $\boldsymbol{y}(k)$ 和 $\hat{\boldsymbol{y}}(k)$ 的阶跃响应误差,如图 7.7 所示。在此,使用均方根误差(Root-Mean-Square Error,RMSE)量化模型降阶算法的准确性,即:

$$\text{RMSE}=\sqrt{\frac{1}{m}\sum_{k=1}^{m}\|\boldsymbol{y}(k)-\hat{\boldsymbol{y}}(k)\|_2^2}$$

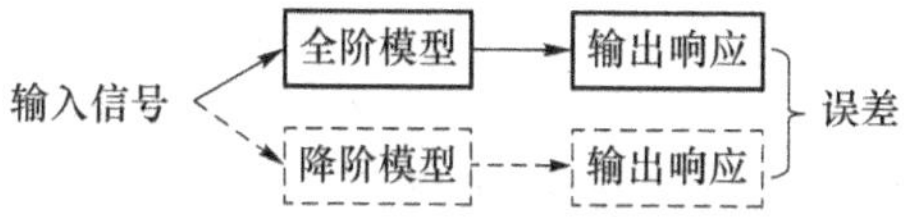

图 7.7 仿真验证思路

图 7.8 中的图(a)和图(b)为三节点管网的全阶模型/降阶模型在零初始条件和非零初始条件下的阶跃响应,其中幅值为 50;图(c)显示的是零初始条件下,当 n_r 从 30 增加到 120 时,全阶模型和降阶模型之间的阶跃响应误差。

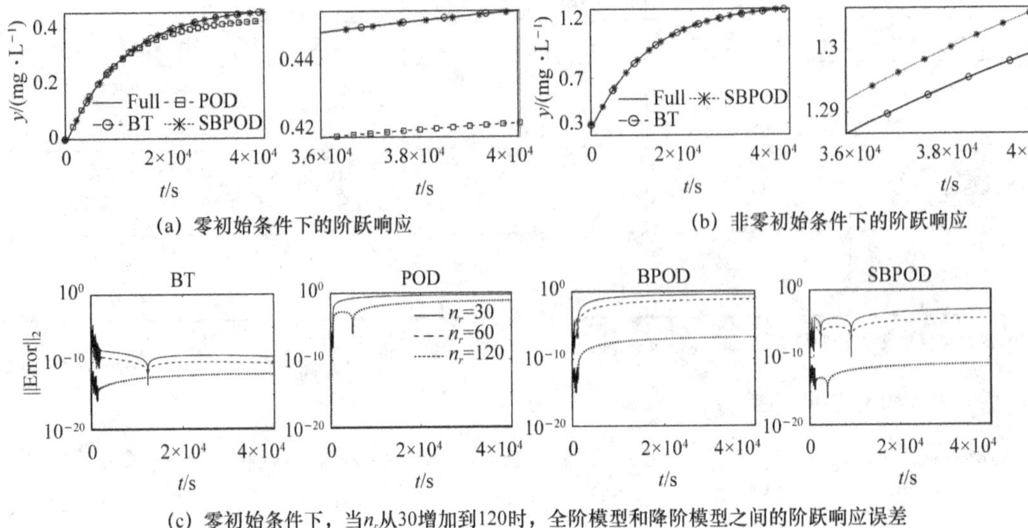

图 7.8　三节点管网的阶跃响应及其误差

7.6.2　模型降阶方法的精度和稳定性分析

1. 三节点管网

在零初始条件下($\boldsymbol{x}_o=\boldsymbol{0}$)，三节点管网的降阶模型精度如图 7.8(a)中左图所示。其输入是一个振幅为 50 的阶跃信号，即每隔 $\Delta t=20$ s，加氯站便会在图 7.6(a)中的 J2 处注入 50 mg 氯基消毒剂。实线是阶数为 $n_x=154$ 的全阶模型(4.22)的阶跃响应，虚线是由 BT 法、POD 法和 SBPOD 法($n_r=30$、118 和 28)得到的降阶模型(5.2)的阶跃响应，其中降阶后的系统阶数 n_r 为 30、118、28。这些结果是由算法 7.1、算法 7.2、算法 7.3 和算法 7.4 得到的。图 7.8(a)中右图显示的是当时间区间为[36 000，40 000] s 时，放大后的阶跃响应。

从以上结果，可以看出：第一，BT 法、POD 法和 SBPOD 法($n_r=30$、118 和 28)得到的降阶模型均成功地保持了输入-输出关系的同时，降低了模型阶数($n_r<n_x=154$)；第二，在[36 000，40 000]s，POD 法输出的结果开始出现误差，而 BT 法和 BPOD 法的结果仍然接近于全阶模型。

在三节点管网中，也进行了 $\boldsymbol{x}_o\neq\boldsymbol{0}$ 即非零初始条件下模型降阶算法精度保持测试。除将 1 号水库 R1、2 号连接节点 J2 和 3 号水塔 TK3 的初始氯浓度改为 1.0 mg/L、0.5 mg/L 和 0.3 mg/L，以及令 12 号水泵 PM 12和 23 号管道 P 23的初始氯浓度为 0.75 mg/L 和 0.3 mg/L 外，包括输入信号在内的所有设置都保持不变，相应的结果在图 7.8(b)中。值得说明的是，POD 法输出了不合理的结果，其均方误差 RMSE=23.51，故没有在图中显示。产生这种结果的原因是增广系统(7.14)将非零的初始条件视为系统输入，这样一来，增广系统(7.14)的输入矩阵 $\widetilde{\boldsymbol{B}}$ 包括两部分：来自体现在 $\boldsymbol{B}$ 中的实际注入消毒剂量和来自体现在初始条件 $\boldsymbol{A}\boldsymbol{x}_o$ 的虚拟输入。如果向量 $\boldsymbol{A}\boldsymbol{x}_o$ 中的大多数元素都是非零元素，那么此系统会有太多的输入，使得 POD 法很难捕捉到对应的输入-输出关系。但是，非零初始条件对 BT 法和 BPOD 法来说不是问题，因为矩阵 $\boldsymbol{W}_X$ 或 $\boldsymbol{H}_m$ 有 $\boldsymbol{CB}$ 项可以抵消这种影响，这表明 POD 法并不适合用于非零初始条件的水质动力学模型。

为了进一步测试经典 BT 法、POD 法、BPOD 法和所提的 SBPOD 法的准确性以及参数 n_r 对准确性的影响，本节将测试结果呈现在图 7.8(c)中。以上结果表明：

第一，在零初始条件下全阶模型(4.22)和降阶模型(7.1)之间的阶跃响应误差范数即 $\|\text{Error}\|_2=\|y-\hat{y}\|_2$，随着 n_r 从 30 增加到 120，所有模型降阶方法的阶跃响应误差都在减少。

第二，在阶跃响应的振幅在10^0 级，如图 7.8(c)所示，而 BT 法和 SBPOD 法得到的误差在10^{-5}甚至更低的水平。这表明，误差小到可以被忽略，因此通过模型降阶得到的降阶模型具有相当的准确性。

第三，即使 n_r 达到 120($n_x=154$)，POD 法得到的结果仍然很差。这是由于 POD 法仅考虑了第 7.4 节中提到的可控性格拉姆。

第四，经典 BPOD 法($m=\underline{m}=160$)比所提的 SBPOD 法($m=400>\underline{m}=160$)表现更差，这说明经典 BPOD 法不能保证稳定性，进而导致准确性受到影响，因此经典 BPOD 法也适于直接用于水质动力学模型。对于三节点管网这一简单网络，参数 $\underline{m}=160$ 的值容易通过公式(7.12)得到，即等于从 J2 到 TK3 的时间步长。本节余下内容将详细介绍如何在更加复杂的 Net1 管网(环状)中求解参数 $\underline{m}$ 或者 m。

综上，以上所有的测试结果均验证了第 7.4 节和表 7.1 中的分析。

此外，所有测试的模型降阶方法在零初始条件或非零初始条件下在三节点管网中得到的 RMSEs 结果如表 7.3 所示。经典 BPOD 法不能保证在零初始条件下或非零初始条件下的稳定性，此结论会在 Net1 管网中进行更多的测试以进一步验证和讨论。因此，表 7.3 中没有包含 BPOD 法对应的 RMSEs。基于表中较小的 RMSEs 值，可以得出如下结论：在水质动力学模型降阶场景下，相较于非零初始条件，模型降阶算法在零初始条件下表现更好，而 BT 法和所提 SBPOD 法在非零初始条件下仍具有较高的精度。

表 7.3 在(非)零初始条件下，阶跃信号作为系统输入，3 种模型降阶算法的准确度和相应的计算时间

模型	在 $x_0=0$ ($x_0\neq0$)情况下，应用阶跃信号后的 RMSEs			计算时间/s		
	三节点	Net1	Net3	三节点	Net1	Net3
BT	1.75×10^{-6} (1.71×10^{-4})	1.63×10^{-6} (6.7×10^{-3})	NA* (NA*)	0.245	17.2	Intractable*
POD	1.87×10^{-2} (23.51)	9.24×10^{-5} (1.0×10^{30})	7.16×10^{-5} (0.49)	0.219	6.4	245.8
SBPOD	1.54×10^{-4} (4.2×10^{-3})	6.9×10^{-4} (6.5×10^{-4})	4.30×10^{-6} (2.70×10^{-3})	0.241	6.6	150.4

* NA 指“不适用”，因为 BT 法在运行 12 h 时仍未成功地给出降阶模型。

2. Net1 管网(环状)

本节针对 Net1 管网(环状)，分别在零初始条件下和非零初始条件下，采用经典 BT 法、POD 法和所提的 SBPOD 法等模型降阶算法进行了降阶前后精度保持性测试。

为使测试结果更加简洁，在此不使用图形的形式呈现测试结果，而直接采用 RMSEs 指标比较所有模型降阶方法之间的精度保持性，结果详见表 7.3。

Net1 管网(环状)全阶模型的阶数为 $n_x=1\ 293$，在非零初始条件下，应用 BT 法和 SBPOD 法后，系统阶数分别降到 $n_r=113$ 和 $n_r=117$，而从表 7.3 中显示的相应 RMSEs 来看，POD 法未能提供准确的降阶模型。在零初始条件下，BT 法、POD 法和 SBPOD 法均成功地降低了系统阶数，且得到的降阶模型阶数 n_r 分别为 145、270 和 115。表 7.3 中所示的 RMSEs 误差值较小，表明 Net1 管网(环状)的降阶模型相比于原全阶模型具有较高的精度。

下面展示求解 Net1 管网(环状)参数 $\underline{m}$ 的方法，并测试了在 $m=m_1<\underline{m}$、$m=m_1<\underline{m}$、$m>\underline{m}$ 情况下，分别采用 BPOD 法、SBPOD 后验稳定化法、SBPOD 先验稳定化法后的模型降阶性能。为了公平比较，在两种方法中选择相同的 $m=m_1$ 值。

(1) 计算快照长度 m 值的下限：$\underline{m}$ 生成具有保稳特性降阶模型需计算 SBPOD 法中参数 m 的下限 $\underline{m}$。本章仿真实验发现，在水质动力学模型场景下，当 BPOD 快照长度 m 取的足够大时，BPOD 法得到的降阶模型具有稳定性；否则，生成降阶模型不具有稳特性。该条件即为第 7.5.2 小节介绍的 BPOD 法稳定性保持条件。本实验针对 Net 管网，尝试两种计算 $\underline{m}$ 的方法，具体细节如下。

采用第一法给出的式(7.12)计算合适的 $\underline{m}$。首先，需要计算从安装在 10 号连接节点 J 10处加氯站注入的最后一个氯包到达最远的水质传感器位置 J 23处的行程时间。而安装在 J22(J23)处的第一个(第二个)水质传感器从安装在 J10 处的加氯站接收到两(三)个阶跃响应对应的峰值标注在图 7.9(a)的最后一列。从图中可以看出，J22(J23)处水质传感器接收到的最后一个阶跃响应对应的峰值时间为 $t_2=16\ 550$($t_3=45\ 360$)，且最后一个氯包(阶跃响应)的到达时间(即行程时间)略低于峰值时间——J22 处水质传感器对应的 16 000 时刻和 J23 处水质传感器对应的 39 750 时刻。由于图 7.9 中数据和线条已经非常拥挤，所以未在图中对此二时刻进行标记。因此，参数 $\underline{m}$ 可以通过最长时间 39 750 除以采样时间 $\Delta t=15$ s 得到，即通过第一法得到的参数 $\underline{m}$ 为 2 650。

采用第二法给出的式(7.13)计算合适的 $\underline{m}$。这需要计算系统的主导极点 p。对于 Net1 管网(环状)而言，易得 $p=0.996\ 7\pm0.056\ 3i$，带入公式后可知 $-4/\ln|p|=2\ 350.9$，故可取 $\underline{m}=2\ 351$。

虽然采用 BPOD 先验稳定化方法中的第一法和第二法得到的参数 $\underline{m}$ 略有不同，但都具有一定合理性。经过测试发现，当 $m\in[2\ 351, 2\ 650]$ 时，使用 BPOD 法对 Net1 管网(环状)进行降阶后得到的降阶模型显示出了不稳定性，见图 7.9(a)中第一列图形中阶跃响应的末端振荡。而阶跃响应的前期没有发生振荡，这说明所选取的快照长度恰好在临界范围内。在实际应用时，建议将 $\underline{m}$ 值略微取大一些，以避免出现临界振荡。

(2) 计算降阶模型并进行模拟：找到适当的计算快照 m 的下限后，可直接使用算法 7.4 为 Net1 管网(环状)获取具有稳定性的降阶模型。

通过求解 SDP(7.11)优化问题对 BPOD 法产生的不稳定降阶模型进行稳定化——采用 BPOD 后验稳定化方法得到的阶跃响应显示在图 7.9(a)的第二列。

与采用快照长度为 $m=m_1=2\ 650$ 的经典 BPOD 法得到的不稳定阶跃响应——即图 7.9(a)的第一列——相比较，后验稳定化方法得到的阶跃响应没有发生振荡，但是模型有较大的误差，导致准确性较低。图 7.9(a)中的第三列显示了先验稳定化方法得到的阶跃响应，此时令 m 为 4 000，大于通过稳定性保留条件求解的 2 650。与后验稳定化方法的结果相比，先验稳定化方法得到的阶跃响应具有很好的稳定性，而且通过观察图中的放大区域可以发现该方法也具有十分高的准确性。

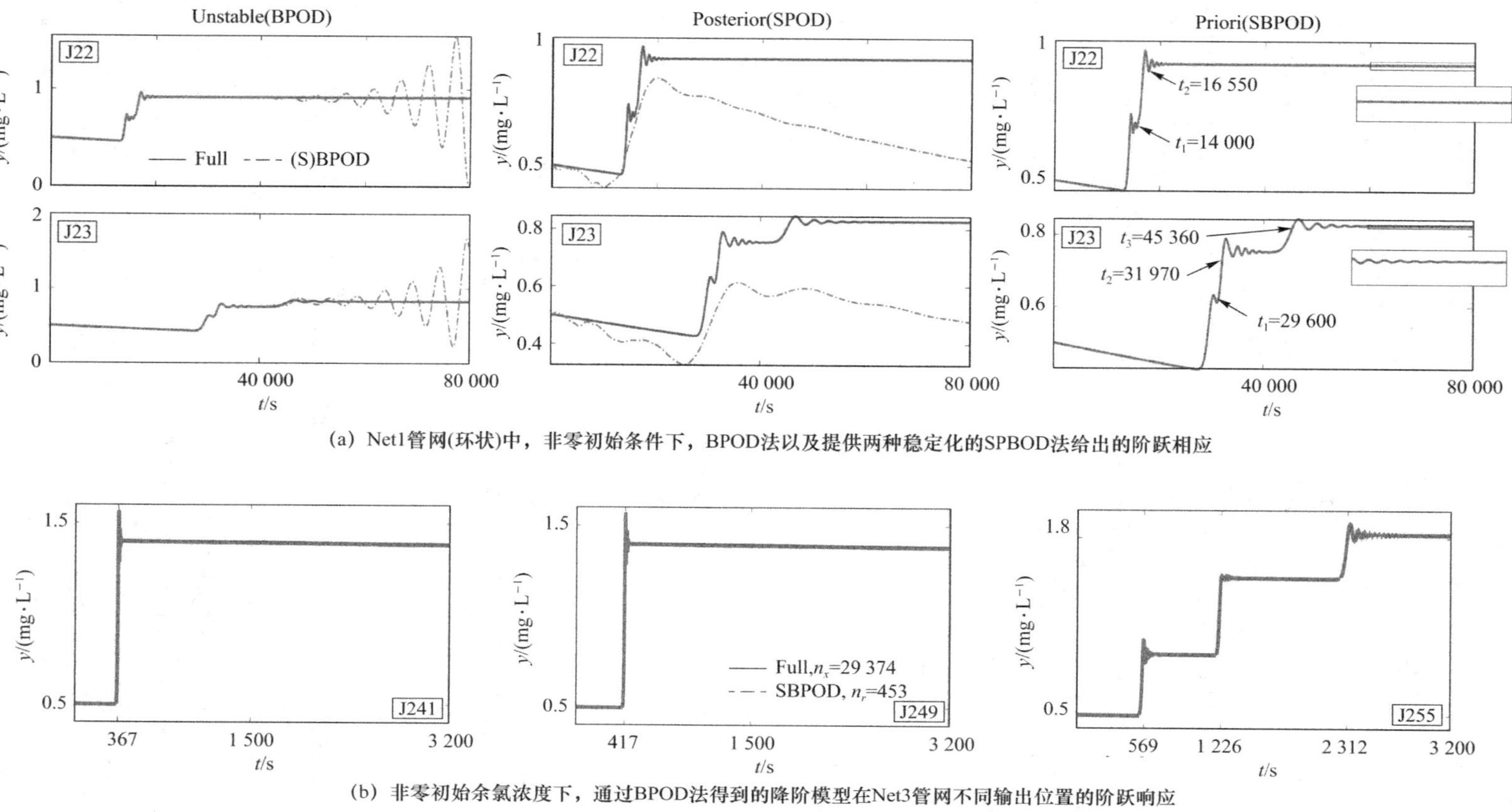

(a) Net1管网(环状)中，非零初始条件下，BPOD法以及提供两种稳定化的SPBOD法给出的阶跃相应

(b) 非零初始余氯浓度下，通过BPOD法得到的降阶模型在Net3管网不同输出位置的阶跃响应

图 7.9　BPOD 及 SBPOD 在 Net1 和 Net3 管网的测试结果

3. Net3 管网

本小节在零初始条件($x_0=0$ mg/L)和非零的初始条件($x_0=0.5$ mg/L)下，对图 7.6(c)所示的 Net3 管网进行了测试。

如图 7.6(c)所示，分别在 237 号连接节点 J237 和 247 号连接节点 J247 处安装了加氯站，并且以采样时间 $\Delta t=0.25$ s 的频率分别以 50 mg 和 40 mg 的速度注入氯气，即输入信号是振幅为 50 和 40 的阶跃信号。在非零初始条件下，图 7.9(b)显示了安装在连接节点 J255、J241 和 J249 处的 3 个水质传感器检测到的阶跃响应。

Net3 管网全阶水质模型的维度为 $n_x=29\ 347$，而采用 SBPOD 法的降阶模型的维度为 $n_r=453$。在计算上不可行的 BT 法在运行 12 h 后仍未得到相应的降阶模型，因此图 7.9(b)中没有包括 BT 法的结果。此外，POD 法不适合于非零初始条件的情况，其结果也没有在图 7.9(b)中显示。对于零初始条件，POD 法和 SBPOD 法都成功地降低了系统模型的阶数，且降阶模型的阶数 n_r 分别为 689 和 491。具体的 RMSEs 结果已呈现在表 7.3 中，因此不再使用图形化结果进行展示。

7.6.3 模型降阶方法的计算开销

针对 3 个测试的供水管网，表 7.3 给出了计算相应降阶模型的开销。鉴于 m 的计算几乎不花费时间，所以经典 BPOD 法和所提的 SBPOD 法的计算耗时几乎相同。为了简单起见，表中只显示 SBPOD 法所花费的时间。

在测试上述计算耗时时，三节点管网的全阶模型阶数 n_x 和快照长度 m 分别为 154 和 1 000。对于 Net1 管网(环状)，n_x 和 m 分别是 1 293 和 7 500；对于 Net3 管网，n_x 和 m 分别是 29 374 和 14 000。

从表 7.3 中的测试结果可以看出，当 n_x 较大时，BT 法运行了 12 h 后，未能降低 Net3 管网的水质模型阶数。因此从计算角度来说，BT 方法在大规模网络中尚不具有可行性。而对 Net3 管网来说，SBPOD 法的计算耗时小于 POD 的计算耗时，这看似与表 7.1 中的理论复杂性相矛盾。其实不然，这是因为进行仿真实验时，利用式(7.7)中的块 Hankle 矩阵避免了矩阵间相乘的运算，最终减少了 SBPOD 法的计算耗时。

7.6.4 基于全阶模型/降阶模型的模型预测控制效果比较

研究水质动力学的模型降阶算法的目标有二：其一是能够更有效地进行水质模拟；其二是将模型降阶算法应用到实时反馈控制(通过调节加氯站控制 $\boldsymbol{u}(k)$ 控制系统中的余氯浓度 $\boldsymbol{x}(k)$)或者状态估计(通过具有噪声的传感器测量值 $\boldsymbol{y}(k)$ 估计系统状态 $\boldsymbol{x}(k)$)中。

为此，本节对所提 SBPOD 法产生的降阶模型在模型预测控制(MPC)框架中的适用性进行测试，该框架通过控制加氯站的注氯量来调节管网中的余氯浓度。鉴于不同初始条件下 SBPOD 法在精度、计算耗时和保稳特性等性能方面有较好的表现，在此实验中采用 SBPOD 法进行测试。

在供水管网中进行实时水质调控可以建模为具有严格状态约束的水质模型预测控制问

题,本小节在此进行简要的回顾,详见5.2节的WQC-MPC(5.3)优化控制模型[1]。

由于平流反应动力学的时空离散化,WQC-MPC(5.3)优化问题的维度随着管道数和管道离散段数的增加而迅速增大。此外,水质模拟时间步长需为秒级才能达到高保真的要求,即使是只有几十条管道和节点的微型网络,优化(5.3)也会有数百万个变量。当考虑适当延长模型预测控制的控制时间域到30 min时,即使对于中等规模的供水管网,基于全阶模型的控制问题在计算上也不具有可行性。为了解决此问题,5.3节放宽了严格约束条件,并将难以解决的约束模型预测控制问题转化为相应的无约束问题,从而完成快速求解。

然而,按下葫芦浮起瓢,上述解决方案这导致了另一个问题。也就是说,无约束优化模型无法保证系统状态和控制输入严格满足约束上下限,5.3.2小节已经从理论上给出的一个潜在的解决方案,本章将尝试全新的方案,具体而言,本章将尝试研究以下问题:

供水管网运营单位能否利用SBPOD生成降阶模型进行有约束的模型预测控制器设计,从而确定所需消毒剂的最佳注入剂量?这种基于降阶模型设计的控制器与基于全阶模型设计的控制器相比,控制效果如何?利用降阶模型进行模型预测控制是否会导致控制加氯运行成本大幅增加?这又如何影响管网中的余氯浓度?

为了回答上述问题,本章以Net1管网(环状)为例进行说明。为了使得基于全阶模型的模型预测控制在计算上具有可行性,本实验将模型预测控制的控制时间域(Control Horizon)设置为5 min,从而可以测试并比较基于全阶和降阶模型的有约束预测控制效果。

首先,对Net1管网(环状)进行24 h延时模拟,获取24 h内每一个水质时间步长内的全阶水质模型。然后,通过SBPOD先验稳定化方法生成对应的降阶水质模型。其次,通过水质中的有约束模型预测控制算法分别计算在使用全阶模型和降阶模型情况下的最佳控制输入$\boldsymbol{u}(k)$。本实验假设模型预测控制算法的设定值$\boldsymbol{y}^{\mathrm{ref}}$为1.5 mg/L。也就是说,控制器通过控制J10处的加氯站——Net1环状管网中唯一控制节点,将J22和J23处——Net1管网(环状)中的水质传感器节点——的余氯气浓度维持在1.5 mg/L左右。最后,将所求解控制信号$\boldsymbol{u}(k)$应用于Net1管网(环状)中,检验控制输出。

为了评估基于全阶模型/降阶模型的有约束模型预测控制器性能,本节测试了3个指标:求解优化问题所消耗的计算时间、控制器加氯运行成本、管网中的余氯浓度。

图7.10(a)、(b)和(c)分别显示了24 h内基于全阶水质模型和降阶水质模型求解的最优注入速率$u(t)$以及J22和J23处的余氯浓度。基于此而模型求解出的控制输入$u(t)$和输出$y(t)$的RMSEs误差分别为5.95×10^{-2}和3.63×10^{-6},可以认为完全一致。基于全阶和降阶模型求解有约束的模型预测问题所消耗的计算时间分别为50.7 s和31.7 s。而运行成本则完全相同,均是4.49×10^{5}。

通过以上结果,可以发现与采用全阶模型相比,采用降阶模型产生了几乎相同的性能,而计算耗时较短。基于全阶模型求解Net3管网具有约束的优化问题,在理论上来讲,具有计算上的不可行性。因为这个优化问题至少有$n_x=29\ 374$个优化变量和数百万个约束条件,在实际的求解中,经过12 h的运算,也没有得到最优注入量。然而,使用降阶模型,约束优化问题会得到进一步的简化,仅有$n_r=453$个优化变量和大约一万个约束条件。简而言之,因为降阶后的模型维度n_r通常在保持在1 000以内,故无论原始供水管网全阶水质模型的规模如何,采用降阶模型进行优化建模可大幅度减少约束优化问题的优化变量和约束条件的数量。即降阶模型使得供水管网运行单位采用具有约束的模型预测控制器,保证系统状态和控制输入可以严格满足上下限约束的同时，大幅度降低计算开销。

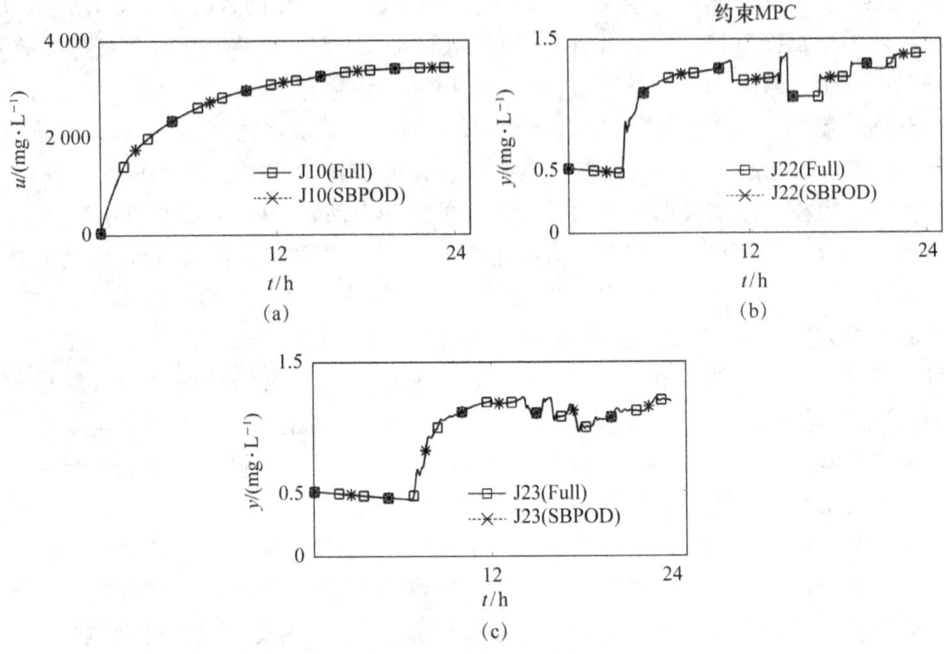

图 7.10　分别采用全阶模型和降阶模型(SBPOD 法)求解约束 MPC 问题得到的控制输入对比(a)和(b)(c)余氯浓度

本章小结

本章探讨将模型降阶算法应用于供水管网水质模型的潜力。所提 SBPOD 法由于具有较高的精度、较低的计算开销、对初始条件的耐受和保稳特性等属性，相比于其他同类方法，更适用于水质模型的降阶。与经典 BT 法相比，SBPOD 法在计算上是可行性；与 POD 法或 BPOD 法相比，SBPOD 法可以处理灵活处理零/非零初始条件，同时保证降阶模型的输出具有一定的稳定性和准确性。最后，通过仿真实验发现，当模型预测控制器采用所提 SBPOD 法产生的降阶模型对余氯浓度进行实时调控时，不会在运行成本等性能方面遭受重大损失，同时还可以节省计算量，因此供水管网运营单位可以尝试使用 SBPOD 法产生的降阶水质模型代替全阶水质模型对系统进行精确地水质模拟和反馈控制。

本章参考文献

[1]　WANG S, TAHA A F, ABOKIFA A A. How Effective is Model Predictive Control in Real-Time Water Quality Regulation? State-Space Modeling and Scalable Control [J]. Water Resources Research, 2021, 57(5): e2020WR027771. DOI:https://doi.

org/10.1029/2020WR027771.

[2] BOULOS P F, LANSEY K E, KARNEY B W. Comprehensive water distribution systems analysis handbook for engineers and planners[M]. Denver, CO: American Water Works Association, 2006.

[3] ROWLEY C W. Model reduction for fluids, using balanced proper orthogonal decomposition[J]. International Journal of Bifurcation and Chaos, 2005, 15(03): 997-1013.

[4] BAUR U, BENNER P, FENG L. Model Order Reduction for Linear and Nonlinear Systems: A System-Theoretic Perspective[J]. Archives of Computational Methods in Engineering, 2014, 21(4): 331-358. DOI:10.1007/s11831-014-9111-2.

[5] WILLCOX K, PERAIRE J. Balanced model reduction via the proper orthogonal decomposition[J/OL]. AIAA Journal, 2002, 40(11): 2323-2330. DOI:10.2514/2.1570.

[6] MONTIER L, HENNERON T, GOURSAUD B, et al. Balanced Proper Orthogonal Decomposition Applied to Magnetoquasi-Static Problems Through a Stabilization Methodology[J]. IEEE Transactions on Magnetics, 2017, 53(7): 1-10. DOI:10.1109/TMAG.2017.2683448.

[7] CVX RESEARCH Inc. The Stanford 3D Scanning Repository[EB/OL]. 2022(2022-04-06)[2024-01-30]. https://graphics.stanford.edu/data/3Dscanrep/.

[8] SCHILDERS W. Introduction to Model Order Reduction [M]//Model Order Reduction: Theory, Research Aspects and Applications: vol 13. Berlin, Heidelberg: Springer, 2008: 3-32. DOI:10.1007/978-3-540-78841-6_1.

[9] ADAMJAN V M, AROV D Z, KREIN M. Analytic properties of Schmidt pairs for a Hankel operator and the generalized Schur-Takagi problem[J]. Mathematics of the USSR-Sbornik, 1971, 15(1): 31. DOI:10.1070/sm1971v015n01abeh001531.

[10] GLOVER K. All optimal Hankel-norm approximations of linear multivariable systems and their error bounds[J]. International Journal of Control, 1984, 39(6): 1115-1193.

[11] MOORE B. Principal component analysis in linear systems: Controllability, observability, and model reduction[J]. IEEE Transactions on Automatic Control, 1981, 26(1): 17-32. DOI:10.1109/tac.1981.1102568.

[12] SIROVICH L. Turbulence and the dynamics of coherent structures. I. Coherent structures[J/OL]. Quarterly of Applied Mathematics, 1987, 45(3): 561-571. DOI:10.1090/qam/910462.

[13] GRIMME E. Krylov projection methods for model reduction[D]. Champaignand urbana: University of Illinois at Urbana-Champaign, 1997.

[14] ANTOULAS A, BALL J, KANG J, et al. On the solution of the minimal rational interpolation problem[J]. Linear Algebra and Its Applications, 1990, 137: 511-573. DOI:10.1016/0024-3795(90)90141-x.

[15] BEATTIE C A, GUGERCIN S. Interpolation theory for structure-preserving

model reduction[C]//2008 47th IEEE Conference on Decision and Control. IEEE; IEEE, 2008: 4204-4208. DOI:10.1109/cdc.2008.4739158.

[16] BAI Z. Krylov subspace techniques for reduced-order modeling of large-scale dynamical systems[J]. Applied Numerical Mathematics, 2002, 43(1-2): 9-44. DOI:10.1016/S0168-9274(02)00116-2.

[17] GALLIVAN K, VANDENDORPE A, VAN DOOREN P. Model reduction and the solution of Sylvester equations[C]//17th International Symposium on Mathematical Theory of Networks and Systems (MTNS06): vol 50. 2006.

[18] GUGERCIN S. An iterative SVD-Krylov based method for model reduction of large-scale dynamical systems[J]. Linear Algebra and Its Applications, 2008, 428(8-9): 1964-1986. DOI:10.1016/j.laa.2007.10.041.

[19] LALL S, BECK C. Error-bounds for balanced model-reduction of linear time-varying systems[J/OL]. IEEE Transactions on Automatic Control, 2003, 48(6): 946-956. DOI:10.1109/tac.2003.812779.

[20] LUMLEY J L. Stochastic tools in turbulence[M]. Massachusetts: Courier Corporation, 2007.

[21] ASTRID P, WEILAND S, WILLCOX K, et al. Missing point estimation in models described by proper orthogonal decomposition[J]. IEEE Transactions on Automatic Control, 2008, 53(10): 2237-2251. DOI:10.1109/tac.2008.2006102.

[22] MARTíNEZ ALZAMORA F, ULANICKI B, ZEHNPFUND. Simplification of Water Distribution Network Models[C/OL]//Proc. 2nd International Conference on Hydroinformatics. 1996: 493-500. DOI:10.13140/RG.2.1.4340.8404.

[23] SHAMIR U, SALOMONS E. Optimal real-time operation of urban water distribution systems using reduced models[J]. Journal of Water Resources Planning and Management, 2008, 134(2): 181-185.

[24] PREIS A, WHITTLE A J, OSTFELD A, et al. Efficient hydraulic state estimation technique using reduced models of urban water networks[J]. Journal of Water Resources Planning and Management, 2011, 137(4): 343-351.

[25] PERELMAN L, OSTFELD A. Water distribution system aggregation for water quality analysis[J]. Journal of Water Resources Planning and Management, 2008, 134(3): 303-309.

[26] CHEN C T. Linear System Theory and Design[M/OL]. New York, NY: Oxford University Press, Incorporated, 2013. [2024-01-30]. https://books.google.com/books?id=XyPAoAEACAAJ.

[27] HIMPE C. emgr-The empirical Gramian framework[J]. Algorithms, 2018, 11(7): 1-27. DOI:10.3390/a11070091.

[28] HIMPE C. Comparing (Empirical-Gramian-Based) Model Order Reduction Algorithms[M/OL]//Model Reduction of Complex Dynamical Systems: vol 171. Cham: Springer International Publishing, 2021: 141-164. [2024-01-30]. https://

link. springer. com/10. 1007/978-3-030-72983-7_7. DOI:10. 1007/978-3-030-72983-7_7.

[29] LALL S, MARSDEN J E, GLAVA? KI S. Empirical model reduction of controlled nonlinear systems[J]. IFAC Proceedings Volumes, 1999, 32(2): 2598-2603. DOI:10. 1016/s1474-6670(17)56442-3.

[30] HORN R A, JOHNSON C R. Matrix analysis[M]. Cambridge: Cambridge university press, 2012. DOI:10. 1017/cbo9781139020411.

[31] AMSALLEM D, FARHAT C. Stabilization of projection-based reduced-order models[J]. International Journal for Numerical Methods in Engineering, 2012, 91(4): 358-377.

[32] LI J R, WHITE J. Low rank solution of Lyapunov equations[J]. SIAM Journal on Matrix Analysis and Applications, 2002, 24(1): 260-280.

[33] PAN V Y, CHEN Z Q. The complexity of the matrix eigenproblem[C/OL]// Proceedings of the thirty-first annual ACM symposium on Theory of computing. ACM, 1999: 507-516. [2024-01-30]. https://dl. acm. org/doi/pdf/10. 1145/301250. 301389. DOI:10. 1145/301250. 301389.

[34] FENG X, YU W, LI Y. Faster matrix completion using randomized SVD[C/OL]// TSOUKALAS L H, GRéGOIRE é, ALAMANIOTIS M. 2018 IEEE 30th International Conference on Tools with Artificial Intelligence (ICTAI). IEEE; IEEE, 2018: 608-615. [2024-01-30]. https://arxiv. org/pdf/1810. 06860. DOI:10. 1109/ictai. 2018. 00098.

[35] PRAJNA S. POD model reduction with stability guarantee[C]//42nd IEEE International Conference on Decision and Control (IEEE Cat. No. 03CH37475): vol 5. IEEE; IEEE, 2003: 5254-5258. DOI:10. 1109/cdc. 2003. 1272472.

[36] ROWLEY C W, COLONIUS T, MURRAY R M. Model reduction for compressible flows using POD and Galerkin projection[J]. Physica D: Nonlinear Phenomena, 2004, 189: 115-129. DOI:10. 1016/j. physd. 2003. 03. 001.

[37] BARONE M F, KALASHNIKOVA I, SEGALMAN D J, et al. Stable Galerkin reduced order models for linearized compressible flow[J]. Journal of Computational Physics, 2009, 228: 1932-1946. DOI:10. 1016/j. jcp. 2008. 11. 015.

[38] KALASHNIKOVA I, BARONE M. On the stability and convergence of a Galerkin reduced order model (ROM) of compressible flow with solid wall and far-field boundary treatment[J]. International Journal for Numerical Methods in Engineering, 2010, 83(10): 1345-1375.

[39] KALASHNIKOVA I, ARUNAJATESAN S. A stable Galerkin reduced order model for compressible flow[C]//10th World Congress on Computational Mechanics (WCCM), Sao Paulo, Brazil. 2012: 2012-18407.

[40] SIRISUP S, KARNIADAKIS G E. A spectral viscosity method for correcting the long-term behavior of POD models[J]. Journal of Computational Physics, 2004, 194(1): 92-116. DOI:10. 1016/j. jcp. 2003. 08. 021.

[41] WANG Z, AKHTAR I, BORGGAARD J, et al. Proper orthogonal decomposition closure models for turbulent flows: a numerical comparison[J]. Computer Methods in Applied Mechanics and Engineering, 2012, 237: 10-26. DOI:10.1016/j.cma.2012.04.015.

[42] KALASHNIKOVA I, BLOEMEN WAANDERS B van, ARUNAJATESAN S, et al. Stabilization of projection-based reduced order models for linear time-invariant systems via optimization-based eigenvalue reassignment[J]. Computer Methods in Applied Mechanics and Engineering, 2014, 272: 251-270. DOI:10.1016/j.cma.2014.01.011.

[43] BOND B N, DANIEL L. Guaranteed stable projection-based model reduction for indefinite and unstable linear systems [C/OL]//IEEE/ACM International Conference on Computer-Aided Design, Digest of Technical Papers, ICCAD. IEEE, 2008: 728-735. [2024-01-30]. http://www.mit.edu/~dluca/publications/2008-iccad-Bond-StableProjectionLinearMOR.pdf. DOI: 10.1109/ICCAD.2008.4681657.

[44] BENOSMAN M, BORGGAARD J, KRAMER B. Robust POD model stabilization for the 3D Boussinesq equations based on Lyapunov theory and extremum seeking [C]//2017 American Control Conference (ACC). IEEE; IEEE, 2017: 1827-1832. DOI:10.23919/acc.2017.7963218.

[45] LYAPUNOV A M. The general problem of the stability of motion [J]. International Journal of Control, 1992, 55(3): 531-534.

[46] ROSSMAN L A, et al. EPANET 2: users manual[EB/OL]. Cincinnati, OH: U.S. Environmental Protection Agency; US Environmental Protection Agency. Office of Research; Development, 2000. (2000-09-01)[2024-01-30]. https://nepis.epa.gov/Adobe/PDF/P1007WWU.pdf.

[47] ELIADES D G, KYRIAKOU M, VRACHIMIS S, et al. EPANET-MATLAB Toolkit: An Open-Source Software for Interfacing EPANET with MATLAB[C]//Proc. 14th International Conference on Computing and Control for the Water Industry (CCWI). The Netherlands, 2016: 8. DOI:10.5281/zenodo.831493.

[48] HEINKENSCHLOSS M, REIS T, ANTOULAS A C. Balanced truncation model reduction for systems with inhomogeneous initial conditions[J]. Automatica, 2011, 47(3): 559-564. DOI:10.1016/j.automatica.2010.12.002.

第8章 数据驱动的供水管网水质模型辨识

8.1 概　　述

供水管网(Water Distribution Networks,WDNs)的水质模型(Water Quality Model,WQM)描述了污染物、消毒剂、消毒副产物、金属等化学物以及微生物在各管网元件中的时空演变规律。然而,由于复杂反应动力学受到包括管网拓扑结构、管道参数、反应参数、管网不确定性和管道泄漏等各种因素的影响,理想的水质模型可能无法百分之百地反映实际供水管网的水质变化过程,所以管网中的实际水质模型仍是未知的。

对供水管网水质建模本质上属于数学建模的范畴,而目前数学建模比较常用的方法有3类:机理建模、辨识建模、机理-辨识混合建模。机理建模,又称为“白箱建模”,是通过物理或化学原理、动力学等过程规律获取系统模型;辨识建模,又称“黑箱建模”是通过实验获取被控对象的输入-输出数据,采用辨识的方法估计出系统模型;机理-辨识混合建模,又称“灰箱建模”,是在部分了解被控对象的机理模型后,通过辨识的方法来确定系统中未知参数的方式得到系统模型。

过去几十年间,许多文献已经研究了基于机理分析的水质模型[1-3]、基于输入-输出的水质模型[4-9]和面向控制理论的水质模型[10]。然而,基于机理分析的水质建模方法要么依赖于大量繁琐的化学反应方程式进行建模,要么依赖于水力模型和其他相应的参数,或者两者都需要。例如,文献[4,5,10]需要两阶段机理分析——水力分析和水质分析——才可以建立最终的水质模型,详见图8.1。这是由于水质分析所需的管道流速等必要参数必须通过第一阶段的水力分析才可以确定。此外,上述文献中的水质模型都或多或少地对真实模型做出了简化或者假设,例如单一化学物反应简化、一阶线性反应模型假设、完美拓扑结构假设、完全准确参数信息假设,而没有考虑不确定性或泄漏。具体来说,基于机理分析方法的输入——图8.1中的实线框——包含不确定因素或假设为已知。因此,基于机理分析方法的局限性不容忽视,但幸运的是,基于数据驱动的方法可以避免上述局限性,此二法的详细对比如表8.1所示。

作为动态系统科学的一个分支,基于数据驱动的系统辨识(System Identification,SysID),试图通过数据驱动的方法获得系统模型,而不依赖于任何高级的建模方法、网络参数亦或网络拓扑结构等知识。本章的目标是通过分析和实验,深入研究主流系统辨识方法构建水质状态空间模型性能。据作者所知,这是第一个试图在不依赖任何管网参数、水力模拟数据的情况下,仅利用施加到系统的控制数据和水质传感器收集到的传感器数据等系统输入和输出实验数据,对水质模型这一动态系统进行辨识的研究。

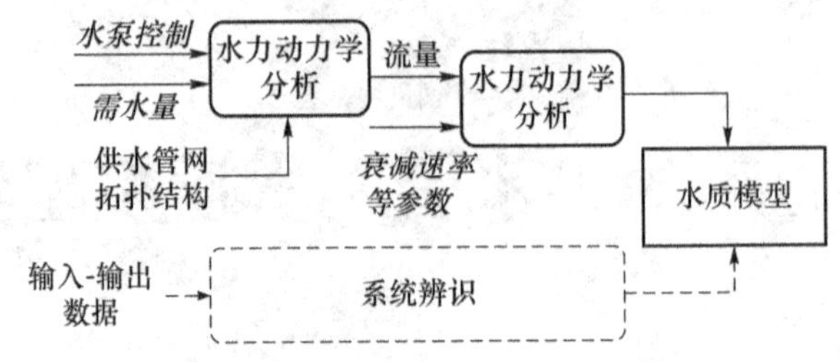

图 8.1 获取水质模型的两种途径:机理分析方法和数据驱动方法,其中机理分析方法中斜体字表示的参数为预先已知量

表 8.1 机理分析辨识方法和数据驱动辨识方法对比

建模方法	拓扑	参数	不确定性 & 漏损	可解释性	硬件	实时性
机理分析建模	全拓扑参数依赖	需准确参数	敏感 & 难以建模	较强	无要求	实时
数据驱动建模	无要求	无要求	鲁棒	较弱	控制器 & 传感器	近实时

8.1.1 系统辨识的研究现状

系统辨识旨在通过系统输入-输出等实验数据来构建系统动力学或者动态系统的模型。为此,需要收集控制器、传感器的实验数据以及精心设计相应的算法对系统动态进行估计。经辨识得到的系统模型对系统控制器设计或者状态观测器的设计有重要意义。因此,系统辨识方法已被广泛应用于工业过程[11]、航空航天[12,13]、化学[14],以及计算流体动力学[15-17]和电网[18]等领域。

动态系统领域已经开发了各种各样的系统辨识算法,这些算法大致可以分为两类:时域方法和频域方法。时域方法通常适用于多输入和多输出、复杂、大规模的系统;而频域方法在实际工程实践中更受欢迎,适用于较小规模的系统[19]。因为供水管网中的水质模型涉及数以万计的系统状态和几十甚至上百的系统输入和输出[10],所以本章的研究重点集中在时域系统辨识方法的探索上,下面简要介绍一下最前沿的系统辨识算法。

时域系统辨识方法可分为多个子类。子空间辨识方法(Subspace Identification Methods,SIMs)是 20 世纪末提出的一类时域状态空间模型辨识方法[20-23],其综合了线性代数、系统理论和统计学三个方面的思想,直接从时间离散的输入-输出实验数据中估计出线性状态空间模型,并且仅需使用者决定一个参数——系统维度。

在子空间辨识方法中,最典型的 3 种算法分别是 Larimore 提出的 CVA(Canonical Variate Analysis)[22]、Verhaegen 提出的 MOESP(Multivariate Output-Error State sPace)[21] 以及 Overschee 和 Moor 提出的 N4SID(Numerical algorithms for state space subspace System IDentification)[20]。随后,Overschee 和 Moor[23] 为这 3 种子空间辨识方法提出了统一子空间辨识方法。他们指出,这 3 种算法使用相同的子空间,仅仅是用于计算可

吸收性矩阵的列空间基的加权矩阵略有不同。

简而言之，子空间辨识方法仅假设所要辨识的系统可以用有限维度线性时变系统表示，而不需要关于该系统的任何先验信息。此外，因子空间辨识方法只利用了如奇异值分解(SVD)等标准矩阵运算，而不涉及迭代优化求解，所以此方法在计算性能上表现优秀。鉴于以上优势，子空间辨识方法已被成功地应用于众多多输入-多输出系统(Multi-Input Multi-Output, MIMO)系统的辨识[11,14]。

从另一个角度来说，系统辨识也可以被看作是对可观性矩阵所张成的子空间进行辨识，重建相应的状态空间矩阵[23]。因此，凡是可以达到这两个目的的方法都可以用来辨识系统的动态模型。有一种被称为 ERA(Eigensystem Realization Algorithm)的方法[12,24]可以从脉冲响应中进行模态参数和动态系统降阶模型的辨识。然而，ERA 需要以脉冲信号作为系统输入进而获取脉冲响应的历史数据集(马尔可夫参数)，而大多数实际系统无法满足这一要求。

为了解决此问题，Juang 等人[25]提出了 OKID(Observer/Kalman Filter IDentification)法，该方法采用阶跃信号等常见系统输入有效地估计马尔可夫参数。然后，将所得的马尔可夫参数作为输入传递给 ERA 算法或其他 ERA 变体算法，如使用与数据关联的 ERA/DC[26]算法，以完成最终的系统辨识[27]。还有一种结合了 OKID 法和 ERA 法的混合方法，即 OKID/ERA 法，它是目前最成功的系统辨识方法之一。

最近 20 年间，新型的系统辨识算法，如 DMD(Dynamic Mode Decomposition)和 SINDy (Sparse Identification of Nonlinear Dynamics)等，层出不穷。

DMD 法[15,28]是一种线性动态回归技术，在计算流体力学中，它被用于将高维流体数据序列映射到自由度较小的动态系统中。为使 DMD 法能够处理带有控制输入的系统，Proctor 等人[29]对 DMD 法进行了扩展，提出了 DMDc(DMD with Control)法，并挖掘了此方法与 SIMs 法的深度联系。Bai 等人[30]将压缩感知 DMD [31]和带有控制输入的 DMDc[29]结合起来，提出了压缩式系统辨识的数学框架。SINDy [16]——非线性动力系统的稀疏辨识——是另一种新型的系统辨识方法，此方法假定非线性动力学的控制方程在可能的函数空间中具有稀疏性，并从测量数据中通过稀疏辨识重建控制方程。

经过这么多年的发展，即使对于线性系统，对动态系统的辨识仍是一个经典且具有挑战性的研究问题，例如，Zheng 和 Li[32]专注于解决线性动力系统的非渐进性辨识问题。Tsiamis 和 Pappas[33]研究了系统辨识在统计上何时具有挑战性或不那么具有挑战性。利用极小极大理论工具，他们的研究表明，状态之间存在弱耦合的欠激励或欠激励系统的一类线性系统可能很难辨识。关于系统辨识的理论和算法，目前已有广泛而丰富的文献，更多详细信息，请参阅文献[32,34-37]。虽然在过去的数十年里，系统辨识的理论发展很丰富，但它们在具有挑战性的供水管网水质模型这一问题上的应用和研究(分析和实验)几乎不存在。据作者所知，这项研究首次尝试使用系统辨识方法对水质动态模型进行估计。

8.1.2 研究的创新点

本研究的主要目的是深入探讨系统辨识算法在水质模型中的适用性，研究系统辨识在估计水质动态模型方面的性能，以及可能影响系统辨识方法性能的因素。本章的主要创新点如下。

第一，本章在不知道供水管网任何参数等系统先验信息的情况下，首次尝试使用从实验中收集的输入输出数据，采用基于 SIMs 和 ERA 的方法等系统辨识方法辨识供水管网的水质动态模型。

第二，为了采用合适的系统辨识方法并正确应用这些算法，探索水质动态模型的性质或特征是必要且重要的。因此，本章指出了供水管网的几个重要而独特的性质，如线性不变性、高时延性、全局不可控性和不可观性。此外，我们还讨论了这些特性在识别水质模型时所带来的挑战，并提出了可能的解决方案。

第三，仿真实验表明了经典系统辨识算法在水质动力学模型中的应用潜力，并测试了这些算法在精度和计算耗时方面的性能，最后探讨了影响算法性能的可能因素。这项工作的意义在于，它允许供水管网运营单位在不知道网络参数、拓扑、水力和反应参数甚至泄漏的情况下，通过辨识得到的模型对整个管网的水质进行模拟，并可能应用先进的现代控制和估计算法来对水质进行调控。

本章的其余部分安排如下。8.2 节简要回顾了水质模型的状态空间表示，8.3 节对可能适用于水质模型的系统辨识算法展开介绍，水质模型的属性首次在 8.4 节中提出，随后介绍了这些属性在辨识水质模型时带来的挑战，并讨论了可能的解决方案。8.5 节进行了案例仿真研究，展示了各种系统辨识算法的适用性、性能以及影响最终辨识结果的可能因素。最后，8.6 节对本章进行了总结，给出了研究结论和未来可能的研究方向。

8.2 水质模型的状态空间表示

第 4 章对水质模型基本原理进行了详细探讨，且给出了考虑单一化学物质反应的水质模型及其以 DT-LTV 系统形式表示的状态空间表示，详见式(4.21)。若在固定的水力时间步长内考虑该模型，则可得到 DT-LTI 系统，即式(4.22)。

为简单起见，把 n_x 维 DT-LTI 系统(4.22)表示为四元组($\boldsymbol{A},\boldsymbol{B},\boldsymbol{C},\boldsymbol{D}$)。在此需要说明的是：第一，水质模型(4.21)是稳定的；第二，采用 L-W 数值法对管道进行离散化，经过测试，每个管道平均分成至少 100 段，才可以保证离散化的准确性，也就是说，对于有数百条管道的中型规模管网，系统阶数 n_x 很容易达到10^4；第三，该模型的所有系统矩阵均为稀疏的，且稀疏率可以达到 99%到 99.999%甚至更高。此外，对 DT-LTV 系统的辨识问题可分解为多个相对容易的 DT-LTI 系统辨识问题进行简化。

8.3 系统辨识算法

从第 8.1 节介绍的研究现状来看，各种系统辨识方法，包括 SIMs 法、基于 ERA 的法、基于 DMD 的方法和 SINDy 法，理论上都可以应用于水质模型辨识。然而，我们注意到，并不是每一种方法都适用于供水管网，这是因为每一种系统辨识方法在系统、输入信号、状态等方面都有各自不同的要求，详见表 8.2。例如，基于 DMD 的方法和 SINDy 法由于对系统本身及其相应参数的具有特殊要求而不适用，8.4.2 小节将对此进行阐述。因此，接下来，本章只介绍有可能适用于水质模型的系统辨识方法，如 SIMs 法和基于 ERA 的方法。

表 8.2 经典系统辨识方法的要求

要求的类别	基于 ERA 的方法		子空间辨识方法(SIMs)		
	ERA	OKID/ERA	CVA	MOESP	N4SID
系统方面	SCO† LTI♠	SCO LTI	SCO LTI	SCO LTI	SCO LTI
输入信号方面	单位脉冲信号	—	—	—	—
状态方面	零初始条件	零初始条件	—	—	—

†SCO 代表稳定(Stable)，可控(Controllable)，可观(Observable)；♠ LTI 代表线性时不变系统(Linear Time-invariant System)。

下面介绍系统辨识方法理论基础。

1. 子空间辨识方法(SIMs 法)

在此，本节不对属于 SIMs 类别的每一种算法，即 N4SID[20]、MOESP[21]、CVA[22]，进行逐一介绍，而是对统一了这 3 种子空间辨识方法的统一子空间辨识方法[23]进行阐述和总结。需要说明的是，统一子空间辨识方法[23]中的辨识问题是在确定性和随机性相结合情况下考虑得到的结果。然而，为简单起见，下面只给出确定性场景中统一子空间辨识方法的核心思想，因为对于考虑了状态噪声和测量噪声的随机性场景，其关键步骤类似，就不再赘述。

统一子空间辨识方法以一种特殊的方式对系统状态、系统输入和系统输出进行了重新组织。回顾一下，式(4.22)中的 $\boldsymbol{x}(k)$代表系统状态，而在统一子空间辨识方法中，它被收集到状态序列 $\boldsymbol{X}$ 中，如图 8.2 所示。其中，子序列 $\boldsymbol{X}_k \in \mathbb{R}^{n_x \times m}$ 从索引 k 开始，包括 m 步数据。输出子序列 $\boldsymbol{Y}_k \in \mathbb{R}^{n_y \times m}$ 以及输入子序列 $\boldsymbol{U}_k \in \mathbb{R}^{n_u \times m}$ 的定义与 $\boldsymbol{X}_k$ 类似，如图 8.2 所示。

$$\boldsymbol{X} = [\underbrace{x(0)\cdots x(k)\cdots x(m-1)}_{X_0}\cdots x(k+m-1)\cdots]\quad (X_k)$$

$$\boldsymbol{Y} = [\underbrace{y(0)\cdots y(k)\cdots y(m-1)}_{Y_0}\cdots y(k+m-1)\cdots]\quad (Y_k)$$

$$\boldsymbol{U} = [\underbrace{u(0)\cdots u(k)\cdots u(m-1)}_{U_0}\cdots u(k+m-1)\cdots]\quad (U_k)$$

图 8.2 彩图

图 8.2 状态序列、输出序列、输入序列及其子序列

此外，$2k+m$ 步的输入数据序列，即 $\boldsymbol{U}=[\boldsymbol{u}(0) \quad \boldsymbol{u}(1) \quad \cdots \quad \boldsymbol{u}(2k+m-1)]$，重新整理成图 8.3 的形式。其中的输入子序列 $\boldsymbol{U}_0$ 和 $\boldsymbol{U}_k$ 的定义与 $\boldsymbol{X}_k$ 相似，而属于$\mathbb{R}^{(kn_x)\times(mn_u)}$集合的 Hankel 块 $\boldsymbol{U}_p$ 和 $\boldsymbol{U}_f$ 则被分别视为过去和未来的输入数据，即$\{\boldsymbol{U}(0),\cdots,\boldsymbol{U}(k-1)\}$且$\{\boldsymbol{U}(k),\cdots,\boldsymbol{U}(2k-1)\}$。

最后，统一子空间辨识方法可建模为最小二乘问题[23]，即：

$$\begin{bmatrix}\boldsymbol{X}_{k+1}\\ \boldsymbol{Y}_k\end{bmatrix}=\begin{bmatrix}\boldsymbol{A} & \boldsymbol{B}\\ \boldsymbol{C} & \boldsymbol{D}\end{bmatrix}\begin{bmatrix}\boldsymbol{X}_k\\ \boldsymbol{U}_k\end{bmatrix} \tag{8.1}$$

其中，输入 $\boldsymbol{U}_k$ 和输出 $\boldsymbol{Y}_k$ 的数据序列已知，如果可求解出 $\boldsymbol{X}_k$ 和 $\boldsymbol{X}_{k+1}$，也就是卡尔曼状态序列，那么系统矩阵$(\boldsymbol{A},\boldsymbol{B},\boldsymbol{C},\boldsymbol{D})$便可以通过最小二乘法从式(8.1)中辨识出来。接下来，简要介绍一下统一子空间辨识方法如何估计卡尔曼状态序列 $\boldsymbol{X}_k$ 和 $\boldsymbol{X}_{k+1}$。

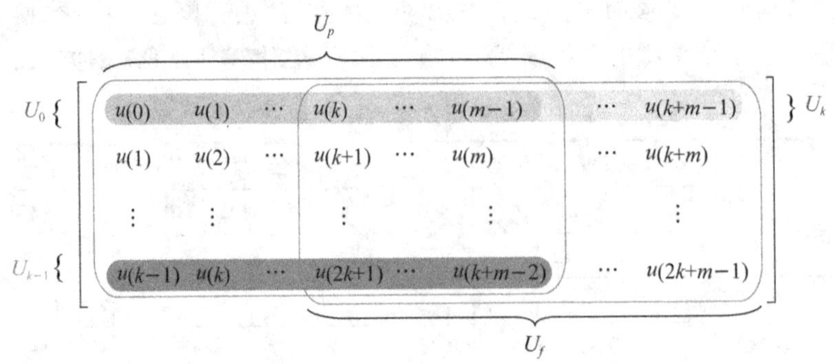

图 8.3 彩图

图 8.3　输出序列重新组织后的形式

通过重新组织和定义数据序列，如 $\boldsymbol{X}_k$、$\boldsymbol{Y}_k$、$\boldsymbol{U}_p$ 和 $\boldsymbol{U}_f$，系统(4.22)可重新写成如下形式：

$$\boldsymbol{X}_k=\boldsymbol{A}^k\boldsymbol{X}_0+\Delta_k\boldsymbol{U}_p \tag{8.2a}$$

$$\boldsymbol{Y}_0=\boldsymbol{\Gamma}_k\boldsymbol{X}_0+\boldsymbol{H}_k\boldsymbol{U}_p \tag{8.2b}$$

$$\boldsymbol{Y}_k=\boldsymbol{\Gamma}_k\boldsymbol{X}_k+\boldsymbol{H}_k\boldsymbol{U}_f \tag{8.2c}$$

其中，扩展性可观性矩阵 $\boldsymbol{\Gamma}_k$ 和 Toeplitz 矩阵 $\boldsymbol{H}_k$ 定义为：

$$\boldsymbol{\Gamma}_k=\begin{bmatrix}\boldsymbol{C}\\ \boldsymbol{CA}\\ \vdots\\ \boldsymbol{CA}^{k-1}\end{bmatrix} \tag{8.3a}$$

$$\boldsymbol{H}_k=\begin{bmatrix}\boldsymbol{D} & & \\ \boldsymbol{CB} & \boldsymbol{D} & \\ \vdots & & \ddots & \\ \boldsymbol{CA}^{k-2}\boldsymbol{B} & & \cdots & \boldsymbol{D}\end{bmatrix} \tag{8.3b}$$

如果仔细观察式(8.2)中的 3 个子方程，输入和输出数据序列 $\boldsymbol{Y}_k$、$\boldsymbol{Y}_0$、$\boldsymbol{U}_p$ 和 $\boldsymbol{U}_f$ 之间的联系是由状态序列 $\boldsymbol{X}_k$、$\boldsymbol{X}_0$ 和其他必要的矩阵实现。

统一子空间辨识方法指出，矩阵 $\boldsymbol{O}_k=\boldsymbol{\Gamma}_k\boldsymbol{X}_k$ 等于 $\boldsymbol{Y}_k$ 在过去数据 $\begin{bmatrix}\boldsymbol{U}_p\\ \boldsymbol{Y}_0\end{bmatrix}$ 上沿 $\boldsymbol{U}_f$ 方向的斜投影，其中每一列是对初始状态的自主响应(Autonomous Response)；更多细节见文献[23]的附录。简而言之，通过计算斜投影，可以很容易地找到自主响应 $\boldsymbol{O}_k=\boldsymbol{\Gamma}_k\boldsymbol{X}_k$。最后，卡尔曼状态序列 $\boldsymbol{X}_k$ 可以直接从 SVD 中提取 $\boldsymbol{O}_k$，即：

$$\boldsymbol{O}_k=\boldsymbol{U\Sigma V}^{\mathrm{T}}=\boldsymbol{U\Sigma}^{\frac{1}{2}}\boldsymbol{\Sigma}^{\frac{1}{2}}\boldsymbol{V}^{\mathrm{T}} \tag{8.4}$$

令 $\boldsymbol{\Gamma}_k=\boldsymbol{U\Sigma}^{\frac{1}{2}}$，$\boldsymbol{X}_k=\boldsymbol{\Sigma}^{\frac{1}{2}}\boldsymbol{V}^{\mathrm{T}}$，并且，可以采用类似的方法估计卡尔曼状态序列 $\boldsymbol{X}_{k+1}$，将其代入式(8.1)后，便可辨识出系统矩阵。

除了采用式(8.1)之外，文献[38]还介绍了一个可恢复系统矩阵的策略，即利用 $\boldsymbol{\Gamma}_k$ 中的特殊结构和 $\boldsymbol{H}_k$ 中的特殊 Toeplitz 结构，在此就不再赘述，感兴趣的读者可自行参考原文进行推导。为帮助读者了解子空间辨识方法的全貌，上述步骤对其中大量细节进行了简化处理，而仅仅是介绍了统一子空间辨识方法核心思想。例如，式(8.4)实际上是设置权重矩阵 $\boldsymbol{W}_1=\boldsymbol{W}_2=\boldsymbol{I}$ 时对 $\boldsymbol{W}_1\boldsymbol{O}_k\boldsymbol{W}_2$ 进行奇异值分解的一个特例。当选择不同的矩阵 $\boldsymbol{W}_1$ 和 $\boldsymbol{W}_2$ 组合时,统一子空间辨识方法也可以退化为 CVA 方法和 MOESP 方法。此外,为降低辨识到的系统维度,我们可以在对 $\boldsymbol{W}_1\boldsymbol{O}_k\boldsymbol{W}_2$ 进行奇异值分解时选择前 n_r 个奇异值,即:

$$\boldsymbol{W}_1\boldsymbol{O}_k\boldsymbol{W}_2=\boldsymbol{U}\boldsymbol{\Sigma}\boldsymbol{V}^{\mathrm{T}}=\begin{bmatrix}\boldsymbol{U}_r & \boldsymbol{0}\end{bmatrix}\begin{bmatrix}\boldsymbol{\Sigma}_r^{\frac{1}{2}} & \boldsymbol{0}\\ \boldsymbol{0} & \boldsymbol{0}\end{bmatrix}\begin{bmatrix}\boldsymbol{\Sigma}_r^{\frac{1}{2}} & \boldsymbol{0}\\ \boldsymbol{0} & \boldsymbol{0}\end{bmatrix}\begin{bmatrix}\boldsymbol{V}_r^{\mathrm{T}}\\ \boldsymbol{0}\end{bmatrix} \tag{8.5}$$

统一子空间辨识方法的算法步骤总结为算法 8.1。

算法 8.1:统一子空间辨识方法(SIMs)

输入:输入块 Hankel 矩阵 $\boldsymbol{U}_p$ 和 $\boldsymbol{U}_f$,输出数据序列 $\boldsymbol{Y}_0$ 和 $\boldsymbol{Y}_k$

输出:辨识后的系统矩阵($\boldsymbol{A},\boldsymbol{B},\boldsymbol{C},\boldsymbol{D}$)

1 沿着 $\boldsymbol{U}_f$ 方向求解从 $\boldsymbol{Y}_k$ 到 $\begin{bmatrix}\boldsymbol{U}_p\\ \boldsymbol{Y}_0\end{bmatrix}$ 的斜投影问题,并获得自主响应 $\boldsymbol{O}_k$

2 在式(8.5)中,选择恰当的权重矩阵 $\boldsymbol{W}_1$ 和 $\boldsymbol{W}_2$ 决定是使用 CVA,MOESP,或者 N4SID 方法

3 选择系统阶数 n_r 并且对 $\boldsymbol{W}_1\boldsymbol{O}_k\boldsymbol{W}_2$ 进行如式(8.5)的奇异值分解以获取式(8.1)中的 Kalman 状态序列 $\boldsymbol{X}_k$、$\boldsymbol{X}_{k+1}$ 和式(8.3)中的扩展可观矩阵 $\boldsymbol{\Gamma}_k$

4 通过式(8.1)或文献[38]中提供的方法获得($\boldsymbol{A},\boldsymbol{B},\boldsymbol{C},\boldsymbol{D}$)

---

2. ERA 法

如 8.1.1 小节所述,ERA 法[12]适用于有限维 DT-LTI 系统,如式(4.22)。其核心思想是采用脉冲信号作为系统输入构建马尔可夫参数,即 $\boldsymbol{D}$ 和 $\boldsymbol{C}\boldsymbol{A}^{k-1}\boldsymbol{B}$。具体来说,假设单位脉冲信号被定义为:

$$u_i(k)=\begin{cases}1, & k=0\\ 0, & k\neq 0\end{cases}$$

其中,输入 $u_i(k)$ 是 $\boldsymbol{u}$ 中索引为(i,k)的元素。

那么,输出序列可以表示为:

$$\boldsymbol{y}(k)=\begin{cases}\boldsymbol{D}, & k=0\\ \boldsymbol{C}\boldsymbol{A}^{k-1}\boldsymbol{B}, & k\neq 0\end{cases}$$

注意,式(4.22)中的矩阵 $\boldsymbol{D}$ 此时已被辨识出来,可以直接从 $\boldsymbol{y}(0)$ 得到。接下来,详细介绍如何对其他系统矩阵进行辨识。

首先,ERA 算法构建块 Hankel 矩阵 $\boldsymbol{H}_m$:

$$\begin{aligned}\boldsymbol{H}_m&=\begin{bmatrix}\boldsymbol{y}(1) & \boldsymbol{y}(2) & \cdots & \boldsymbol{y}(m_c)\\ \boldsymbol{y}(2) & \boldsymbol{y}(3) & \cdots & \boldsymbol{y}(m_c+1)\\ \vdots & \vdots & & \vdots\\ \boldsymbol{y}(m_o) & \boldsymbol{y}(m_o+1) & \cdots & \boldsymbol{y}(m_c+m_o)\end{bmatrix}\\ &=\begin{bmatrix}\boldsymbol{C}\boldsymbol{B} & \boldsymbol{C}\boldsymbol{A}\boldsymbol{B} & \cdots & \boldsymbol{C}\boldsymbol{A}^{m_c}\boldsymbol{B}\\ \boldsymbol{C}\boldsymbol{A}\boldsymbol{B} & \boldsymbol{C}\boldsymbol{A}^2\boldsymbol{B} & \cdots & \boldsymbol{C}\boldsymbol{A}^{m_c+1}\boldsymbol{B}\\ \vdots & \vdots & & \vdots\\ \boldsymbol{C}\boldsymbol{A}^{m_o}\boldsymbol{B} & \boldsymbol{C}\boldsymbol{A}^{m_c+1}\boldsymbol{B} & \cdots & \boldsymbol{C}\boldsymbol{A}^{m_c+m_o}\boldsymbol{B}\end{bmatrix}\end{aligned} \tag{8.6}$$

其中，参数 m_c 和 m_o 是步数。

然后，ERA 法计算式(8.7)中 $\boldsymbol{H}_m$ 的奇异值，进而得到 $\boldsymbol{U}_r$ 和 $\boldsymbol{V}_r$。

$$\boldsymbol{H}_m=\boldsymbol{U}\boldsymbol{\Sigma}\boldsymbol{V}^{\mathrm{T}}=[\boldsymbol{U}_r \quad \boldsymbol{0}]\begin{bmatrix}\boldsymbol{\Sigma}_r & \boldsymbol{0}\\ \boldsymbol{0} & \boldsymbol{0}\end{bmatrix}\begin{bmatrix}\boldsymbol{V}_r^{\mathrm{T}}\\ \boldsymbol{0}\end{bmatrix} \tag{8.7}$$

其中，奇异值 $\boldsymbol{\Sigma}_r$ 是 $n_r\times n_r$ 维，而用户需选择恰当的常量 n_r 作为被识别系统的维度。

最后，辨识得到的系统矩阵 $(\boldsymbol{A},\boldsymbol{B},\boldsymbol{C},\boldsymbol{D})$ 为：

$$\boldsymbol{A}=\boldsymbol{\Sigma}_r^{-\frac{1}{2}}\boldsymbol{U}_r^{\mathrm{T}}\boldsymbol{H}'_m\boldsymbol{V}_r\boldsymbol{\Sigma}_r^{-\frac{1}{2}} \tag{8.8a}$$

$$\boldsymbol{B}=\boldsymbol{\Sigma}_r^{\frac{1}{2}}\boldsymbol{V}_r^{\mathrm{T}}\ \text{的前}\ n_u\ \text{列} \tag{8.8b}$$

$$\boldsymbol{C}=\boldsymbol{U}_r\boldsymbol{\Sigma}_r^{\frac{1}{2}}\ \text{的前}\ n_y\ \text{行} \tag{8.8c}$$

$$\boldsymbol{D}=\boldsymbol{y}(0) \tag{8.8d}$$

其中，

$$\boldsymbol{H}'_m=\begin{bmatrix}\boldsymbol{CAB} & \boldsymbol{CA}^2\boldsymbol{B} & \cdots & \boldsymbol{CA}^{m_c+1}\boldsymbol{B}\\ \boldsymbol{CA}^2\boldsymbol{B} & \boldsymbol{CA}^3\boldsymbol{B} & \cdots & \boldsymbol{CA}^{m_c+2}\boldsymbol{B}\\ \vdots & \vdots & & \vdots\\ \boldsymbol{CA}^{m_o+1}\boldsymbol{B} & \boldsymbol{CA}^{m_c+2}\boldsymbol{B} & \cdots & \boldsymbol{CA}^{m_c+m_o+2}\boldsymbol{B}\end{bmatrix}$$

文献[9]中提及的 ERA 法在本章中被总结为算法 8.2。

算法 8.2：ERA 法

输入：脉冲信号

输出：辨识后的系统矩阵 $(\boldsymbol{A},\boldsymbol{B},\boldsymbol{C},\boldsymbol{D})$

1 采用式(8.9)收集输出数据

2 使用脉冲信号获取马尔科夫参数 $\boldsymbol{D}$ 和 $\boldsymbol{CA}^{k-1}\boldsymbol{B}$

3 使用式(8.6)构建块 Hankel 矩阵 $\boldsymbol{H}_m$

4 通过式(8.7)对 $\boldsymbol{H}_m$ 进行奇异值分解

5 通过式(8.8)得到辨识后的系统矩阵 $(\boldsymbol{A},\boldsymbol{B},\boldsymbol{C},\boldsymbol{D})$

请注意，ERA 法需要用脉冲信号作为系统输入，对于水质模型来说，并不适用。这是因为实际上并没有完美的脉冲信号，而且得到的脉冲响应振幅极小，远在水质传感器的检测范围之内，无法被传感器检测到。在接下来的章节和仿真研究中对此点进行了详细说明。

3. OKID/ERA 法

为了避免使用脉冲信号作为系统输入，且为使 ERA 法更加通用，文献[25]提出 OKID 法估计马尔可夫参数，即 $\boldsymbol{D}$ 和 $\boldsymbol{CA}^{k-1}\boldsymbol{B}$。在零初始条件的假设下，系统方程(4.22)可以改写为：

$$\begin{bmatrix}\boldsymbol{y}(0)\\ \boldsymbol{y}(1)\\ \vdots\\ \boldsymbol{y}(m)\end{bmatrix}=[\boldsymbol{D} \quad \boldsymbol{CB} \quad \cdots \quad \boldsymbol{CA}^m\boldsymbol{B}]\begin{bmatrix}\boldsymbol{u}(0) & \boldsymbol{u}(1) & \cdots & \boldsymbol{u}(m)\\ & \boldsymbol{u}(0) & \cdots & \boldsymbol{u}(m-1)\\ & & \ddots & \vdots\\ & & & \boldsymbol{u}(0)\end{bmatrix} \tag{8.9}$$

或者，与之对应的简洁形式：

$$\boldsymbol{y}_m=\boldsymbol{Y}_m\boldsymbol{U}_m$$

其中，参数 m 代表步数。所有马尔可夫参数都被集中到连接了 m－步输入矩阵 $\boldsymbol{U}_m$ 和输出序列 $\boldsymbol{y}_m$ 的 $\boldsymbol{Y}_m$ 矩阵中。

然后，位于 $\boldsymbol{Y}_m$ 中的马尔可夫参数可以通过简单地求解 $\boldsymbol{y}_m\boldsymbol{U}_m^{\dagger}$ 得到。对于大规模系统或具有较大 m 参数的系统，$\boldsymbol{Y}_m$ 也可以通过奇异值分解得到。在获得马尔可夫参数后，即可直接调用标准的 ERA 法来完成最终的系统辨识。OKID/ERA 法步骤在算法 8.3 中进行了详细介绍。

算法 8.3：OKID/ERA 法

输入：系统输入数据序列 $\boldsymbol{u}(0),\boldsymbol{u}(1),\cdots,\boldsymbol{u}(m)$，系统输出数据序列 $\boldsymbol{y}(0),\boldsymbol{y}(1),\cdots,\boldsymbol{y}(m)$

输出：辨识后的系统矩阵$(\boldsymbol{A},\boldsymbol{B},\boldsymbol{C},\boldsymbol{D})$

1 构建输入输出关系(8.9)，并且求解 $\boldsymbol{Y}_m$ 中的每一个马尔可夫参数

2 调用算法 8.2 中的 2～4 步骤获取最终的系统矩阵$(\boldsymbol{A},\boldsymbol{B},\boldsymbol{C},\boldsymbol{D})$

8.4 水质模型性质导致的辨识挑战及其解决方案

与其他典型的辨识场景应用不同，水质模型具有一些特殊的属性。因此，本节首先详细地分析了这些特性，然后讨论这些特性所带来的挑战，最后提出应对挑战相应的解决方案。

为了清楚地阐述这些问题，我们以安装了一个水质传感器和一个加氯站的供水管网为例，详见图 8.4。正如第 4.2 节中提到的拓扑所述，图 8.4 中的供水管网由有向图 $\mathcal{G}=(\mathcal{N},\mathcal{L})$ 表示。为简化起见，此例子中的集合 $\mathcal{N}$ 中仅包括连接节点，集合 $\mathcal{L}$ 仅包括管道。此外，图中加氯站控制器注入的氯气量将会看作是系统输入数据，而水质传感器测量的余氯浓度将会被视为相应的系统输出数据。

8.4.1 水质模型特性

本节首先介绍一下系统辨识算法在供水管网中手机输入-输出数据的过程，然后再从此过程中直观地总结出水质模型的一些特性。

在一个固定的水力时间步长中，连接节点处的需水量保持不变，此时供水管网中的水力数据也会保持不变，则水质模型可以直接用如式(4.22)DT-LTI 系统描述。在加氯站注入具有一定质量和浓度的氯包(图 8.4 中的黑色填充长方块)后，氯包以不同的速度通过不同管道(图 8.4 中的路径 I 和路径 II)向水质传感器流动。在行进过程中，由于连接节点的消耗和余氯浓度的不断衰减，氯包的质量和浓度都在逐渐下降。此外，不同质量和浓度的氯包(见图 8.4 中的斜线填充方块和点填充长方块)会在不同时间之后到达水质传感器。所有加氯站和水质传感器的数据收集从加氯站注入氯包时刻开始，到最后一个氯包到达水质传感

器后结束。

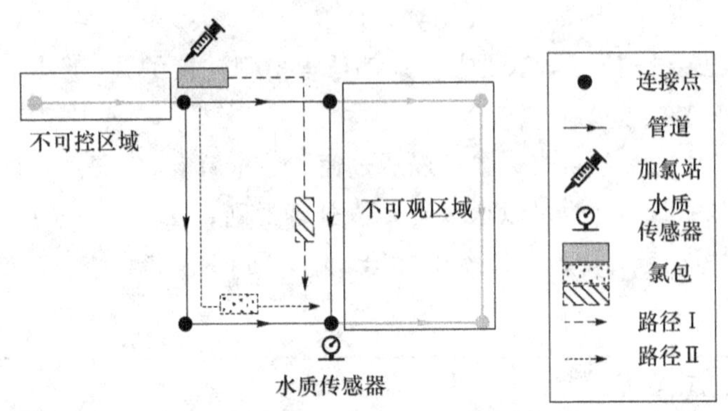

图 8.4 水质模型特性示例

从上述的输入-输出数据收集过程，可以看出水质模型具有以下几个特性。

第一，水质模型是一个特殊的 DT-LTV 系统，此系统具有规律性和一致性。也就是说，在每个水力时间步长中，该 DT-LTV 系统都会退化成一个简单的 DT-LTI 系统。我们把此特性称为线性不变特性。

第二，在实践中，水质模型具有稳定性。这种稳定性比较直观，因为注入的氯基消毒剂要么被用户消耗掉，要么会逐渐衰减，只要经过的时间足够长，最终都会从供水管网中消失。供水管网运营人员需不断注入氯气，以确保管网中的余氯浓度不会衰减到各种法律法规所规定的余氯浓度下限。

第三，从控制理论的角度来看，水质模型从总体上来说是不可控且不可观的，这是因为加氯站或者说控制器的数量有限，并且在许多实际供水管网中由于各种原因的限制也只允许安装有限个水质传感器。即，管网中存在某些元件完全不受加氯站的影响(不可控元件)，同时也存在某些元件完全不会影响到水质传感器(不可观元件)。详见图 8.4 中矩形框标记的不可控和不可观的区域。我们将这种特性称为总体不可控性和不可观测性。

第四，水质模型中存在明显的延迟。氯包由加氯站到水质传感器缓慢移动所造成的延迟，是供水管网的自然属性之一，我们将其命名为高延迟性。

第五，在实际的供水管网中，水质传感器在一般情况下只会安装在部分节点上，而不会安装在类似于管道中心这样的位置上，因为这种需要破坏性安装的场景代价巨大且没有必要。这意味着此矩阵 $\boldsymbol{C}$ 不会等于单位阵 $\boldsymbol{I}$，即水质模型中无法做全状态感知，这种特性我们称之为部分状态感知性。

8.4.2 水质模型辨识面临的挑战与潜在解决方案

从上面的水质模型特性分析可以看出，由于大多数系统辨识算法都是为稳定的线性时不变系统设计的，所以水质模型的线性不变性和稳定性对于系统辨识算法在水质模型中的应用具有很好的支撑作用。然而，总体不可控性和不可观性、高延迟性和部分状态感知性等一系列特性给先进系统辨识算法在水质模型中的应用带来巨大挑战。

第一，本章介绍的子空间辨识方法[22,21,20,23]和基于 ERA 的方法[12,25]均假设了需辨识的系统是可控且可观的。尽管标准的 DMD 法没有类似要求，但 DMD 法假定了全状态感知性，且不能处理系统具有控制输入的情景。压缩传感 DMD[39] 和随机抽样策略 DMD[40] 同样要求具有特殊结构的 $\boldsymbol{C}$ 矩阵。例如，矩阵 $\boldsymbol{C}$ 必须与稀疏基[39] 不一致。这表明基于 DMD 法的衍生方法在供水管网的水质模型辨识方面均不具有适用性。因此，总体不可控性和不可观性表明，对整体管网进行水质辨识不具有可行性。

然而，在供水管网中总存在既可控又可观的区域，即被控制器和传感器共同“包围”的部分，详见图 8.4 中间的区域。一方面，该区域内所有管道和节点中的余氯浓度都会受到加氯站的影响，加氯站通过开启和关闭控制器在某种程度上是可以控制该区域内余氯浓度值的，故该区域具有可控性；另一方面，该区域内管道元件内的余氯浓度最终都会流经水质传感器，即利用水质传感器的测量数据在某种程度上可以观察到这些区域的余氯浓度，故该区域具有可观性。从控制理论的角度来看，该区域水质模型的状态空间表示是对全区域水质模型的状态空间表示，卡尔曼分解后的该区域水质模型是可控和可观子系统。因此，可以直接应用目前较为流行的系统辨识方法对供水管网水质模型中可控和可观区域的水质模型进行辨识。而且，辨识得到的子系统所表现出的水质动态将与控制器和传感器所有包围区域的原始系统水质动态相同。

第二，高延迟性也给水质模型辨识带来不小的挑战，这体现在传感器接收到的数据的完整性上。如果氯包从加氯站到水质传感器的行程时间大于水力时间步长，那么在水质传感器尚未完全接收到进行水质模型辨识所需的输出数据时，当前的 DT-LTI 系统已根据更新需水量直接切换到下一个水力时间步对应的 DT-LTI 系统，这将直接导致水质模型辨识算法失败。因此，系统输入信号持续时间必须保持尽可能短，即加氯站注入氯基消毒剂持续时间必须尽可能短，从而保证水质传感器可以接收到完整的数据。注意，注入氯基消毒剂持续时间尽可能短就意味着所注入的消毒剂浓度必须在允许的范围内尽可能高，以保证到达水质传感器时，水质传感器仍可检出水体中的余氯。

对于高延迟问题，有两种可能的解决方案。简单且直观的方案是将控制器和传感器安装得足够近，使氯包行程时间总小于水力时间步长即可。但此方案的缺点也很明显，即会限制可辨识系统的规模。此外，供水管网运营单位可能没有足够多的预算来安装水质传感器或控制器。稍微复杂的解决方案是，当控制器和传感器相距较远时，使用中继器将子系统进行级联。所谓的中继器实际上就是水质传感器，只不过行使的功能大为不同，此中继器不是被视为系统输出，反而会被视为系统输入。也就是说，中继器水质传感器测量到的余氯浓度数据会直接被视为在此处安装的虚拟加氯站（该加氯站并不存在）的注入数据。如此一来，大规模系统的数据完整性问题，可以通过级联两个已辨识到两个子系统来解决。假设我们有两个已辨识完毕的小规模子系统（$\boldsymbol{A}_1, \boldsymbol{B}_1, \boldsymbol{C}_1, \boldsymbol{D}_1$）和（$\boldsymbol{A}_2, \boldsymbol{B}_2, \boldsymbol{C}_2, \boldsymbol{D}_2$）。经过级联，最终的系统可表示为：

$$\left(\begin{bmatrix} \boldsymbol{A}_1 & \\ \boldsymbol{B}_2\boldsymbol{C}_1 & \boldsymbol{A}_2 \end{bmatrix}, \begin{bmatrix} \boldsymbol{B}_1 \\ \boldsymbol{B}_2\boldsymbol{D}_1 \end{bmatrix}, [\boldsymbol{D}_2\boldsymbol{C}_1 \quad \boldsymbol{C}_2], \boldsymbol{D}_2\boldsymbol{D}_1\right)$$

第三，部分状态感知性的所带来挑战也十分棘手。简而言之，如果期望对整个供水管网进行水质模型辨识，那么作者认为尚无解决方案。这是因为在所有的节点和管道中安装加氯站和水质传感器，以满足大多数系统辨识算法中的可控性和可观性要求不具有可操作性。但是，如果只是将目标定在辨识前述可控和可观子系统，而不是整个系统，那么矩阵 $\boldsymbol{C}$ 可以不是单位矩阵，也就是说，只需要安装若干个水质传感器便可以达到辨识子系统水质模型的目的。

8.4.3 所提水质模型辨识方法适用性的进一步讨论

虽然8.4.2小节列举了水质模型辨识的相关挑战以及潜在解决方案，但一些关键点，如控制器和传感器的数量以及将所提出的方法应用于实际大规模网络的可能方法，并没有在8.4.2小节给出，本小节将给出相关讨论。

在实际的大规模水质模型中，所提水质模型辨识方法只适用于不重叠的若干特定区域的水质模型辨识，即区域级辨识，这是由于不重叠的区域级辨识可以简化为辨识若干个单独的线性时不变子系统。在此种情况下，只需在供水管网中安装有限数量的控制器和传感器即可完成模型辨识。换而言之，每个区域至少需要一个加氯站和一个水质传感器。然而，如果需要识别单个元件的水质模型，即达到元件级的辨识精度，那么几乎所有节点都必须安装控制器和传感器。

此外，如果不使用中继器，那么每个区域中控制器和传感器之间的最远距离或等效行驶时间应小于或等于EPS延时模拟中的水力时间步长。当行程时间等于或略小于水力时间步长时，一个水质模型刚刚被辨识出来，新的水力状态立刻发生改变。这样，刚刚辨识出的水质模型好像毫无用处，需立即被丢弃以便准备迎接新一轮的模型辨识。然而，已辨识出的水质模型其实也有其用途，例如可以协助水质管控工作，其潜在的应用场景如下。

一个供水区域内，虽然连接节点需水量在每个水力时间步内处于变化之中，但是该区域的一周内甚至每一天的需求量模式较为相似，即需水量模式本身具有一定的稳定性。这表明，在特定时间段内，该区域的水质模型其实具有很高的相似性。如此一来，可以采用模型预测控制算法对该区域内的余氯浓度进行调控。因为已经具有前一天辨识得到的水质模型，即当天进行控制时采用的是前一天的水质模型，不能反映实时的水质模型情况，模型预测控制凭借其对扰动和不确定性处理能力，也可以完成调控，详见5.4.1小节。

此外，本章着重展示使用主流系统辨识算法进行水质模型辨识的潜力，对于如何使用辨识出的模型不再展开讨论。至于如何将水质模型辨识与预测控制方法相结合，并将其应用于解决实际大规模网络中的水质管理问题，可在未来的工作中再进行深入探索。

8.5 仿真分析

本仿真分析将使用两个供水管网(即三节点管网和Net1管网(环状)[41,42])说明不同的系统辨识方法在计算精度和计算耗时方面的特性和性能。测试环境是搭载Intel(R) Xeon(R) CPU E5-1620 v3 @ 3.50GHz处理器的Ubuntu 16.04 Precision 5810 Tower。本测试尝试回答以下三个问题。

问题一：供水管网运营单位是否可以在不知道任何管网参数的情况下仅利用收集的输入-输出实验数据便可以辨识出水质模型？

问题二：上述算法对不同管网的水质模型进行辨识的性能（如准确性和运行时间）方面表现如何？

问题三：从实际角度出发，供水管网运营企业应该使用哪种系统辨识方法？系统辨识方法如何协助供水系统操作人员控制相关区域的余氯浓度？

8.5.1 仿真设置

1. 管网设置

测试管网的拓扑结构如图 8.5 所示。图 8.5(a)所示的三节点管网包括 1 个连接节点 J1、1 条管道 P13、1 台水泵 PM21、1 个水塔 TK3 和 1 个水库 R2，并且在 J1 处安装 1 个加氯站，在 J1 和 TK3 安装 2 个余氯浓度水质传感器以增加系统可观性，即 $n_u=1$ 且 $n_y=2$。同样地，本仿真分析也测试了图 8.5(b)所示的 Net1 管网（环状）。

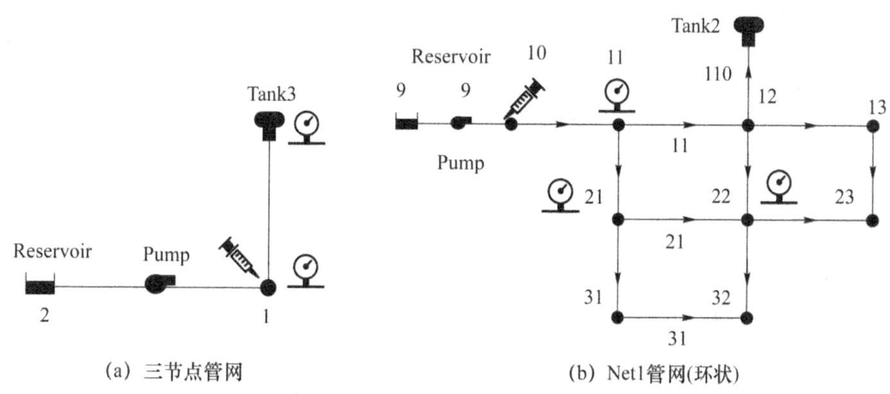

(a) 三节点管网　　(b) Net1管网(环状)

图 8.5　测试管网

以下仿真实验均假设被测管网的水力时间步长足够大，所以被测管网在进行单次水力模拟时可视为 LTI 系统。根据本研究中选择要测试的辨识算法要求，由加氯站控制的系统输入 $\boldsymbol{u}(k)$ 可以是脉冲信号、矩形信号或随机信号，详见图 8.6。此外，根据仿真实验的目标，系统输入可分为两类，即测试输入和验证输入。当水力时间步长较短时，对于可能出现的数据完整性问题，在 8.4.2 小节已提出可能的解决方案。本章倾向于在未来的研究中探索此问题的最终解决方法，在此不进行实验验证。此外，本仿真研究中假设初始条件和测量噪声均为零。

表 8.3　测试管网基本信息

管网名称	元件个数*	全阶模型维数 n_x	加氯站位置(n_u)	水质传感器位置(n_y)
三节点管网	{1,1,1,1,1,0}	154	J2 (1)	J2, TK3 (2)
Net1 管网(环状)	{9,1,1,12,1,0}	1 293	J10 (1)	J11, J21, J22 (3)

* 供水管网中每类元件的个数：$\{n_J, n_R, n_{TK}, n_P, n_M, n_V\}$。

2. 验证设置

进行实验验证的核心思想是将相同的系统输入信号(用于验证目的)同时应用于原始状态空间模型和辨识得到的状态空间模型,再比较二者输出的差异。辨识模型的准确性通过系统输出响应的重叠程度进行验证。数学上,采用 $\mathrm{RMSE}=\sqrt{\frac{1}{m}\sum_{k=1}^{m}\|\boldsymbol{y}_e(k)\|_2^2}$ 进行误差量化,其中绝对误差 $\boldsymbol{y}_e(k)$ 定义为 $\boldsymbol{y}(k)-\hat{\boldsymbol{y}}(k)$,且 $\boldsymbol{y}(k)$ 和 $\hat{y}(k)$ 分别是原始模型和辨识模型的测量输出。

两个被测试管网的原始状态空间模型是基于机理分析方法建立的,详见第 4 章。原始状态空间模型只用于被测试管网的仿真,即在系统输入 $\boldsymbol{u}(k)$ 给定时产生相应的系统输出数据,即测量值 $\boldsymbol{y}(k)$。

原始状态空间模型是在所有参数完全已知的情况下,基于质量和能量守恒方程得出的,前面已分析过,即使是对于小规模管网,原始模型的维度 n_x 值也会很大,详见表 8.3。然而,基于数据驱动,经过辨识算法得到的系统模型维度 n_r 未知,并且此参数需用户根据 8.3 节中介绍的辨识算法选择恰当的数值。一旦用户选择了恰当的 n_r,辨识算法无需其他任何参数便可直接得到系统模型。

8.5.2 系统辨识算法性能分析

1. 三节点管网

根据 8.3.1 小节提到的每个辨识算法的要求,所要测试的系统辨识算法的输入信号 $\boldsymbol{u}(k)$ 如图 8.6 所示。其中,ERA 法要求输入信号为脉冲信号,即第一个子图;SIMs 法和 OKID/ERA 法对输入信号无具体要求,可以为任何类型,但为了保证数据完整性,本测试使用矩形信号作为三节点管网的输入,即第二个子图;在辨识出系统模型后,为验证辨识系统的准确性,本测试使用随机信号作为原模型和辨识模型的输入,即第三个子图。

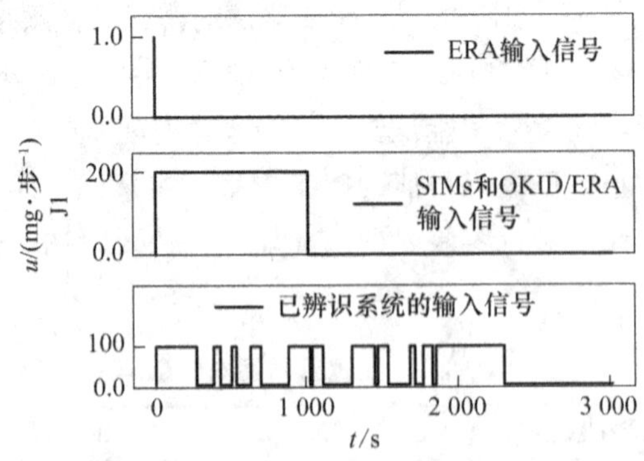

图 8.6 用于测试系统辨识算法的输入信号,输入信号由图 8.5(a)中 J1 处的加氯站产生;前两个信号是系统辨识算法的测试输入信号,而最后一个信号则是用于已辨识系统的验证输入信号

对于此三节点管网,本仿真分别采用 SIMs 和基于 ERA 的方法进行了测试,为保证公

平性，所有辨识算法的 n_r 统一设置为 15。原始系统和辨识后得到系统的模型属性，如稳定性、系统频率和延迟，可以通过零一极点图进行间接地比较，详见图 8.7。

由控制理论相关知识可知，极点通常表征的是一个动态系统的行为；而零点则代表输入信号对动态系统本身的影响。图 8.7 中原始系统的零极点的位置表明：第一，因为所有 154 个极点都在单位圆，所以原系统是稳定的，这样间接验证了我们对水质模型特性分析的正确性，即该系统具有稳定性；第二，因为极点的位置出现在复平面单位圆内的整个区域，所以原始系统具有低频模态和高频模态；第三，由于复平面上的几个极点单位圆接近原点处，即原始系统存在巨大的延迟，具有高延迟特性。

图 8.7 其他 5 个子图分别显示了使用 N4SID、MOESP、CVA 等三种子空间辨识方法和 ERA、OKID/ERA 等两种基于 ERA 的辨识方法后，得到的系统零极点。可以看出：第一，除了 CVA 方法得到系统极点在单位圆外，其他方法得到的辨识模型的 15 个极点都在单位圆内，这说明 CVA 方法辨识得到的模型不稳定，而且 4 种方法辨识得到的模型稳定；第二，所有方法都将系统中的低频模态进行了保留，而忽略了高频模态；第三，所有的方法通过保留复平面原点附近的极点，保持了原始系统的高延时特性，以使辨识得到的系统和原始系统具有相同的行为模式。

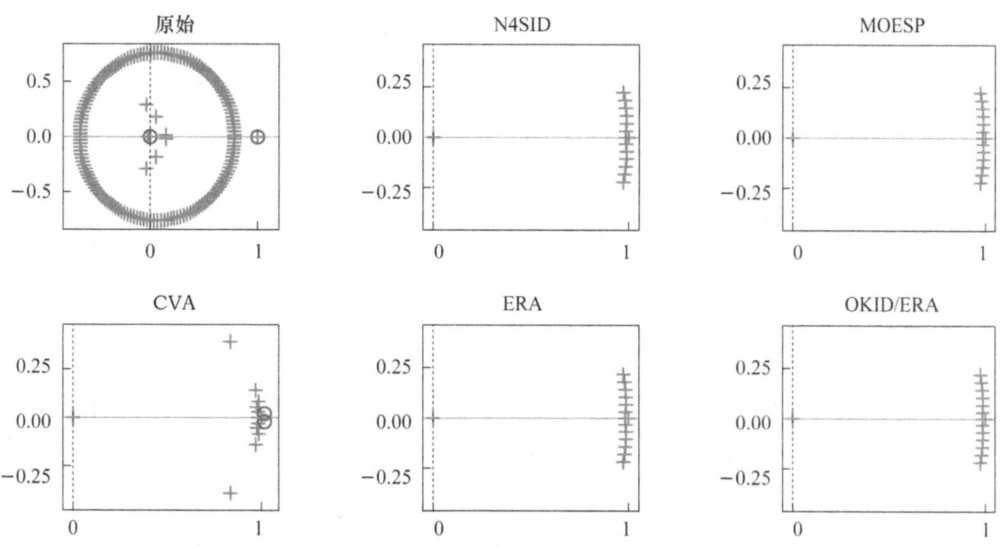

图 8.7 原始系统和通过各种系统辨识算法得到的辨识系统在复平面上的极点（“+”号）和零点（“○”号）分布情况；实线/虚线是复平面的实轴/虚轴

另一个可以直接且准确地验证辨识算法性能的方法是：首先给原始系统和辨识后得到的系统施加相同的输入信号，然后对比二者的输出响应曲线。本实验选择对所有的系统辨识算法施加相同的随机信号作为验证输入，即图 8.6 的最后一个子图，这样结果便具有可比性。

为清楚地呈现实验结果，先将结果按其类别进行分组，详见图 8.8。左边一栏是使用 N4SID、MOESP、CVA 等三种子空间辨识方法的结果，右边一栏使用 ERA、OKID/ERA 等两种基于 ERA 方法的结果。水质传感器安装在 J1 和 TK3 处，从结果来看，可得出如下结论:所有辨识算法都成功地辨识出了状态空间模型,但准确性略有不同。具体而言,在所有的方法中,N4SID 算法得到的 RMSE 值最小(RMSE 值为 0.071 2),CVA 算法得到的 RMSE 值最大(RMSE 值为 0.323),其他方法得到的 RMSE 值见表 8.5。

图 8.8 彩图

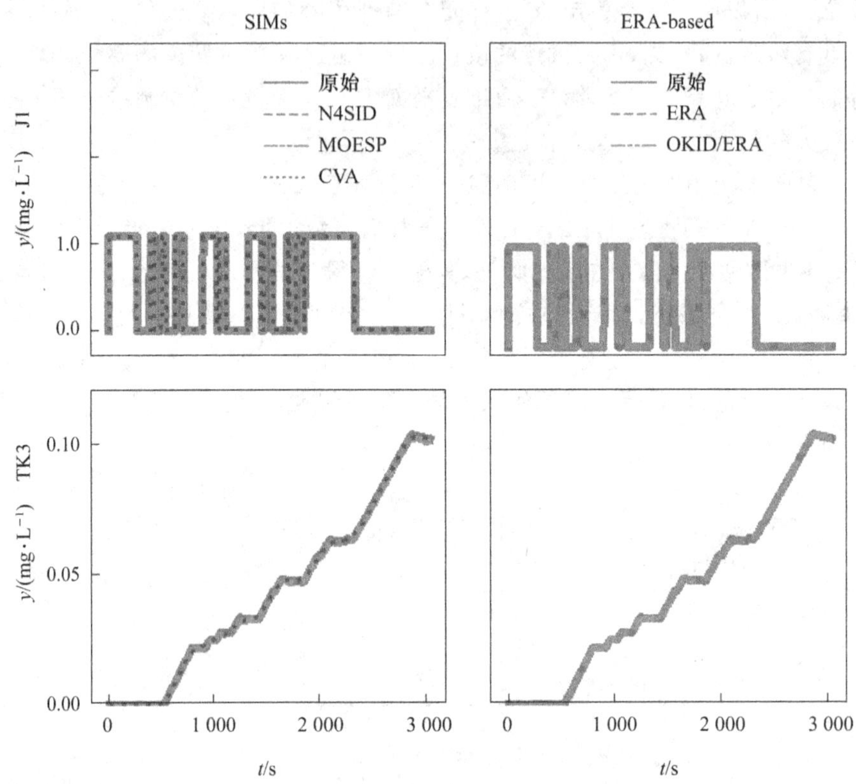

图 8.8 经辨识算法得到的系统与原始系统的输出对比,其中水质传感器分别安装在 J1 和 TK3 处

各个方法的计算耗时见表 8.4,其中 N4SID 算法最快,仅需要 0.21 s,而 OKID/ERA 算法最慢,需要 3.34 s。无论哪种方法,计算耗时都在数秒内完成,表明了使用基于数据驱动的方法进行系统模型辨识具有一定的适用性和实用性。

表 8.4 各种系统辨识算法的计算耗时 (单位:s)

管网名称	SIMs			ERA-based	
	N4SID	MOESP	CVA	ERA	OKID/ERA
三节点管网	0.21	0.27	0.51	0.78	3.34
Net1 管网(环状)	—	—	—	90.00	20.97

2. Net1 管网(环状)

对于 Net1 管网(环状),本实验同时应用了 SID、MOESP、CVA 等 3 种子空间辨识方法和 ERA、OKID/ERA 两种基于 ERA 的辨识方法,但是所有的子空间辨识方法均以失败告终,具体原因是无法确定合适的 n_r,导致对卡尔曼状态序列 $\boldsymbol{X}_k$ 或 $\boldsymbol{X}_{k+1}$ 估计错误。最终,在求解大规模最小二乘问题时，子空间辨识方法无法求解出具有稳性的状态空间模型，即所求解的 **A** 矩阵均不稳定。因此，本实验仅仅给出了 ERA、OKID/ERA 等两种基于 ERA 的辨识方法得到的结果。此外，鉴于系统维度过高，结果对应的零极点图变得抽象，且其含义变得不易理解，因此也不再呈现给读者，而具有相同输入信号的输出响应较为直观，且易于理解，故采用此形式对结果进行分析说明，详见图 8.9。

图 8.9 彩图

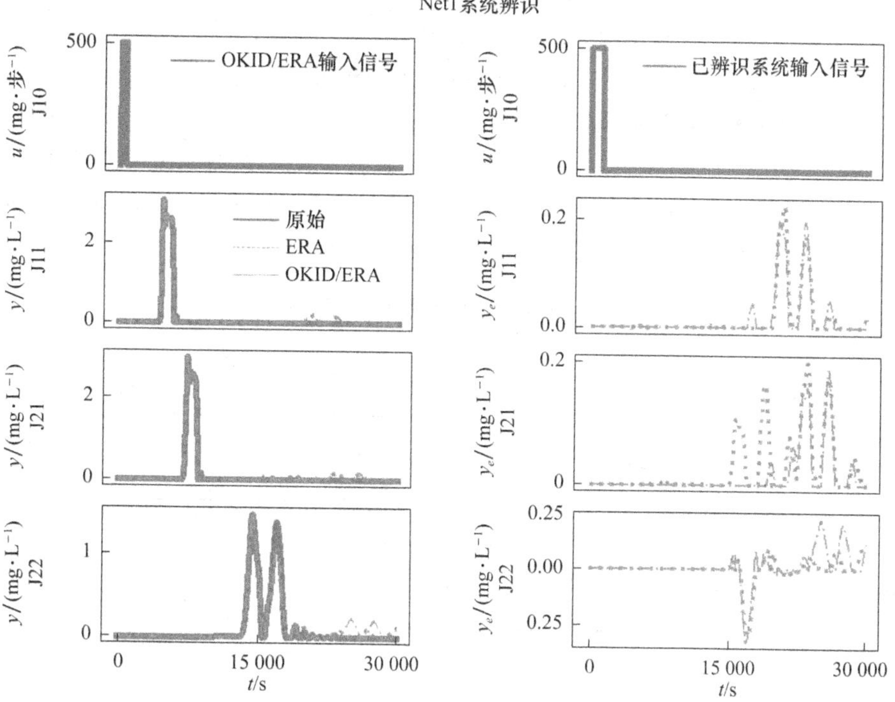

图 8.9 Net1 管网(环状)的测试输入信号和验证输入信号；原始系统和通过系统辨识算法得到的辨识系统之间的输出比较，其中加氯站和传感器位置参见表 8.3

对于 ERA 算法，J10 处的测试输入 $\boldsymbol{u}(k)$ 与图 8.6 中的第一个子图类似。对于 OKID/ERA 算法，J10 处的测试输入为持续 600 s 的矩形信号，见图 8.9 中的第一个子图，而验证输入不同于测试输入，是持续 1 200 s 的矩形信号，见图 8.9 中的第二个子图。也就是说，加氯站注射时长为 80 个时间步，每个时间步内注入 500 mg 氯气，且每个时间步持续 15 s。注入的氯包沿着 Net1 管网(环状)元件行进，分别到达 11 号、21 号、22 号连接节点处，即 J11、J21 和 J22 处。安装在这些连接节点处的水质传感器会测量出相应的浓余氯浓度值，作为系统辨识算法的输出测量值 y，详见图 8.9 中的最后三行的左列。由于此管网具有环状结构，因此氯包可以从两条路径分别到达 J22 处，在结果中，体现为在 J22 处的水质传感器测量出两个脉冲信号，见图 8.9 中的最后一行子图。此外，由于原始系统的输出和辨识得到的模型的输出较为接近，重合程度较高，因此在图 8.9 中的后三行子图中显示相应的测量误差 y_e，以直观地刻画并比较两种算法的准确性。

从图 8.9 的后三行子图，可得出如下结论：第一，输出响应重合程度较高说明 ERA 算法和 OKID/ERA 算法都能成功地辨识出 Net1 管网(环状)的水质模型,但误差或者说准确性略有不同,即 ERA 算法和 OKID/ERA 算法得到的 RMSE 值分别为 3.104 和 3.402。因此,ERA 算法在此情景下更加准确。第二,ERA 算法和 OKID/ERA 算法辨识得到模型的系统阶数 n_r 分别为 115 和 127,比原始系统阶数 n_x=1 293 小得多,造成这种现象的原因是算法只辨识到管网可观性和可控性部分区域的水质模型,而不是整体水质模型,详见 8.4 节中的讨论。第三,辨识得到的水质模型具有和原始系统一样的高延迟性,例如在 10 号连接节点 J10 处注入氯气后,分别需要经过 4 680 s、7 290 s 和 14 235 s、16 860 s(高延迟)才能到达安装在 11 号、21 号、22 号连接节点即 J11、J21 和 J22 处的水质传感器。注意,由于有两条路径可以到达 J22 处的水质传感器,故到达同一传感器的时间也是两个。

至于辨识 Net1 管网(环状)的计算耗时,ERA 算法和 OKID/ERA 算法分别需要 90.00 s 和 20.97 s,表明 OKID/ERA 算法比 ERA 算法要快得多。具体原因是 OKAID/ERA 算法具有获取马尔可夫参数的快速方法。鉴于此,本研究中的系统辨识方法以及相应的状态空间矩阵生成方法具有在水质调控或水质监测中应用的潜质。

表 8.5　三节点管网在不同场景下的 RMSE 值

辨识方法	三节点管网			
	场景 1	场景 2	场景 3	
SIMs	N4SID	0.033 2	0.071 2	0.010 7
	MOESP	0.033 2	0.051 6	0.010 5
	CVA	0.018 3	0.323	—
ERA-based	ERA	0.022 4	0.015 2	0.003 7
	OKID/ERA	0.023 4	0.015 4	0.003 7

8.5.3　影响系统辨识算法的可能因素

从系统辨识的算法步骤可以看出,由用户确定的两个因素(即系统输入和系统维度 n_r)可能会对最终的辨识结果产生较大的影响。因此,我们以三节点管网为例进行简要地说明和论证。为此,本实验分别设计了 3 种场景。

场景 1:$\boldsymbol{u}$ 为矩形信号;n_r 为 15。

场景 2:$\boldsymbol{u}$ 为随机信号;n_r 为 15。

场景 3:$\boldsymbol{u}$ 为矩形信号;n_r 为 40。

需要说明的是,在这 3 种场景下,ERA 算法的输入信号没有改变,因为 ERA 算法总是需要脉冲信号作为输入。

最后的结果显示在表 8.5 中,对比场景 1 和场景 2,发现结果相似,这表明输入信号对最终的结果影响不大。对比场景 2 和场景 3,发现所有的 RMSE 值均明显减小,这表明增加系统维度 n_r 可显著提升辨识算法的准确性。

然而,不得不强调的是,较大的 n_r 会导致 SIMs 稳定性出现问题,即当 n_r 增加到一定程度后,可以观察到 SIMs 会变得不稳定。例如,表 8.5 的 CVA 方法就无法求解出稳定的 $\boldsymbol{A}$

矩阵。尽管基于 ERA 的方法中并没有观察到类似的现象，本研究仍然倾向于使用尽可能小的 n_r 以确保辨识出最简状态空间表示形式。

本章小结

根据仿真实验的测试结果，本小结给出以下建议以回答第 8.5 节中提出的问题。

解答一：供水管网运营单位仅利用收集的输入输出数据辨识出供水管网的水质模型是可能的。

解答二：一般来说，基于 ERA 的方法比子空间辨识法更准确且获得的水质模型更具稳定性，尤其是在对高阶系统进行辨识时。

解答三：在实践中，OKID/ERA 算法更适用于水质模型辨识，这是因为 OKID/ERA 算法可以接受任何形式的输入信号，并且根据仿真测试的结果来看，OKID/ERA 算法几乎在任何场景下都能保持一定的准确性和稳定性。在获得系统水质模型后，供水系统操作人员可以直接进行水质模拟，并利用模型预测控制等较为流行的控制算法进行水质调控。

总之，本研究首次探索了经典系统辨识方法在水质动力学中的适用性。此外，本研究还提出了水质模型的一些基本特性，讨论了由这些特性引起的挑战和相应的解决方案。仿真实验结果给出了每个被测试系统辨识算法的性能，并为供水系统运营单位建议了最适合的算法。未来的工作考虑解决存在测量噪声、不确定性、泄漏情况下的多化学物的离散时变水质动力学系统的辨识问题。

本章参考文献

[1] HUA F, WEST J, BARKER R, et al. Modelling of chlorine decay in municipal water supplies[J]. Water Research, 1999, 33(12): 2735-2746. DOI: 10.1016/s0043-1354(98)00519-3.

[2] CLARK R M, GRAYMAN W M, GOODRICH J A, et al. Measuring and modeling chlorine propagation in water distribution systems[J]. Journal of Water Resources Planning and Management, 1994, 120(6): 871-887.

[3] GRAYMAN W M, CLARK R M, MALES R M. Modeling Distribution - System Water Quality; Dynamic Approach[J]. Journal of Water Resources Planning and Management, 1988, 114(3): 295-312. DOI:10.1061/(ASCE)0733-9496(1988)114:3(295).

[4] ZIEROLF M L, POLYCARPOU M M, UBER J G. Development and autocalibration of an input-output model of chlorine transport in drinking water

distribution systems[J]. IEEE Transactions on Control Systems Technology, 1998, 6(4): 543-553. DOI:10.1109/87.701351.

[5] SHANG F, UBER J, POLYCARPOU M. Input-output model of water quality in water distribution systems [C/OL]//Building Partnerships. Minneapolis, MN: American Society of Civil Engineers, 2000: 1-8. DOI:10.1061/40517(2000)215.

[6] POLYCARPOU M M, UBER J G, WANG Z, et al. Feedback control of water quality[J]. IEEE Control Systems Magazine, 2002, 22(3): 68-87. DOI:10.1109/mcs.2002.1004013.

[7] WANG Z, POLYCARPOU M M, UBER J G, et al. Adaptive control of water quality in water distribution networks[J]. IEEE Transactions on Control Systems Technology, 2005, 14(1): 149-156. DOI:10.1109/tcst.2005.859633.

[8] CHANG T. Robust model predictive control of water quality in drinking water distribution systems[D]. Birmingham: University of Birmingham, 2003.

[9] DUZINKIEWICZ K, BRDYS M, CHANG T. Hierarchical model predictive control of integrated quality and quantity in drinking water distribution systems[J]. Urban Water Journal, 2005, 2(2): 125-137.

[10] WANG S, TAHA A F, ABOKIFA A A. How Effective is Model Predictive Control in Real-Time Water Quality Regulation? State-Space Modeling and Scalable Control[J]. Water Resources Research, 2021, 57(5): e2020WR027771. DOI: https://doi.org/10.1029/2020WR027771.

[11] FAVOREEL W, DE MOOR B, VAN OVERSCHEE P. Subspace state space system identification for industrial processes[J]. Journal of Process Control, 2000, 10(2-3): 149-155. DOI:10.1016/s0959-1524(99)00030-x.

[12] JUANG J N, PAPPA R S. An eigensystem realization algorithm for modal parameter identification and model reduction[J]. Journal of Guidance, Control, and Dynamics, 1985, 8(5): 620-627. DOI:10.2514/3.20031.

[13] JUANG J N, PHAN M Q, HORTA L G, et al. Identification of observer/Kalman filter Markov parameters: Theory and experiments[J]. Journal of Guidance Control and Dynamics, 1993, 16: 320-329.

[14] SCHAPER C D, LARIMORE W E, SEBORG D E, et al. Identification of chemical processes using canonical variate analysis[C]//29th IEEE Conference on Decision and Control. IEEE: IEEE, 1990: 605-610. DOI:10.1109/cdc.1990.203666.

[15] SCHMID P. Dynamic mode decomposition of numerical and experimental data[J]. Journal of Fluid Mechanics, 2008, 656: 5-28. DOI:10.1017/s0022112010001217.

[16] BRUNTON S L, PROCTOR J L, KUTZ J N, et al. Discovering governing

equations from data by sparse identification of nonlinear dynamical systems[J]. Proceedings of the National Academy of Sciences of the United States of America, 2016, 113(15): 3932-3937. DOI:10.1073/pnas.1517384113.

[17] VIJAYSHANKAR S, NABI S, CHAKRABARTY A, et al. Dynamic Mode Decomposition and Robust Estimation: Case Study of a 2D Turbulent Boussinesq Flow[C]//2020 American Control Conference (ACC). IEEE; IEEE, 2020: 2351-2356. DOI:10.23919/acc45564.2020.9147823.

[18] KAMWA I, GERIN-LAJOIE L. State-space system identification-toward MIMO models for modal analysis and optimization of bulk power systems[J]. IEEE Transactions on Power Systems, 2000, 15(1): 326-335. DOI:10.1109/59.852140.

[19] SHI Z Y, LAW S S, LI H N. Subspace-based identification of linear time-varying system[J]. AIAA Journal, 2007, 45(8): 2042-2050. DOI:10.2514/1.28555.

[20] VAN OVERSCHEE P, DE MOOR B. N4SID: Subspace algorithms for the identification of combined deterministic-stochastic systems[J]. Automatica, 1994, 30(1): 75-93. DOI:10.1016/0005-1098(94)90230-5.

[21] VERHAEGEN M. Identification of the deterministic part of MIMO state space models given in innovations form from input-output data[J]. Automatica, 1994, 30(1): 61-74. DOI:10.1016/0005-1098(94)90229-1.

[22] LARIMORE W E. Canonical variate analysis in identification, filtering, and adaptive control[C]//29th IEEE Conference on Decision and control. IEEE; IEEE, 1990: 596-604. DOI:10.1109/cdc.1990.203665.

[23] VAN OVERSCHEE P, DE MOOR B. A unifying theorem for three subspace system identification algorithms[J]. Automatica, 1995, 31(12): 1853-1864. DOI:10.1016/0005-1098(95)00072-0.

[24] JUANG J N, PAPPA R S. Effects of noise on modal parameters identified by the eigensystem realization algorithm[J]. Journal of Guidance, Control, and Dynamics, 1986, 9(3): 294-303.

[25] JUANG J N, PHAN M, HORTA L G, et al. Identification of observer/kalman filter markov parameters - theory and experiments[J]. Journal of Guidance, Control, and Dynamics, 1993, 16(2): 320-329. DOI:10.2514/3.21006.

[26] JUANG J N, COOPER J E, WRIGHT J. An eigensystem realization algorithm using data correlations (ERA/DC) for modal parameter identification[J]. Control-Theory and Advanced Technology, 1988, 4(1): 5-14.

[27] VICARIO F, PHAN M Q, BETTI R, et al. OKID as a unified approach to system identification[J]. Advances in the Astronautical Sciences, 2014, 152: 3443-3460.

DOI:10.7916/d869739x.

[28] ROWLEY C W, MEZI I, BAGHERI S, et al. Spectral analysis of nonlinear flows[J]. Journal of Fluid Mechanics, 2009, 641(Rowley 2005): 115-127. DOI:10.1017/S0022112009992059.

[29] PROCTOR J L, BRUNTON S L, KUTZ J N. Dynamic mode decomposition with control[J]. SIAM Journal on Applied Dynamical Systems, 2016, 15(1): 142-161. DOI:10.1137/15M1013857.

[30] BAI Z, KAISER E, PROCTOR J L, et al. Dynamic mode decomposition for compressive system identification[J]. AIAA Journal, 2020, 58(2): 561-574. DOI:10.2514/1.J057870.

[31] BRUNTON S L, PROCTOR J L, TU J H, et al. Compressed sensing and dynamic mode decomposition[J]. Journal of Computational Dynamics, 2015, 2(2): 165.

[32] ZHENG Y, LI N. Non-asymptotic identification of linear dynamical systems using multiple trajectories[J]. IEEE Control Systems Letters, 2020, 5(5): 1693-1698.

[33] TSIAMIS A, PAPPAS G J. Linear Systems can be Hard to Learn[C]//2021 60th IEEE Conference on Decision and Control (CDC). Austin, TX, USA: IEEE, 2021: 2903-2910.[2024-01-31]. https://ieeexplore.ieee.org/document/9682778.

[34] LJUNG L. Perspectives on system identification[J]. Annual Reviews in Control, 2010, 34(1): 1-12. http://dx.doi.org/10.1016/j.arcontrol.2009.12.001. DOI:10.1016/j.arcontrol.2009.12.001.

[35] LJUNG L. System Identification: An Overview[M/OL]//BAILLIEUL J, SAMAD T. Encyclopedia of Systems and Control. London: Springer London, 2015: 1443-1458.[2024-01-30]. https://doi.org/10.1007/978-1-4471-5058-9_100. DOI:10.1007/978-1-4471-5058-9_100.

[36] QIN S J. An overview of subspace identification[J]. Computers and Chemical Engineering, 2006, 30(10-12): 1502-1513. DOI:10.1016/j.compchemeng.2006.05.045.

[37] FAVIER G. An overview of system modeling and identification[C]//11th International conference on Sciences and Techniques of Automatic control & computer engineering (STA'2010). 2010: hal-00718864.

[38] VERHAEGEN M. Identification of the deterministic part of MIMO state space models given in innovations form from input-output data[J]. Automatica, 1994, 30(1): 61-74. DOI:10.1016/0005-1098(94)90229-1.

[39] BRUNTON S L, PROCTOR J L, TU J H, et al. Compressive sampling and dynamic mode decomposition[J]. Journal of Computational Dynamics, 2015, 2(2):

165-191. DOI:10.3934/jcd.2015002.

[40] BENJAMIN ERICHSON N, MATHELIN L, NATHAN KUTZ J, et al. Randomized dynamic mode decomposition[J]. SIAM Journal on Applied Dynamical Systems, 2019, 18(4): 1867-1891. DOI:10.1137/18M1215013.

[41] ROSSMAN L A, et al. EPANET 2: users manual[EB/OL]. Cincinnati, OH: U.S. Environmental Protection Agency; US Environmental Protection Agency. Office of Research; Development, 2000. (2000-09-01)[2024-01-30]. https://nepis.epa.gov/Adobe/PDF/P1007WWU.pdf.

[42] SHANG F, UBER J G, POLYCARPOU M M. Particle backtracking algorithm for water distribution system analysis[J]. Journal of Environmental Engineering, 2002, 128(5): 441-450.

附录 A

控制理论相关证明与推导

A.1 李雅普诺夫方程存在唯一正定解的充要条件

给定连续 LTI 系统状态方程 $\dot{\boldsymbol{x}}(t)=\boldsymbol{A}\boldsymbol{x}(t)$ 和任意 $\boldsymbol{Q}>0$，李雅普诺夫方程 $\boldsymbol{A}^{\mathrm{T}}\boldsymbol{P}+\boldsymbol{P}\boldsymbol{A}=-\boldsymbol{Q}$，存在唯一正定解 $\boldsymbol{P}$ 当且仅当 $\boldsymbol{A}$ 的所有特征值都在开左半平面中。

证明：

如果 $\boldsymbol{P}>0$ 是李雅普诺夫方程的解，那么 $V(\boldsymbol{x})=\boldsymbol{x}^{\mathrm{T}}\boldsymbol{P}\boldsymbol{x}$ 是系统的李雅普诺夫函数，其中 $\dot{V}(\boldsymbol{x})<0$ 对于任何 $\boldsymbol{x}\neq 0$ 成立。因此，系统是(全局)渐近稳定的。故 $\boldsymbol{A}$ 的特征值在开左半平面中。

为了证明反向也成立，假设 $\boldsymbol{A}$ 的所有特征值都在开左半平面中，并且 $\boldsymbol{Q}=\boldsymbol{Q}^{\mathrm{T}}>0$ 已经给定。选取对称矩阵 $\boldsymbol{P}$ 为：

$$\boldsymbol{P}=\int_0^{\infty}\mathrm{e}^{\boldsymbol{A}^{\mathrm{T}}t}\boldsymbol{Q}\,\mathrm{e}^{\boldsymbol{A}t}\,\mathrm{d}t$$

注意，该积分是明确定义的，因为 $\boldsymbol{A}$ 的特征值位于开左半平面中，被积函数会以指数衰减到原点。于是，有：

$$\begin{aligned}\boldsymbol{A}^{\mathrm{T}}\boldsymbol{P}+\boldsymbol{P}\boldsymbol{A}&=\int_0^{\infty}\boldsymbol{A}^{\mathrm{T}}\mathrm{e}^{\boldsymbol{A}^{\mathrm{T}}t}\mathrm{e}^{\boldsymbol{A}t}\,\mathrm{d}t+\int_0^{\infty}\mathrm{e}^{\boldsymbol{A}^{\mathrm{T}}t}\boldsymbol{Q}\,\mathrm{e}^{\boldsymbol{A}t}\boldsymbol{A}\,\mathrm{d}t\\&=\int_0^{\infty}\frac{\mathrm{d}}{\mathrm{d}t}\left[\mathrm{e}^{\boldsymbol{A}^{\mathrm{T}}t}\boldsymbol{Q}\,\mathrm{e}^{\boldsymbol{A}t}\right]\mathrm{d}t\\&=-\boldsymbol{Q}\end{aligned}$$

所以，$\boldsymbol{P}$ 满足李雅普诺夫方程。为了证明 $\boldsymbol{P}$ 是正定的，有：

$$\begin{aligned}\boldsymbol{x}^{\mathrm{T}}\boldsymbol{P}\boldsymbol{x}&=\int_0^{\infty}\boldsymbol{x}^{\mathrm{T}}\mathrm{e}^{\boldsymbol{A}^{\mathrm{T}}t}\,(\boldsymbol{Q}^{\frac{1}{2}})^{\mathrm{T}}\boldsymbol{Q}^{\frac{1}{2}}\,\mathrm{e}^{\boldsymbol{A}t}\boldsymbol{x}\,\mathrm{d}t\\&=\int_0^{\infty}\|\boldsymbol{Q}^{\frac{1}{2}}\,\mathrm{e}^{\boldsymbol{A}t}x\|^2\,\mathrm{d}t\geqslant 0\end{aligned}$$

并且，有：

$$\boldsymbol{x}^{\mathrm{T}}\boldsymbol{P}\boldsymbol{x}=0\Rightarrow\boldsymbol{Q}^{\frac{1}{2}}\,\mathrm{e}^{\boldsymbol{A}t}\boldsymbol{x}=0\Rightarrow\boldsymbol{x}=0$$

其中，$\boldsymbol{Q}^{\frac{1}{2}}$ 表示 $\boldsymbol{Q}$ 的平方根。因此 $\boldsymbol{P}$ 是正定的。

为了证明当 $\boldsymbol{A}$ 的特征值位于开左半平面，$\boldsymbol{P}=\int_0^{\infty}\mathrm{e}^{\boldsymbol{A}^{\mathrm{T}}t}\boldsymbol{Q}\mathrm{e}^{\boldsymbol{A}t}\mathrm{d}t$ 是李雅普诺夫方程的唯一解，假设 $\boldsymbol{P}_2$ 是另一个解，则有

$$\begin{aligned}\boldsymbol{P}_2 &= -\int_0^{\infty}\frac{\mathrm{d}}{\mathrm{d}t}[\mathrm{e}^{\boldsymbol{A}^{\mathrm{T}}t}\boldsymbol{P}_2\mathrm{e}^{\boldsymbol{A}t}]\mathrm{d}t\\ &= -\int_0^{\infty}\mathrm{e}^{\boldsymbol{A}^{\mathrm{T}}t}(\boldsymbol{A}^{\mathrm{T}}\boldsymbol{P}_2+\boldsymbol{P}_2\boldsymbol{A})\mathrm{e}^{\boldsymbol{A}t}\mathrm{d}t\\ &= \int_0^{\infty}\mathrm{e}^{\boldsymbol{A}^{\mathrm{T}}t}\boldsymbol{Q}\mathrm{e}^{\boldsymbol{A}t}\mathrm{d}t=\boldsymbol{P}\end{aligned}$$

证毕。

A.2　连续 LTI 系统可控性判决条件

本节给出连续 LTI 系统线性系统可控性判决条件证明。

证明：

因为连续 LTI 系统线性系统的解为：

$$\boldsymbol{x}(t)=\mathrm{e}^{\boldsymbol{A}t}\boldsymbol{x}_0+\int_0^t\mathrm{e}^{\boldsymbol{A}\tau}\boldsymbol{B}\boldsymbol{u}(t-\tau)\mathrm{d}\tau$$

进行变量替换后，可得：

$$\boldsymbol{x}(t)=\mathrm{e}^{\boldsymbol{A}t}\boldsymbol{x}_0+\int_0^t\mathrm{e}^{\boldsymbol{A}(t-\tau)}\boldsymbol{B}\boldsymbol{u}(\tau)\mathrm{d}\tau$$

根据可控性定义，对任意 $\boldsymbol{x}_0$，存在 $t_f>0$，使 $\boldsymbol{x}(t_f)=\boldsymbol{0}$，即：

$$\boldsymbol{x}(t_f)=\mathrm{e}^{\boldsymbol{A}t_f}\boldsymbol{x}_0+\int^{t_f}\mathrm{e}^{\boldsymbol{A}(t_f-t)}\boldsymbol{B}\boldsymbol{u}(t)\mathrm{d}t$$

$$\Rightarrow\boldsymbol{x}_0=-\int^{t_f}\mathrm{e}^{-\boldsymbol{A}t}\boldsymbol{B}\boldsymbol{u}(t)\mathrm{d}t=\boldsymbol{0}$$

根据凯莱-哈密顿定理有：

$$\mathrm{e}^{-\boldsymbol{A}t}=\alpha_0\boldsymbol{I}+\alpha_1\boldsymbol{A}+\cdots+\alpha_{n-1}\boldsymbol{A}^{n-1}$$

代入可得：

$$\boldsymbol{x}_0=-\int_0^{t_f}(\alpha_0\boldsymbol{I}+\alpha_1\boldsymbol{A}+\cdots+\alpha_{n-1}\boldsymbol{A}^{n-1})\boldsymbol{B}\boldsymbol{u}(t)\mathrm{d}t=\boldsymbol{0}$$

$$\boldsymbol{x}_0=-\int_0^{t_f}(\boldsymbol{B}\alpha_0+\boldsymbol{A}\boldsymbol{B}\boldsymbol{\alpha}_1+\cdots+\boldsymbol{A}^{n-1}\boldsymbol{B}\alpha_{n-1})\boldsymbol{u}(t)\mathrm{d}t=\boldsymbol{0}$$

写成矩阵形式为：

$$\begin{aligned}\boldsymbol{x}_0 &= -[\boldsymbol{B}\quad\boldsymbol{A}\boldsymbol{B}\quad\boldsymbol{A}^2\boldsymbol{B}\quad\cdots\quad\boldsymbol{A}^{n-1}\boldsymbol{B}]\begin{bmatrix}\int_0^{t_f}\alpha_0\boldsymbol{u}(t)\mathrm{d}t\\ \int_0^{t_f}\alpha_1\boldsymbol{u}(t)\mathrm{d}t\\ \vdots\\ \int_0^{t_f}\alpha_{n-1}\boldsymbol{u}(t)\mathrm{d}t\end{bmatrix}\\ &= \boldsymbol{0}\end{aligned}$$

根据可控性定义，$\boldsymbol{x}_0$ 可在整个状态空间中任意选取，且 $\boldsymbol{u}(t)$ 是自由控制序列。故，系统可控性需 $\text{rank}[\boldsymbol{B}\quad \boldsymbol{AB}\quad \boldsymbol{A}^2\boldsymbol{B}\quad \cdots\quad \boldsymbol{A}^{n-1}\boldsymbol{B}]=n$。证毕。

A.3　水质 LDE 模型推导

本节提供供水管网典型组件的浓度模型推导说明性示例，图 A.1 所示的五节点示例可帮助读者理解 4.2 节中的水质模型理论，在此假设每个节点均安装了加氯站。为简单起见，每条管道都会按照即将介绍的 Lax-Wendroff(L-W)数值法离散为三段。

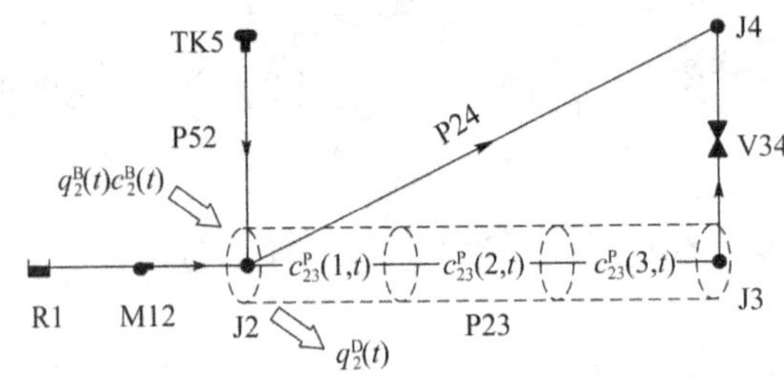

图 A.1　管道的三段的离散化示例(以 P23 管道为例)

例 A.1　根据 L-W 数值法，图 A.1 中管道 P23 中各段的浓度应为：

$$c_{23}^{P}(1,t+\Delta t)=\underline{\alpha}_{23}(t)c_2^{J}(t)+\alpha_{23}(t)c_{23}^{P}(1,t)+\bar{\alpha}_{23}(t)c_{23}^{P}(2,t)+r_{23}(c_{23}^{P}(1,t))\tag{A.1a}$$

$$c_{23}^{P}(2,t+\Delta t)=\underline{\alpha}_{23}(t)c_{23}^{P}(1,t)+\alpha_{23}(t)c_{23}^{P}(2,t)+\bar{\alpha}_{23}(t)c_{23}^{P}(3,t)+r_{23}(c_{23}^{P}(2,t))\tag{A.1b}$$

$$c_{23}^{P}(3,t+\Delta t)=\underline{\alpha}_{23}(t)c_{23}^{P}(2,t)+\alpha_{23}(t)c_{23}^{P}(3,t)+\bar{\alpha}_{23}(t)c_{3}^{J}(t)+r_{23}(c_{23}^{P}(3,t))\tag{A.1c}$$

类似地，可以列出图 A.1 中 $c_{24}^{P}(t+\Delta t)$ 和 $c_{52}^{P}(t+\Delta t)$ 的表达式。

例 A.2　根据连接节点 J_3 处的溶质质量守恒以及假设 4.1，可知：

$$c_3^{J}(t+\Delta t)=c_{34}^{V}(t+\Delta t)\tag{A.2}$$

$$q_3^{B}(t+\Delta t)c_3^{B}(t+\Delta t)+q_{23}(t+\Delta t)c_{23}^{P}(3,t+\Delta t)=q_3^{D}(t+\Delta t)c_3^{J}(t+\Delta t)+q_{34}(t+\Delta t)c_{34}^{V}(t+\Delta t)\tag{A.3}$$

其中，$c_{23}^{P}(3,t+\Delta t)$ 是图 A.1 中管道 P23 第三段处的浓度值，且已表示为式(A.1c)。将式(A.1c)和式(A.2)带入式(A.3)，可得：

$$\begin{aligned}c_3^{J}(t+\Delta t)=&a_J^{J}(t)c_3^{J}(t)+a_J^{P}(2,t)c_{23}^{P}(2,t)+a_J^{P}(3,t)c_{23}^{P}(3,t)\\&+b_J^{B}(t+\Delta t)c_3^{B}(t+\Delta t)+R_3^{J}(t+\Delta t)c_{23}^{P}(3,t)\end{aligned}$$

其中，系数为：

$$a_J^{J}(t)=\bar{\alpha}_{23}(t)\beta_1(t+\Delta t)$$

$$a_J^{P}(2,t)=\underline{\alpha}_{23}(t)\beta_1(t+\Delta t)$$

$$a_J^{P}(3,t)=\alpha_{23}(t)\beta_1(t+\Delta t)$$

$$b_J^{B}(t)=\beta_2(t+\Delta t)$$

$$R_3^{J}(t+\Delta t)=\beta_1(t+\Delta t)k_{23}^{P}$$

注意，此时 $\beta_1(t+\Delta t)=\dfrac{q_{23}(t+\Delta t)}{q_{34}(t+\Delta t)+q_3^{D}(t+\Delta t)}$，且 $\beta_2(t+\Delta t)=\dfrac{q_3^{B}(t+\Delta t)}{q_{34}(t+\Delta t)+q_3^{D}(t+\Delta t)}$。

类似地，列出 J3 和 J4 处的溶质质量守恒后，易得 $c_2^{\mathrm{J}}(t+\Delta t)$和 $c_4^{\mathrm{J}}(t+\Delta t)$的表达式，此处不再赘述。

例 A.3 图 A.1 中的 4 条连边——M12,P52,P24,P23——都与 2 号连接节点 J2 相连接，且具有流入流量选择功能的选择矩阵 $\boldsymbol{S}_{\mathrm{J}}^{\mathrm{in}}$ 可直接通过将 $\boldsymbol{E}_{\mathrm{J2}}^{\mathrm{L}}=[\boldsymbol{E}_{\mathrm{J2}}^{\mathrm{P}}\quad \boldsymbol{E}_{\mathrm{J2}}^{\mathrm{M}}\quad \boldsymbol{E}_{\mathrm{J2}}^{\mathrm{V}}]$中的－1 替换为 0 的方式得到；同理，在将 $\boldsymbol{E}_{\mathrm{J2}}^{\mathrm{L}}$中的－1 替换为 0 后，直接得到具有流出流量选择功能的选择矩阵 $\boldsymbol{S}_{\mathrm{J}}^{\mathrm{out}}$，详见图 A.2。

$\boldsymbol{E}_{\mathrm{J2}}^{\mathrm{L}}$	P23	P24	P52	M12	V34
J2	1	1	−1	−1	0

$\boldsymbol{S}_{\mathrm{J}}^{\mathrm{in}}=[0\,0\,1\,1\,0]$

$\boldsymbol{S}_{\mathrm{J}}^{\mathrm{out}}=[1\,1\,0\,0\,0]$

图 A.2 连接矩阵 $\boldsymbol{E}_{\mathrm{J2}}^{\mathrm{L}}$与选择矩阵 $\boldsymbol{S}_{\mathrm{J}}^{\mathrm{out}}$

例 A.4 根据图 A.1 中 5 号水塔 TK5 处的溶质质量守恒以及假设 4.1，可得：

$$c_5^{\mathrm{TK}}(t+\Delta t)=a_{\mathrm{TK}}^{\mathrm{TK}}(t+\Delta t)c_5^{\mathrm{TK}}(t)+b_{\mathrm{TK}}^{\mathrm{B}}(t+\Delta t)c_5^{\mathrm{B}}(t+\Delta t)+R^{\mathrm{TK}}r^{\mathrm{TK}}(t+\Delta t)(c_5^{\mathrm{TK}}(t))$$

其中，系数 $a_{\mathrm{TK}}^{\mathrm{TK}}(t+\Delta t)=\dfrac{V_5^{\mathrm{TK}}(t)-q_{52}(t)\Delta t}{V_5^{\mathrm{TK}}(t+\Delta t)}$，$b_{\mathrm{TK}}^{\mathrm{B}}(t+\Delta t)=\dfrac{V_5^{\mathrm{B}}(t+\Delta t)}{V_5^{\mathrm{TK}}(t+\Delta t)}$，且 $R^{\mathrm{TK}}(t+\Delta t)=\dfrac{\Delta t}{V_5^{\mathrm{TK}}(t+\Delta t)}$。

例 A.5 图 A.1 中 1 号水库 R1 处的浓度差分方程为 $c_1^{\mathrm{R}}(t+\Delta t)=c_1^{\mathrm{R}}(t)$。

例 A.6 考虑到 12 号水泵 M12 和 34 号阀门 V34 图 4.2 中的连接情况，矩阵 $\boldsymbol{S}_{\mathrm{M}}^{\mathrm{N}}(\boldsymbol{S}_{\mathrm{V}}^{\mathrm{N}})$可通过将 $\boldsymbol{E}_{\mathrm{M}}^{\mathrm{N}}(\boldsymbol{E}_{\mathrm{V}}^{\mathrm{N}})$中的－1 替换为 0 得到，其中 $\boldsymbol{E}_{\mathrm{M}}^{\mathrm{N}}(\boldsymbol{E}_{\mathrm{V}}^{\mathrm{N}})$定义为$[\boldsymbol{E}_{\mathrm{M}}^{\mathrm{J}}\quad \boldsymbol{E}_{\mathrm{M}}^{\mathrm{R}}\quad \boldsymbol{E}_{\mathrm{M}}^{\mathrm{TK}}]$ $([\boldsymbol{E}_{\mathrm{V}}^{\mathrm{J}}\quad \boldsymbol{E}_{\mathrm{V}}^{\mathrm{R}}\quad \boldsymbol{E}_{\mathrm{V}}^{\mathrm{TK}}])$，详见图 A.3。

$$\begin{bmatrix}\boldsymbol{E}_{\mathrm{M}}^{\mathrm{N}}\\ \boldsymbol{E}_{\mathrm{V}}^{\mathrm{N}}\end{bmatrix}=$$

	J2	J3	J4	R1	TK5
M12	−1	0	0	1	0
V34	0	1	−1	0	0

$$\begin{bmatrix}\boldsymbol{S}_{\mathrm{M}}^{\mathrm{N}}\\ \boldsymbol{S}_{\mathrm{V}}^{\mathrm{N}}\end{bmatrix}=\left[\begin{array}{ccc|c|c}0&0&0&1&0\\0&1&0&0&0\end{array}\right]$$

图 A.3 连接矩阵 $\boldsymbol{E}_{\mathrm{M}}^{\mathrm{N}}(\boldsymbol{E}_{\mathrm{V}}^{\mathrm{N}})$与选择矩阵 $\boldsymbol{S}_{\mathrm{M}}^{\mathrm{N}}(\boldsymbol{S}_{\mathrm{V}}^{\mathrm{N}})$

从以上推导可看出，$\boldsymbol{S}_{\mathrm{M}}^{\mathrm{N}}(\boldsymbol{S}_{\mathrm{V}}^{\mathrm{N}})$选择出了 M12(V34)的上游节点 R1 (J3)。

例 A.7 因 M12 的上游节点是 R_1，结合式(4.18a)，得 $c_{12}^{\mathrm{M}}(t+\Delta t)=c_{12}^{\mathrm{M}}(t)$。

因 V34 的上游节点是 J3，有 $c_{34}^{\mathrm{V}}(t+\Delta t)=c_3^{\mathrm{J}}(t+\Delta t)$，且已知例 A.2 中 $c_3^{\mathrm{J}}(t+\Delta t)$的表达式，故

$$\begin{aligned}c_{34}^{\mathrm{V}}(t+\Delta t)=&a_{\mathrm{J}}^{\mathrm{J}}(t)c_3^{\mathrm{J}}(t)+a_{\mathrm{J}}^{\mathrm{P}}(2,t)c_{23}^{\mathrm{P}}(2,t)+a_{\mathrm{J}}^{\mathrm{P}}(3,t)c_{23}^{\mathrm{P}}(3,t)\\&+b_{\mathrm{J}}^{\mathrm{B}}(t+\Delta t)c_3^{\mathrm{B}}(t+\Delta t)+R^{\mathrm{J}}r_{23}(c_{23}^{\mathrm{P}}(3,t))\end{aligned}$$

其中，所有的参数均与例 A.2 中的参数一致。

例 A.8 根据图 A.1 所示的拓扑，可得如下集合：

$$\mathcal{P}=\{\mathrm{P23},\mathrm{P24},\mathrm{P52}\},\quad \mathcal{M}=\{\mathrm{M12}\},\mathcal{V}=\{\mathrm{V34}\}$$

$$\mathcal{D}=\{\mathrm{J2},\mathrm{J4}\},\quad \mathcal{W}\backslash\mathcal{D}=\{\mathrm{R1},\mathrm{J3},\mathrm{TK5}\}$$

图 A.4 所示的情况包含 3 个独立的浓度依赖树，显示了从 t 到 $t+\Delta t$ 时刻管道中每个元件的状态变量依赖关系的详细情况。具体来说，1 号水库(c_1^{R})是独立于其他部分存在，并

形成一棵独立树。

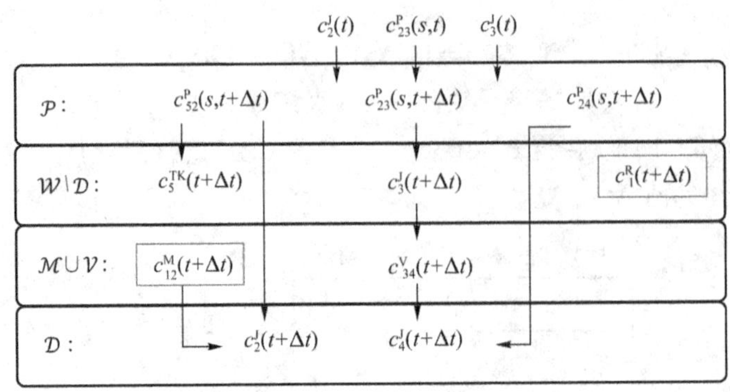

图 A.4　图 A.1 中的浓度依赖树(管道中的管段记为符号 s)

这里,我们以根为 23 号管道(P23)的依赖树为例展开说明。根据例 A.1 中的式(A.1),$c_{23}^{\rm P}(s,t+\Delta t)$可表示为 $c_2^{\rm J}(t)$, $c_{23}^{\rm P}(s,t)$和 $c_3^{\rm J}(t)$的函数,23 号管道的下游节点是 J3,且其浓度 $c_3^{\rm J}(t+\Delta t)$依赖于 $c_{23}^{\rm P}(s,t+\Delta t)$,详见例 A.2。此外,J3 的下游连边是 V34,故 $c_{34}^{\rm V}(t+\Delta t)$依赖于 $c_3^{\rm J}(s,t+\Delta t)$,详见例 A.7。V34 的下游节点是 J4,同时 J4 也是 24 号管道 P24 的下游节点,故 $c_4^{\rm J}(t+\Delta t)$同时依赖于 $c_{34}^{\rm V}(t+\Delta t)$ $c_{24}^{\rm P}(s,t+\Delta t)$。

当 $t+\Delta t$ 时刻的所有元件浓度值均推导完成后,对应的矩阵形式便可得到,详见下文。

A.4　连接节点处溶质质量守恒的矩阵形式推导

哈达玛德乘积/除法具有交换性、关联性和加法分配性。例如,若 $\boldsymbol{x}$、$\boldsymbol{y}$ 和 $\boldsymbol{z}$ 具有相同的维度,且 $\boldsymbol{y}$ 中只有非零元素,则有 $\boldsymbol{x}\oslash\boldsymbol{y}\circ\boldsymbol{z}=\boldsymbol{x}\circ\boldsymbol{z}\oslash\boldsymbol{y}$ 成立。此外,哈达玛德乘积/除法另一常用性质如下。

例 A.1　若 $\boldsymbol{x}$ 和 $\boldsymbol{y}$ 具有相同的维度,且矩阵 $\boldsymbol{E}$ 具有适当的维度,则

$$(\boldsymbol{E}\boldsymbol{x})\circ(\boldsymbol{E}\boldsymbol{y})=\boldsymbol{E}(\boldsymbol{x}\circ\boldsymbol{y})=\boldsymbol{E}\mathrm{diag}(\boldsymbol{x})\boldsymbol{y}$$

此性质在后续模型推导中经常会使用,接下来介绍连接节点、水塔等各元件水质模型矩阵形式的推导细节。

连边 ki 和连边 ij 可以代表管道、阀门、水泵或者其组合体,即 $\boldsymbol{c}^{\rm L}(\boldsymbol{s}_{\rm L},t+\Delta t)\triangleq\{\boldsymbol{c}^{\rm P}(\boldsymbol{s}_{\rm L},t+\Delta t),\boldsymbol{c}^{\rm M}(t+\Delta t),\boldsymbol{c}^{\rm V}(t+\Delta t),\}$,其中 $\boldsymbol{c}^{\rm P}(\boldsymbol{s}_{\rm L},t+\Delta t)$可用 $\boldsymbol{S}^{\rm P}\boldsymbol{c}^{\rm P}$ 表示,且选择矩阵 $\boldsymbol{S}^{\rm P}\in\mathbb{R}^{(n_{\rm P}\cdot s_{\rm L})\times(n_{\rm P}\cdot s_{\rm L})}$ 可以选择出管道的终段管段。注意 $\boldsymbol{c}^{\rm L}(\boldsymbol{s}_{\rm L},t+\Delta t)=\boldsymbol{S}^{\rm L}\boldsymbol{c}^{\rm L}(t+\Delta t)$。

根据假设 4.1 或式(4.6)可知,$c_i^{\rm J}(t+\Delta t)$等于 $c_{ij}^{\rm P}(1,t+\Delta t)$、$c_{ij}^{\rm M}(t+\Delta t)$或 $c_{ij}^{\rm V}(t+\Delta t)$。然后,将 $\boldsymbol{q}^{\rm out}(t+\Delta t)\triangleq\boldsymbol{q}_{\rm J}^{\rm out}(t+\Delta t)+q^{\rm D}(t+\Delta t)$移动到等式右边,化简式(4.9),可得:

$$\begin{aligned}\boldsymbol{c}^{\rm J}(t+\Delta t)=&\boldsymbol{q}_{\rm J}^{\rm in}(t+\Delta t)\oslash\boldsymbol{q}^{\rm out}(t+\Delta t)\circ(\mathrm{diag}(\boldsymbol{S}_{\rm J}^{\rm in})\boldsymbol{c}^{\rm L}(\boldsymbol{s}_{\rm L},t+\Delta t))\\&+\boldsymbol{q}_{\rm J}^{\rm B}(t+\Delta t)\oslash\boldsymbol{q}^{\rm out}(t+\Delta t)\circ\boldsymbol{c}_{\rm J}^{\rm B}(t+\Delta t)\end{aligned}\tag{A.4}$$

根据交换性和性质 A.1,式(A.4)的第一项为:

$$\begin{aligned}&\boldsymbol{q}_{\mathrm{J}}^{\mathrm{in}}(t+\Delta t)\oslash\boldsymbol{q}^{\mathrm{out}}(t+\Delta t)\circ(\mathrm{diag}(\boldsymbol{S}_{\mathrm{J}}^{\mathrm{in}})\boldsymbol{c}^{\mathrm{L}}(\boldsymbol{s}_{\mathrm{L}},t+\Delta t))\\&=(\mathrm{diag}(\boldsymbol{S}_{\mathrm{J}}^{\mathrm{in}})\mathrm{diag}(\boldsymbol{q}^{\mathrm{L}}(t+\Delta t))\boldsymbol{S}^{\mathrm{L}}\boldsymbol{c}^{\mathrm{L}}(t+\Delta t))\oslash\boldsymbol{q}^{\mathrm{out}}(t+\Delta t)\\&=\boldsymbol{A}^{\mathrm{L}}(t+\Delta t)\boldsymbol{c}^{\mathrm{L}}(t+\Delta t)\end{aligned}$$

其中，$\boldsymbol{A}^{\mathrm{L}}(t+\Delta t)=(\mathrm{diag}(\boldsymbol{q}^{\mathrm{out}}(t+\Delta t)))^{-1}\mathrm{diag}(\boldsymbol{S}_{\mathrm{J}}^{\mathrm{in}})\mathrm{diag}(\boldsymbol{q}^{\mathrm{L}}(t+\Delta t))\boldsymbol{S}^{\mathrm{L}}$。

类似地，式(A.4)的第二项为：

$$\boldsymbol{q}_{\mathrm{J}}^{\mathrm{B}}(t+\Delta t)\oslash(\boldsymbol{q}^{\mathrm{out}}(t+\Delta t))\circ\boldsymbol{c}_{\mathrm{J}}^{\mathrm{B}}(t+\Delta t)=\boldsymbol{B}^{\mathrm{J}}(t+\Delta t)\boldsymbol{c}^{\mathrm{B}}(t+\Delta t)$$

其中，$\boldsymbol{B}^{\mathrm{J}}(t+\Delta t)\boldsymbol{c}^{\mathrm{B}}(t+\Delta t)=(\mathrm{diag}\ (\boldsymbol{q}^{\mathrm{out}}(t+\Delta t))^{-1}\boldsymbol{E}_{\mathrm{J}}^{\mathrm{B}}\mathrm{diag}(\boldsymbol{q}^{\mathrm{B}}(t+\Delta t))$。

应用性质 A.1 后，可得 $\boldsymbol{q}_{\mathrm{J}}^{\mathrm{B}}(t+\Delta t)=\boldsymbol{E}_{\mathrm{J}}^{\mathrm{B}}\boldsymbol{q}^{\mathrm{B}}(t+\Delta t)$ 和 $\boldsymbol{c}_{\mathrm{J}}^{\mathrm{B}}(t+\Delta t)=\boldsymbol{E}_{\mathrm{J}}^{\mathrm{B}}\boldsymbol{c}^{\mathrm{B}}(t+\Delta t)$。因此，式(A.4)可写为：

$$\boldsymbol{c}^{\mathrm{J}}(t+\Delta t)=\boldsymbol{A}^{\mathrm{L}}(t+\Delta t)\boldsymbol{c}^{\mathrm{L}}(t+\Delta t)+\boldsymbol{B}^{\mathrm{J}}(t+\Delta t)\boldsymbol{c}_{\mathrm{J}}^{\mathrm{B}}(t+\Delta t)$$

因为 $\boldsymbol{c}^{\mathrm{L}}(t+\Delta t)$集成了 $\boldsymbol{c}^{\mathrm{P,M,V}}(t+\Delta t)$，并且可写成 $\boldsymbol{c}^{\mathrm{L}}(t)$、$\boldsymbol{c}^{\mathrm{J}}(t)$等形式。进行简单的替换后，矩阵形式便可得。

下面，我们给出管道的例子加以说明，即：

$$\boldsymbol{c}^{\mathrm{J}}(t+\Delta t)=\boldsymbol{A}^{\mathrm{P}}(t+\Delta t)\boldsymbol{c}^{\mathrm{P}}(t+\Delta t)+\boldsymbol{B}^{\mathrm{J}}(t+\Delta t)\boldsymbol{c}_{\mathrm{J}}^{\mathrm{B}}(t+\Delta t)\tag{A.5}$$

根据式(4.7)，可得：

$$\boldsymbol{c}^{\mathrm{P}}(t+\Delta t)=\boldsymbol{A}_{\mathrm{P}}^{\mathrm{J}}(t)\boldsymbol{c}^{\mathrm{J}}(t)+\boldsymbol{A}_{\mathrm{P}}^{\mathrm{P}}(t)\boldsymbol{c}^{\mathrm{P}}(t)+\boldsymbol{r}^{\mathrm{P}}(\boldsymbol{c}^{\mathrm{P}}(t))\tag{A.6}$$

将式(A.6)带入式(A.5)后，在 $t+\Delta t$ 时刻，连接节点 i 所有的连边均为管道，连接节点 i 处溶质质量守恒的矩阵形式可以表示为：

$$\boldsymbol{c}^{\mathrm{J}}(t+\Delta t)=\boldsymbol{A}_{\mathrm{J}}^{\mathrm{J}}(t+\Delta t)\boldsymbol{c}^{\mathrm{J}}(t)+\boldsymbol{A}_{\mathrm{J}}^{\mathrm{P}}(t+\Delta t)\boldsymbol{c}^{\mathrm{P}}(t)+\boldsymbol{B}^{\mathrm{J}}(t+\Delta t)\boldsymbol{c}^{\mathrm{B}}(t+\Delta t)+\boldsymbol{R}^{\mathrm{J}}(t+\Delta t)\boldsymbol{r}(x(t))\tag{A.7}$$

其中，$\boldsymbol{A}_{\mathrm{J}}^{\mathrm{J}}(t+\Delta t)=\boldsymbol{A}^{\mathrm{P}}(t+\Delta t)\boldsymbol{A}_{\mathrm{P}}^{\mathrm{J}}(t)$，$\boldsymbol{A}_{\mathrm{J}}^{\mathrm{P}}(t+\Delta t)=\boldsymbol{A}^{\mathrm{P}}(t+\Delta t)\boldsymbol{A}_{\mathrm{P}}^{\mathrm{P}}(t)$，$\boldsymbol{R}^{\mathrm{J}}(t+\Delta t)$是 $[\boldsymbol{A}^{\mathrm{P}}(t+\Delta t)\quad \boldsymbol{0}]$，且根据式(4.19)，$\boldsymbol{r}(\boldsymbol{x}(t))$可定义为$\begin{bmatrix}\boldsymbol{r}(\boldsymbol{c}^{\mathrm{P}}(t))\\\boldsymbol{r}(\boldsymbol{c}^{\mathrm{TK}}(t))\end{bmatrix}$。

在连边为水泵和阀门的情况下，连接节点处的溶质质量守恒矩阵形式类似于式(A.7)，将式(A.7)中的 $\boldsymbol{A}_{\mathrm{J}}^{\mathrm{P}}(t+\Delta t)\boldsymbol{c}^{\mathrm{P}}(t)$替换为 $\boldsymbol{A}_{\mathrm{J}}^{\mathrm{L}}(t+\Delta t)\boldsymbol{c}^{\mathrm{L}}(t)$后，连接节点处的溶质质量守恒矩阵最终形式如式(4.10)所示，其中 $\boldsymbol{A}_{\mathrm{J}}^{\mathrm{L}}$ 是贡献矩阵，其每个元素表示从连边贡献给此连接节点的贡献度。

需要说明的是，$\boldsymbol{q}_{\mathrm{J}}^{\mathrm{out}}+\boldsymbol{q}^{\mathrm{D}}$ 必须是非零值，否则意味着该节点不消耗水或者没有给下一节点输送任何水，即为供水末端。在此种情况下，没有必要计算该连接节点处的浓度。因此，$\mathrm{diag}(\boldsymbol{q}_{\mathrm{J}}^{\mathrm{out}}+\boldsymbol{q}^{\mathrm{D}}))^{-1}$始终存在且有意义，故式(A.7)总成立。

A.5 水塔处溶质质量守恒的矩阵形式推导

将式(4.12)中的 $\boldsymbol{V}^{\mathrm{TK}}(t+\Delta t)$移到等式右边，可得：

$$\begin{aligned}\boldsymbol{c}^{\mathrm{TK}}(t+\Delta t)=&(\boldsymbol{V}^{\mathrm{TK}}(t)-\Delta t\boldsymbol{q}_{\mathrm{TK}}^{\mathrm{out}}(t)))\oslash\boldsymbol{V}^{\mathrm{TK}}(t+\Delta t)\circ\boldsymbol{c}^{\mathrm{TK}}(t)\\&+\Delta t\boldsymbol{q}_{\mathrm{TK}}^{\mathrm{in}}(t))\oslash\boldsymbol{V}^{\mathrm{TK}}(t+\Delta t)\circ\boldsymbol{c}^{\mathrm{P}}(t)\\&+\boldsymbol{V}_{\mathrm{TK}}^{\mathrm{B}}(t+\Delta t)\oslash\boldsymbol{V}^{\mathrm{TK}}(t+\Delta t)\circ\boldsymbol{c}_{\mathrm{TK}}^{\mathrm{B}}(t+\Delta t)+\Delta t\boldsymbol{r}^{\mathrm{TK}}(\boldsymbol{c}^{\mathrm{TK}})\end{aligned}$$

其中，第一项是：

$$(\boldsymbol{V}^{\mathrm{TK}}(t)-\Delta t\boldsymbol{q}_{\mathrm{TK}}^{\mathrm{out}}(t))\oslash\boldsymbol{V}^{\mathrm{TK}}(t+\Delta t)\circ\boldsymbol{c}^{\mathrm{TK}}(t)=\boldsymbol{A}_{\mathrm{TK}}^{\mathrm{TK}}(t)\boldsymbol{c}^{\mathrm{TK}}(t)$$

且 $\boldsymbol{A}_{\mathrm{TK}}^{\mathrm{TK}}(t)=(\mathrm{diag}(\boldsymbol{V}^{\mathrm{TK}}(t+\Delta t)))^{-1}\mathrm{diag}(\boldsymbol{V}^{\mathrm{TK}}(t)-\Delta t\boldsymbol{q}_{\mathrm{TK}}^{\mathrm{out}}(t))$。

第二项和第三项分别是：

$$\Delta t\boldsymbol{q}_{\mathrm{TK}}^{\mathrm{in}}(t)\oslash\boldsymbol{V}^{\mathrm{TK}}(t+\Delta t)\circ\boldsymbol{c}^{\mathrm{P}}(t)=\boldsymbol{A}_{\mathrm{TK}}^{\mathrm{P}}(t)\boldsymbol{c}^{\mathrm{P}}(t)$$

和

$$\boldsymbol{V}_{\mathrm{TK}}^{\mathrm{B}}(t+\Delta t)\oslash\boldsymbol{V}^{\mathrm{TK}}(t+\Delta t)\circ\boldsymbol{c}_{\mathrm{TK}}^{\mathrm{B}}(t+\Delta t)=\boldsymbol{B}^{\mathrm{TK}}(t)\boldsymbol{c}^{\mathrm{B}}(t+\Delta t)$$

其中，$\boldsymbol{A}_{\mathrm{TK}}^{\mathrm{P}}(t)=\Delta t\ (\mathrm{diag}(\boldsymbol{V}^{\mathrm{TK}}(t+\Delta t)))^{-1}\mathrm{diag}(\boldsymbol{q}_{\mathrm{TK}}^{\mathrm{in}}(t))$，$\boldsymbol{B}^{\mathrm{TK}}(t)=(\mathrm{diag}(\boldsymbol{V}^{\mathrm{TK}}(t+\Delta t)))^{-1}\boldsymbol{E}_{\mathrm{TK}}^{\mathrm{B}}\mathrm{diag}(\boldsymbol{V}_{\mathrm{TK}}^{\mathrm{B}}(t+\Delta t))$。

第四项 $\Delta t\boldsymbol{r}^{\mathrm{TK}}(\boldsymbol{c}^{\mathrm{TK}}(t))$可重新整理为矩阵形式 $\boldsymbol{R}^{\mathrm{TK}}(t)\boldsymbol{r}(\boldsymbol{x}(t))$，且有 $\boldsymbol{R}^{\mathrm{TK}}(t)=\Delta t[\boldsymbol{0}\quad \boldsymbol{I}]$。因此，

$$\boldsymbol{c}^{\mathrm{TK}}(t+\Delta t)=\boldsymbol{A}_{\mathrm{TK}}^{\mathrm{TK}}(t)\boldsymbol{c}^{\mathrm{TK}}(t)+\boldsymbol{A}_{\mathrm{TK}}^{\mathrm{P}}(t)\boldsymbol{c}^{\mathrm{P}}(t)+\boldsymbol{B}^{\mathrm{TK}}(t+\Delta t)\boldsymbol{c}^{\mathrm{B}}(t+\Delta t)+\boldsymbol{R}^{\mathrm{TK}}(t)\boldsymbol{r}(\boldsymbol{x}(t))$$

即式(4.13)。注意：第一，矩阵 $\boldsymbol{A}_{\mathrm{TK}}^{\mathrm{TK}}(t)$、$\boldsymbol{A}_{\mathrm{TK}}^{\mathrm{P}}(t)$、$\boldsymbol{B}^{\mathrm{TK}}(t)$是分别来自水塔、管道、加氯站的贡献矩阵；第二，不像连接节点可能连接阀门和水泵，本书假设水塔总是和管道直接连接，这就是可以在式(4.13)中使用 $\boldsymbol{c}^{\mathrm{P}}$ 而不是 $\boldsymbol{c}^{\mathrm{L}}$ 的原因；第三，假设水塔一直处于非空状态，即 $\mathrm{diag}(\boldsymbol{V}^{\mathrm{TK}}(t+\Delta t))$的逆总存在。

附录 B

传感器部署算法的实现细节探讨

本附录讨论传感器部署算法的可扩展性与高效算法实现，即对传感器部署问题具有的大规模属性，简要讨论了算法 6.1 的有效实现。而这一本质属性一方面是由于供水管网本身的规模大小决定的，另一方面是由于对偏微分方程的时空离散化造成的。最终，导致水质 LDE 模型(6.1)的状态空间维度巨大。

以 Net3 管网为例，只考虑单次水力模拟，即 $t=5$ min，或者等价地说，当 $\Delta t = 1$ 秒，$k_f=300$ 个时间步，管道的管段数设置为 $s_{\mathrm{L}}=1\,000$。给定以上参数，状态空间模型(6.1)的维度为 $n_x=117\,099$，即式(6.1)中的 $\boldsymbol{A}\in\mathbb{R}^{117\,099\times117\,099}$、$\boldsymbol{C}\in\mathbb{R}^{95\times117\,099}$，式(6.2)中的 $\boldsymbol{O}(k_f)\in\mathbb{R}^{95k_f\times117\,099k_f}$，且式(6.3)中的 $\boldsymbol{W}_o\in\mathbb{R}^{117\,099k_f\times117\,099k_f}$。为构建轻量且精确的 *LDE* 模型，接下来详细讨论如何平衡 LDE 模型的准确性和计算开销。

从上述示例可以看出，问题的维度由水质模拟时间步数 k_f、管道数 n_P 和每条管道的需离散的管段数 s_{L} 共同决定。而 $k_f=t/\Delta t$，其中对于任意管道 $i\in P$，$\Delta t\leqslant\min\left(\frac{L_i}{s_{L_i}v_i(t)}\right)$。在理想情况下，参数 s_{L_i} 应尽可能大，以保证 LDE 模型的精度。在确定时间区间 t 之后，参数 k_f 应尽可能小，参数 Δt 应尽可能大，以降低式(6.2)中 $\boldsymbol{O}$ 的维度大小。这样可以减少式(6.3)中求解大规模矩阵 log det 的计算负担，从而提高了算法 6.1 在计算上的可行性。

显然，在单次水力模拟中，增加每条管道离散段数 s_{L} 以提高 LDE 模型的精度与减少 k_f、增加 Δt 或等价地减少 s_{L} 以降低计算开销之间存在冲突和矛盾。

下面，本节提出一些可以缓解冲突的简单且切实可行的方法，以达到在保持精度的同时显著降低计算负担的目的，为算法在大规模管网中的应用和实现铺平道路。

第一，构成水质模型的状态空间矩阵以及基于这些矩阵的构建的矩阵大部分都是极其稀疏的。事实上，这些矩阵中 99.9%以上的元素均为零。因此，矩阵 $\boldsymbol{A}$ 和矩阵 $\boldsymbol{C}$ 可以用稀疏矩阵表示，从而将计算负担和所需内存减少数个数量级。仿真实验的部分便是利用此技巧实现大规模快速运算。

第二，为减少时间步数 k_f 或增加 Δt，每条管道应使用动态的管段数。这是需水量剖面的变化会引起水力剖面中管道流速 $v_i(t)$ 的改变，而 Δt 与管道长度 L_i 及其流速 $v_i(t)$ 有关。也就是说，对于在区间 t 内具有较大(较小)流速的短(长)管道 i，可以将管段数 s_{L_i} 设置一个相对较小(较大)的值，且该值仍然足以保证 L-W 格式的精度。在多次水力模拟中，随着管道数的改变，矩阵 $\boldsymbol{A}$ 的维度即 n_x 也会随之动态改变。例如，若区间 t_1 的流速比区间 t_2 的流速小 1 倍，则 n_x 的大小以在 t_2 中减少至原来的一半。仿真实验的算法中也已实现管段数的自动化调整。

第三，在每次水力模拟中，水质传感器部署问题(6.5)具有相互独立性，即任意两次水质模拟中的水质传感器部署问题不会相互影响，其参数具有独立性。这是因为式(6.2)中的矩阵 $\boldsymbol{A}$ 和矩阵 $\boldsymbol{C}$ 在单次水力模拟中是时不变的。离线获得初始条件和矩阵 $\boldsymbol{A}$、矩阵 $\boldsymbol{C}$ 后，可以通过并行计算实现算法 6.1。也就是说，可以在多核计算机上同时计算多个水质传感器部署问题。此外，算法 6.1 的瓶颈在于计算大型矩阵(6.3)的 log det 值。为此，我们采用 LU 和 Cholesky 分解来加速求解。

第四，很明显，根据式(6.3)，减小单次水力模拟的时间长度 t 可显著减少 $\boldsymbol{O}(k)$ 和 $\boldsymbol{W}_O(k)$ 的维度，这将是另一个非常有效的方法。

最后，值得一提的是，算法 6.1 的确可以离线并行执行。这是因为，如果不考虑随水体流动的可移动式传感器，算法 6.1 只需要收集一年四季中常见的需水量剖面，在需水量剖面变化不大的情况下，水质传感器的部署位置不会剧烈变动，那么水质传感器一旦安装就不再改变。所有以上计算过程无须在线进行，可离线并行运算，因此供水管网运行可以使用强大的计算资源来运行相关算法。

附录 C

模型降阶算法 BT 和 BPOD 所保留的状态相同的证明

模型降阶算法 BT 和 BPOD 所保留的状态相同，且相应的 $\lambda_i \approxeq \sigma_i^2$，$i=1,\cdots,n_r$，证明如下。

证明：

对于稳定的离散系统，m 步交叉格拉姆矩阵为 $\boldsymbol{W}_{Xm}=\boldsymbol{W}_{Om}\boldsymbol{W}_{Cm}=\boldsymbol{Y}_m\boldsymbol{Y}_m^{\mathrm{T}}\boldsymbol{X}_m\boldsymbol{X}_m^{\mathrm{T}}$，其中 $\boldsymbol{W}_{Om}$ 和 $\boldsymbol{W}_{Cm}$ 是 m 步可观格拉姆矩阵和可控格拉姆矩阵，且

$$\boldsymbol{W}_{Om}=\boldsymbol{Y}_m\boldsymbol{Y}_m^{\mathrm{T}}=\sum(\boldsymbol{A}^{\mathrm{T}})^{m-1}\boldsymbol{C}^{\mathrm{T}}\boldsymbol{C}\boldsymbol{A}^{m-1} \tag{C. 1a}$$

$$\boldsymbol{W}_{Cm}=\boldsymbol{X}_m\boldsymbol{X}_m^{\mathrm{T}}=\sum\boldsymbol{A}^{m-1}\boldsymbol{B}\boldsymbol{B}^{\mathrm{T}}(\boldsymbol{A}^{\mathrm{T}})^{m-1} \tag{C. 1b}$$

故，$\boldsymbol{W}_{Xm}$ 的特征值为 $\boldsymbol{H}_m$ 奇异值的平方，即：

$$\boldsymbol{\lambda}(\boldsymbol{W}_{Xm})=\boldsymbol{\lambda}(\boldsymbol{W}_{Om}\boldsymbol{W}_{Cm})=\boldsymbol{\lambda}(\boldsymbol{Y}_m\boldsymbol{Y}_m^{\mathrm{T}}\boldsymbol{X}_m X_m^{\mathrm{T}}) \tag{C. 2a}$$

$$=\boldsymbol{\lambda}(\boldsymbol{Y}_m^{\mathrm{T}}\boldsymbol{X}_m\boldsymbol{X}_m^{\mathrm{T}}\boldsymbol{Y}_m) \tag{C. 2b}$$

$$=\boldsymbol{\lambda}(\boldsymbol{H}_m\boldsymbol{H}_m^{\mathrm{T}})=\boldsymbol{\sigma}^{\cdot 2}(\boldsymbol{H}_m) \tag{C. 2c}$$

注意：“.2" 运算表示 $\boldsymbol{\sigma}$ 中逐元素平方；式(C. 2a)到式(C. 2b)的证明可以通过定理 $\boldsymbol{\lambda}(\boldsymbol{AB})=\boldsymbol{\lambda}(\boldsymbol{BA})$ 完成，而式(C. 2c)则是奇异值的定义。

此外，当步数 m 足够大时，m 步交叉格拉姆矩阵 $\boldsymbol{W}_{Xm}$ 是对真实交叉格拉姆矩阵 $\boldsymbol{W}_X$ 的良好估计，这是由于 $\boldsymbol{A}$ 稳定，$\boldsymbol{A}^m\approxeq\boldsymbol{0}$，即 $\boldsymbol{W}_{Xm}\approxeq\boldsymbol{W}_X$。这样，$\boldsymbol{\lambda}(\boldsymbol{W}_X)\approxeq\boldsymbol{\lambda}(\boldsymbol{W}_{Xm})=\boldsymbol{\sigma}^{\cdot 2}(\boldsymbol{H}_m)$。

对于稳定的连续系统，这个结论仍然成立，因为在计算格拉姆矩阵时，仅仅是将求和运算变成了积分运算。显然，当步数 m 足够大时，选择最大的 n_r 个特征值后，$\boldsymbol{\lambda}_{n_r}^{\downarrow}(\boldsymbol{W}_X)\approxeq\boldsymbol{\lambda}_{n_r}^{\downarrow\cdot 2}(\boldsymbol{H}_m)$ 仍然始终成立。证毕。